U0575339

新型氨基酸席夫碱金属配合物的构筑及其性能研究

王　虎◎著

电子科技大学出版社

University of Electronic Science and Technology of China Press

·成都·

图书在版编目（CIP）数据

新型氨基酸席夫碱金属配合物的构筑及其性能研究 /
王虎著 . -- 成都 : 成都电子科大出版社，2024. 11.
ISBN 978-7-5770-1348-0

Ⅰ. O614.1

中国国家版本馆 CIP 数据核字第 2025DG7942 号

新型氨基酸席夫碱金属配合物的构筑及其性能研究
XINXING ANJISUAN XIFUJIAN JINSHU PEIHEWU DE GOUZHU JI QI XINGNENG YANJIU
王　虎　著

策划编辑　李述娜　曾　艺
责任编辑　姚隆丹
责任校对　李述娜
责任印制　梁　硕

出版发行　电子科技大学出版社
　　　　　成都市一环路东一段159号电子信息产业大厦九楼　邮编　610051
主　　页　www.uestcp.com.cn
服务电话　028-83203399
邮购电话　028-83201495

印　　刷　石家庄汇展印刷有限公司
成品尺寸　170 mm × 240 mm
印　　张　22.5
字　　数　360千字
版　　次　2024年11月第1版
印　　次　2025年6月第1次印刷
书　　号　ISBN 978-7-5770-1348-0
定　　价　98.00元

版权所有，侵权必究

前　言

　　氨基酸席夫碱金属配合物，作为配合物分类中的一种重要化合物，因其合成方法的简易性、丰富的化学结构以及优异的生物活性，一直是生物无机化学等领域的研究热点之一。脲酶，作为一种含有镍离子的金属酶，能够快速催化水解尿素并释放氨气，造成局部组织 pH 快速升高，可导致人体内稳态环境的失衡和引发多种疾病。近年来，席夫碱金属配合物的脲酶抑制活性受到了人们的关注。然而，对于氨基酸席夫碱金属配合物作为脲酶抑制剂的研究却少有报道。泛素－蛋白酶体通路控制着许多负责细胞周期和肿瘤生长的蛋白质的降解。特异性地阻断这一通路会影响细胞内众多关键蛋白的调控，从而导致细胞的死亡。因此，蛋白酶体成为理想的抗肿瘤药物设计与开发的新靶点。近年来，氨基酸席夫碱金属配合物作为蛋白酶体抑制剂的抗肿瘤活性这一研究已受到了人们的关注。但是对于此类型金属配合物与蛋白酶体之间的相互作用的研究却少有报道。因此，设计并合成新型氨基酸席夫碱金属配合物，以及研究其化学结构、配位模式、脲酶抑制活性、抑菌活性及抗肿瘤活性，同时借助量子化学计算和分子对接模拟技术，探讨不同氨基酸侧链基团对配合物生物活性造成的影响，并建立一定的构效关系，为以后有目的地合成出生物活性更好的配合物奠定基础。这将对脲酶抑制剂、抑菌剂及抗肿瘤药物的开发具有一定的推动意义。

　　本书选择 1,2- 双（2- 甲氧基 -6- 甲酰基苯氧基）乙烷（本书简称

"BMFPE")作为先导化合物，让其与4种不同结构的氨基酸缩合并与金属离子反应，合成了4个系列的新型氨基酸席夫碱金属配合物，并培养出12种配合物单晶；采用元素分析、红外光谱分析、紫外光谱分析、核磁共振氢谱分析、热重分析及X射线单晶衍射分析等多种分析测试方法对所得到的配体及配合物进行表征，并推断出金属配合物可能的配位模式以及化学结构；以金属配合物的晶体结构为基础，使用Gaussian 03量子化学计算程序，采用密度泛函理论（DFT）中的B3LYP计算方法，结合6-31G和LANL2DZ混合基组对其进行几何优化及相关量子化学计算，研究了其自然原子电荷分布及电子组态、前线分子轨道能量与组成、分子静电势及区间分布情况和自旋密度等；并研究了部分Ni（Ⅱ）、Co（Ⅱ）及Cu（Ⅱ）金属配合物的脲酶抑制活性，借助分子对接模拟技术探讨了配合物与脲酶之间的结合模式，分析了其可能的作用机理；采用琼脂扩散法研究了Cu（Ⅱ）及Cd（Ⅱ）席夫碱金属配合物对大肠杆菌和金黄色葡萄球菌的抑菌活性；选取葡萄糖胺-6-磷酸合酶（GlcN-6-P synthase, PDB ID：2VF5）为作用靶点，借助分子对接模拟技术对配合物与该酶之间的结合模式进行了探讨；探讨了配体的结构及金属离子对配合物抑菌性能的影响；采用SRB法，研究了Cu（Ⅱ）及Cd（Ⅱ）席夫碱金属配合物对人肝癌HepG2细胞和人乳腺癌MCF-7细胞的增殖抑制作用；选取20S蛋白酶体（20S proteasome, PDB：2F16）为作用靶点，借助分子对接模拟技术对配合物与该蛋白酶体之间的结合模式进行了探讨；探讨了配体的结构及金属离子对配合物抗肿瘤性能的影响。

本书主要内容如下。

（1）合成了BMFPE缩L-苯丙氨酸席夫碱系列金属配合物，并培养出4种配合物单晶，其分子组成分别为$[M（C_{36}H_{34}N_2O_8）]\cdot 2CH_3OH$ [M=Ni（Ⅱ）、Co（Ⅱ）、Zn（Ⅱ）、Mn（Ⅱ）]。X射线单晶衍射分析表明，上述4种金属配合物晶体均属正交晶系，空间群为$Pca2_1$。每种金属离子均与单分子的BMFPE缩L-苯丙氨酸配体相结合并分别与配体中的醚基上的两个氧原子、羧基上的两个氧原子以及两个亚氨基（$>CH=N—$）结构上两个氮原子配位，最终形成了 N_2O_4 型六齿中性扭曲八面体配合物。此外，配合物分子中处于游离状态的溶剂分子，均不参与配位。以镍（Ⅱ）金属配合物 $[Ni（C_{36}H_{34}N_2O_8）]·2CH_3OH$ 为代表，其晶胞参数 $a = 17.552\,0（17）$ Å，$b = 8.149\,2（8）$ Å，$c = 25.033（2）$ Å，$\alpha = \gamma = \beta = 90°$，$V = 3\,580.5（6）$ Å³，$F（000）= 1\,568$，$\rho_{calcd} = 1.38$ g/cm³。最终偏差因子 $R_1 = 0.053\,4$，$wR_2 = 0.126\,6$[对 $I > 2\sigma（I）$ 的衍射点] 和 $R_1 = 0.103\,4$，$wR_2 = 0.152\,3$（对所有衍射点）。配合物分子间通过 π-π 堆积作用以及 C—H⋯O 分子间弱作用力形成了其二维面状结构。其他配合物的分子组成为 $[M（C_{36}H_{34}N_2O_8）]·2CH_3OH$ [M = Cu（Ⅱ）、Cd（Ⅱ）]。

（2）合成了 BMFPE 缩 L- 丝氨酸席夫碱系列金属配合物，并培养出 2 种配合物单晶，其分子组成分别为 $[M（C_{24}H_{26}N_2O_{10}）]$ [M = Ni（Ⅱ）、Co（Ⅱ）]。X 射线单晶衍射分析表明，上述 2 种金属配合物晶体均属四方晶系，空间群为 $P4_32_12$。每种金属离子均与单分子的 BMFPE 缩 L- 丝氨酸配体相结合，并分别与配体中的醚基上的两个氧原子、羧基上的两个氧原子以及两个亚氨基（$>CH=N—$）结构上的两个氮原子配位，最终形成了 N_2O_4 型六齿中性扭曲八面体配合物。以镍（Ⅱ）金属配合物 $[Ni（C_{24}H_{26}N_2O_{10}）]$ 为代表，其晶胞参数 $a = 8.322（2）$ Å，$b = 8.322（2）$ Å，$c = 35.178（9）$ Å，$\alpha = \gamma = \beta = 90°$，$V = 2\,436.0（14）$ Å³，$F（000）= 1\,168$，$\rho_{calcd} = 1.530$ g/cm³。最终偏差因子 $R_1 = 0.051\,9$，$wR_2 = 0.123\,1$[对 $I > 2\sigma（I）$ 的衍射点] 和 $R_1 = 0.055\,2$，$wR_2 = 0.124\,4$（对所有衍射点）。配合物分子之间通过 O—H⋯O 分子间氢键作用形成了配合物的二维面状结构。其他配合物的分子组成为 $[M（C_{24}H_{26}N_2O_{10}）]·CH_3OH$ [M = Zn（Ⅱ）、Mn（Ⅱ）、Cu（Ⅱ）、Cd（Ⅱ）]。

（3）合成了 BMFPE 缩 L- 酪氨酸席夫碱系列金属配合物，并培养出 3 种配合物单晶，其分子组成为 $[Ni（C_{36}H_{34}N_2O_{10}）]·2.25$ $CH_3OH·0.5\ C_4H_{10}O$、$[Co（C_{36}H_{34}N_2O_{10}）]$、$[Cu（C_{36}H_{34}N_2O_{10}）]·$

2 CH_3OH。X 射线单晶衍射分析表明，上述 3 种金属配合物晶体均属正交晶系，空间群为 $P2_12_12_1$。每种金属离子与单分子的 BMFPE 缩 L- 酪氨酸配体相结合，并分别与配体中的醚基上的两个氧原子、磺酸基上的两个羟基氧原子以及两个亚氨基（$>CH=N—$）结构上的两个氮原子配位，最终形成了 N_2O_4 型六齿中性扭曲八面体配合物。此外，配合物分子中处于游离状态的溶剂分子，均不参与配位。以镍（Ⅱ）金属配合物 $[Ni(C_{36}H_{34}N_2O_{10})]\cdot 2.25 CH_3OH \cdot 0.5 C_4H_{10}O$ 为代表，其晶胞参数 $a=11.236(4)$ Å，$b=11.621(5)$ Å，$c=37.220(17)$ Å，$\alpha=\gamma=\beta=90°$，$V=4\,860(4)$ Å^3，$F(000)=1\,734$，$\rho_{calcd}=1.124$ g/cm^3。最终偏差因子 $R_1=0.079\,8$，$wR_2=0.208\,0$[对 $I>2\sigma(I)$ 的衍射点] 和 $R_1=0.100\,3$，$wR_2=0.220\,1$（对所有衍射点）。配合物分子之间通过 C—H···O 分子间弱作用以及 O—H···O 分子间氢键作用形成了配合物的二维面状结构。其他配合物的分子组成为 $[M(C_{36}H_{34}N_2O_{10})]\cdot 2 CH_3OH$ [M = Zn（Ⅱ）、Mn（Ⅱ）、Cu（Ⅱ）、Cd（Ⅱ）]。

（4）合成了 BMFPE 缩 L–4 氯苯丙氨酸席夫碱系列金属配合物，并培养出 3 种配合物单晶，其分子组成为 $[M(C_{36}H_{32}N_2O_8Cl_2)]\cdot 2CH_3OH$ [M = Ni（Ⅱ）、Cu（Ⅱ）] 及 $[Co(C_{36}H_{32}N_2O_8Cl_2)]\cdot 4CH_3OH$。X 射线单晶衍射分析表明，上述镍（Ⅱ）及铜（Ⅱ）金属配合物的晶体均属正交晶系，空间群为 $P2_12_12_1$，钴（Ⅱ）金属配合物属于单斜晶系，空间群为 $C2/c$。每种金属离子与单分子的 BMFPE 缩 L–4 氯苯丙氨酸配体相结合，并分别与配体中的醚基上的两个氧原子、磺酸基上的两个羟基氧原子以及两个亚氨基（$>CH=N—$）结构上的两个氮原子配位，最终形成了 N_2O_4 型六齿中性扭曲八面体配合物。此外，配合物分子中处于游离状态的溶剂分子，均不参与配位。以镍（Ⅱ）金属配合物 $[Ni(C_{36}H_{32}N_2O_8Cl_2)]\cdot 2 CH_3OH$ 为代表，其晶胞参数 $a=14.347(5)$ Å，$b=16.728(5)$ Å，$c=16.853(6)$ Å，$\alpha=\gamma=\beta=90°$，$V=4\,045(2)$ Å^3，$F(000)=1\,696$，$\rho_{calcd}=1.337$ g/cm^3。最终偏差因子 $R_1=0.046\,6$，$wR_2=0.093\,1$ [对 $I>2\sigma(I)$ 的衍射点] 和 $R_1=0.075\,2$，$wR_2=0.104\,7$（对所有衍射点）。

配合物分子之间通过 C—H…O 分子间弱作用形成了配合物的二维面状结构。其他配合物的分子组成为 [M（$C_{36}H_{32}N_2O_8Cl_2$）]·$2CH_3OH$ [M = Zn（Ⅱ）、Mn（Ⅱ）、Cu（Ⅱ）、Cd（Ⅱ）]。

（5）以解析得到的金属配合物的晶体结构为基础，使用 Gaussian03 量子化学计算程序，采用密度泛函理论（DFT）中的 B3LYP 计算方法，结合 6-31G 和 LANL2DZ 混合基组对其进行了几何优化及相关的量子化学计算。研究了其自然原子电荷分布及电子组态、前线分子轨道能量与组成、分子静电势及区间分布情况和自旋密度等。通过对计算结果的分析，发现理论值与实验值基本相符，证明了计算模型的稳定性，也为进一步探讨其性质奠定了一定的理论基础。

（6）研究了部分 Ni（Ⅱ）、Co（Ⅱ）及 Cu（Ⅱ）金属配合物的脲酶抑制活性，发现配合物的脲酶抑制活性受中心配位金属离子 M（Ⅱ）种类及配体结构的影响。一般情况下，Ni（Ⅱ）及 Cu（Ⅱ）金属配合物表现出较强的脲酶抑制活性。利用分子对接模拟技术对配合物与脲酶分子之间的结合模式进行了探讨，配合物分子结构中含有的氢键供体或者氢键受体有利于其与脲酶活性中心的氨基酸残基之间形成氢键作用力，从而稳定地结合在脲酶活性口袋附近。结果表明，含有羟基的 Cu（Ⅱ）金属配合物拥有较高的脲酶抑制作用，可作为潜在的脲酶抑制剂。

（7）以大肠杆菌和金黄色葡萄球菌为作用对象，采用琼脂扩散法对多种 Cu（Ⅱ）、Cd（Ⅱ）金属配合物进行了抑菌活性研究。实验结果表明，与同系列的 Cu（Ⅱ）金属配合物相比，Cd（Ⅱ）金属配合物拥有较好的抑菌活性。其中，BMFPE 缩 L-丝氨酸 Cd（Ⅱ）金属配合物 [Cd（$C_{24}H_{26}N_2O_{10}$）]·CH_3OH 对大肠杆菌和金黄色葡萄球菌均表现出高等强度的敏感性。BMFPE 缩 L-酪氨酸 Cd（Ⅱ）金属配合物 [Cd（$C_{24}H_{26}N_2O_{10}$）]·$2CH_3OH$ 对金黄色葡萄球菌表现出高等强度的敏感性。选取葡萄糖胺-6-磷酸合酶为作用靶点，采用分子对接模拟技术初步探究了金属配合物抑菌活性的作用机理。结果表明，分子结构中含有羟基及具有较小空间体积的配合物可较容易地进入酶的活性中心口袋，并与附近的氨基酸残基形成作用力，从而表现出较强的抑菌活性。

（8）以人肝癌 HepG2 细胞及人乳腺癌 MCF-7 细胞为作用研究对象，采用 SRB 法对多种 Cu（Ⅱ）、Cd（Ⅱ）金属配合物进行了抗肿瘤活性研究。实验结果表明，绝大多数的金属配合物具有较好的细胞增殖抑制作用。与同系列的 Cu（Ⅱ）金属配合物相比，Cd（Ⅱ）金属配合物拥有较好的抗肿瘤活性。其中，BMFPE 缩 L- 苯丙氨酸 Cd（Ⅱ）金属配合物 $[CdL_1] \cdot 2CH_3OH$ 及 BMFPE 缩 L- 丝氨酸 Cd（Ⅱ）金属配合物 $[CdL_2] \cdot CH_3OH$ 在低浓度下仍对人肝癌 HepG2 细胞和人乳腺癌 MCF-7 细胞具有较好的增殖抑制作用。为了初步探究金属配合物抗肿瘤活性的作用机理，笔者选取了 20S 蛋白酶体为作用靶点，借助分子对接模拟技术对金属配合物与该蛋白酶体之间的结合模式进行了研究。对接结果表明，4 种镉金属配合物可较好地进入 20S 蛋白酶体的空腔中，并与具有催化活性的亚基结合，能较好地阻碍蛋白质底物进入蛋白酶体的活性位点，从而有效抑制蛋白酶体的活性，继而诱导肿瘤细胞的凋亡。

本书可以作为高等学校化学、材料及相关专业的本科生、研究生教材或参考书，也可以供有机金属化学领域的科技研究人员参考。

在撰写本书的过程中，笔者得到了六盘水师范学院化学与材料工程学院印朝闯副教授的悉心指导，在此致以深深的谢意。

本书的出版得到了六盘水师范学院学术著作出版资助经费的支持，以及六盘水师范学院一流本科课程培育项目（2023-03-013）的资金资助，在此表示衷心的感谢。

为了表达的正确性，同时考虑受众的阅读习惯，本书部分内容保留了原文献中的英文表达。尽管做了大量认真的工作，由于笔者知识水平有限，书中难免有不妥和错误，恳请读者不吝批评和指正，以便进一步完善。

笔　者

2024 年 9 月

目　录

第1章 绪 论

　　现代配位化学（coordination chemistry）是多学科种类之间相互交叉、相互渗透的一门综合性现代学科。该学科研究的是金属中心（金属离子或原子）与配体（无机、有机的分子或离子）之间形成配位化合物（coordination compound）的制备方法、成键方式、结构特征、化学反应、特殊性质及应用。配位化学这门学科在近代科学技术的飞速发展带动下也得到了十分快速的发展。用作颜料的普鲁士蓝（$Fe_4[Fe(CN)_6]_3$），是首个文献记录的金属配合物，于1704年被名为狄斯巴赫（Diesbach）的德国人所制备。配位化学研究领域的开创是基于1798年法国化学家塔索尔特（Tassaert）对六氨合钴（Ⅲ）氯化物（$[Co(NH_3)_6]Cl_3$）的化学组分、结构及性质的研究。其中，近代配位理论是于1893年被誉为"配位化学之父"的瑞士化学家韦尔纳（Werner）在其出版的《无机化学领域中的新见解》一书中所确立的。在此之后，经过化学家们两个多世纪的不断探索研究，大量的结构迥异、性质丰富的配合物被相继报道，同时，关于配合物的理论研究也在不断地被完善。这些新型的配合物在有机化学、分析化学、药物化学、生物化学、防腐化学、催化化学等领域有着十分广泛且重要的实际应用[1]。其中，席夫碱配合物（Schiff base complex）作为配合物分类中的一种重要化合物，因其合成制备方法的简易性、丰富的化学结构及配位模式、优异的生物活性、独特的光电磁学性质及高效的催化性能等，多年来一直是人们研究的热点[2-14]。

1.1　席夫碱及其配合物概述

　　席夫碱（Schiff base）是于 1864 年被名为雨果·席夫（Hugo Schiff）的德国化学家首次设计合成而形成的一系列有机化合物[15]。席夫碱作为配位化学中重要的一类配体，在其被发现后的一个多世纪里，仍作为重要的有机配体在配位化学领域发挥着作用。从结构上来说，席夫碱（也称为"亚胺或甲亚胺"）是在醛类或酮类化合物的基础上所衍生的，其中，醛类或酮类化合物结构中的羰基基团（—O=CR—）被甲亚胺或亚胺基团（—N=CR—）取代[16-19]。因此，席夫碱是一类以包含碳-氮双键（ >C=N— ）作为主要官能团的化合物，其中 N 原子与芳基（Ar）或烷基（alkyl）连接，但不与氢连接。该类化合物由芳族/脂肪族醛或酮（R_1COR_2）和伯胺（RNH_2）的缩合反应所制得，制备这类化合物所涉及的有机反应如下：

$$\underset{R^2}{\overset{R^1}{>}}C=O + H_2NR^3 \xrightarrow{\text{亲核}} \left[\underset{R^2}{\overset{R^1}{>}}C \underset{\underset{H}{NHR^3}}{\overset{O^{\ominus}}{<}} \right] \xrightarrow{\text{转移}} \underset{R^2}{\overset{R^1}{>}}C \underset{NHR^3}{\overset{OH}{<}}$$

$$\xrightarrow[-H_2O]{\text{消去}} \underset{R^2}{\overset{R^1}{>}}=NR^3$$

　　作为用途广泛的配体，席夫碱结构中的特征官能团 >C=N— 有孤对电子对，可用于配位不同几何模式和氧化态的各种金属离子。席夫碱不仅可以与所有常见的过渡（区）金属元素形成配合物，还可以与主族金属（碱金属、碱土金属）及稀土金属（镧系金属、锕系金属）形成配合物[20-26]。现如今，这些席夫碱配合物由于其优异的生物活性、独特的光电磁学性质及高效的催化性能等，已被应用在多个学科领域，具有十分重要的研究价值[27-29]。

1.1.1 生物活性研究

自然界中存在的许多金属配合物通常具有很好的生物活性，能参与生命体的新陈代谢过程。例如，人体中的血红蛋白（hemoglobin, HbA），具有与 O_2 结合、运输 O_2 和 CO_2 的重要功能，它是一种分子结构中含有 Fe^{2+} 的配合物；植物叶片中的叶绿素（chlorophyll），能参与植物生命过程中的光合作用，它是一种分子结构中含有 Mg^{2+} 的配合物；动植物、微生物中存在的脲酶（urease），可快速地酶解尿素并产生氨和二氧化碳，它是一种分子结构中含有 Ni^{2+} 的寡聚金属酶。此外，金属配合物还可以用作治疗或诊断许多疾病的药物，如 $BaSO_4$ 可作为肠道疾病的显影剂，辅助医生进行诊断治疗；而由锑（Sb）制备得到的金属配合物可用作治疗血吸虫病的药物。席夫碱通常具有一定的生物活性。当它与金属中心配位后，得到的配合物的结构性质会发生一定程度的改变，其亲脂性和通过细胞膜的渗透性显著变强，因此表现出较强的生物活性[30-33]。

1969 年，具有良好抑菌及抗肿瘤活性的金属配合物——顺式 - 二氯二氨合铂（Ⅱ）[Pt（NH₃）₂Cl₂] 首次被芝加哥大学的 Rasenbrg 课题组报道，从此金属配合物作为抑菌抗肿瘤药物的研究进入了一个全新的阶段[34-35]。在对席夫碱金属配合物的生物活性研究进展中发现，这类化合物大多具有良好的抑菌及抗肿瘤活性。Hashem 等人[36] 研究了烟酰肼与不同杂环醛的缩合反应，然后将这些缩合物与 Co（Ⅱ）和 Cu（Ⅱ）金属离子进行金属化，从而衍生出一系列新的杂环席夫碱配合物。他们筛选了这些席夫碱基配体及其相应金属络合物对金黄色葡萄球菌和枯草芽孢杆菌（革兰氏阳性菌）、大肠杆菌和普通变形杆菌（革兰氏阴性菌），以及真菌黄曲霉和白念珠菌的抗菌功效。抗菌抑制数据显示，与席夫碱基配体相比，金属络合物具有更高的抗菌活性。Althobiti 等人[37] 成功制备了四种双齿席夫碱配体（SL_1-SL_4）和一系列单核 Cu（Ⅱ）和 Zn（Ⅱ）配合物，并对其进行了表征。结果表明，配体对革兰氏阳性菌类型表现出中等抗菌活性，而对革兰氏阴性菌和真菌菌株无活性。金属配合物对革兰氏阳性菌菌株的活性有所增强，对革兰氏阴性菌和真菌菌株的活性与母体配体相似。复合物 [Cu（SL_1）$_2$] 是对革兰氏阳性金黄色葡萄球菌和粪肠球菌表现出最强毒性的化合物。Kondori 等人[38]合成了 4-（nitroaniline-2-hydroxybenzaldehyde）（a）及其配合物 [Cu（4-nitroaniline-2-hydroxybenzaldehyde）$_2$]（b）的新型席夫碱配体，并通过 FT-IR、紫外-可见光谱、元素分析和 X 射线晶体学等手段对其进行了表征。他们进行了体外研究，并评估了这些配体及其螯合物对两种革兰氏阴性（大肠杆菌和铜绿假单胞菌）和两种革兰氏阳性（金黄色葡萄球菌和粪肠球菌）标准细菌菌株的抗菌活性，并采用纸片扩散法筛选了配体及其金属螯合物对所选细菌的抗菌活性。研究表明，复合物（b）比游离配体及其相应金属盐具有更强的抗菌作用，且它对革兰氏阳性菌的抗菌活性高于革兰氏阴性菌。El-Attar 等人[39]基于 Gat-o-phdn 席夫碱（4E,4'E）-4,4'-（1,2-phenylenebis（azaneylylidene））bis（1-cyclopropyl-6-fluoro-8-methoxy-7-（3-methylpiperazin-1-yl）-1,4-dihydroquinoline-3-carboxylic acid 合成了一系列的 Fe（Ⅱ）、Co（Ⅱ）、Ni（Ⅱ）、Cu（Ⅱ）、Y（Ⅲ）、Zr（Ⅳ）、La（Ⅲ）和 U（Ⅵ）单核金属配合物。他们对合成的配体及其配合物进行了针对两种革兰氏阳性菌、两种革兰氏阴性菌和两种真菌的抗菌活性筛选。结果表明，与游离的 Gat-o-phdn 和参考标准对照相比，Cu（Ⅱ）复合物对金黄色葡萄球菌具有非常显著的抗菌效果。此外，与所有复合物相比，它显示出最高的抗菌活性。

在金属配合物的抗肿瘤研究领域中，席夫碱金属配合物，尤其是 Cu（Ⅱ）、Zn（Ⅱ）、Cd（Ⅱ）、镧系及锕系金属配合物往往具有良好的抗肿瘤活性，一直是研究的热点问题。Aroua 等人[40]使用各种金属 Ni^{2+}、Fe^{3+}、Cu^{2+}、Co^{2+}、Mn^{2+}、Zn^{2+} 和 Cr^{3+} 合成了源自杂化尿素席夫碱 HL 的新型单核配合物，并针对三种癌细胞系 PC3（前列腺）、SK-OV-3（卵巢）

和 HeLa（宫颈），测试并筛选了所合成化合物的生物活性。结果显示，配体的活性较弱，而镍和铁复合物对三种癌细胞表现出中等活性。铜对三种癌细胞 PC3、SK-OV-3 和 HeLa 均显示出极好的活性。此外，尿素席夫碱复合物在体内毒性试验中表现出良好的安全性。研究表明，所有尿素席夫碱复合物对 SK-OV-3 组织均无活性，所研究的五种金属复合物中，铜 - 尿素席夫碱复合物有望成为卵巢癌细胞 SK-OV-3 的有效且有前途的化疗药物。Demir 等人[41] 使用计算机分析对四种磷席夫碱基配体和四种腙基膦的 Pd（Ⅱ）和 Pt（Ⅱ）复合物的 DNA 结合能力进行了研究。他们合成并表征了具有最佳 DNA 结合潜力的两种磷席夫碱基 -Pd（Ⅱ）复合物，并通过实验研究了这两种新 Pd（Ⅱ）复合物的 DNA 结合电位，且在 A549、MCF7、HuH7 和 HCT116 癌细胞中体外验证了它们的抗肿瘤特性。此外，通过流式细胞术细胞凋亡分析和集落形成分析，他们阐明了这些金属配合物在不同活动中杀死上述细胞的机制。研究结果表明，新复合物在不同细胞中表现出不同的抗肿瘤作用，在 HuH7 肝细胞中效果最差，而在 HCT116 结肠癌细胞中则表现出最好的抗肿瘤特性。Kostenkova 等人[42] 合成了两个含吡啶的席夫碱的新系列复合物。研究表明，[VVO（SALIEP）（DTB）]（SALIEP=N-（salicylideneaminato)-2-（2-aminoethylpyridine），DTB=3,5-di-tert-butylcatecholato（2）) 在细胞培养基中具有中等稳定性，T98G（人胶质母细胞瘤）细胞对完整复合物的细胞摄取显著，并且具有非常好的抗增殖活性，大约是非癌性人细胞系 HFF-1 的 5 倍。这使得 [VVO（SALIEP）（DTB）] 成为通过颅内注射治疗晚期胶质瘤的潜在候选药物。Andiappan 等人[43] 利用缩合反应合成了席夫碱配体及其掺杂镧系金属的络合物。所合成的配体和金属复合物被广泛用作对抗铜绿假单胞菌和金黄色葡萄球菌病原体的抗菌剂。Schiff-praseodymium（Schiff-Pr）复合物对以上这两种病原体表现出更好的抗菌性能，且对宫颈癌和人乳腺癌细胞系产生了显著的抗癌活性。使用进行过化学染色的 Schiff-Pr 金属复合物处理癌细胞时，该复合物表现出与细胞壁成分的强烈结合能力，导致 DNA 碎裂并阻止细胞增殖。有关课题组 [44-48] 也报道了大量的席夫碱金属配合物的抗癌活性筛选及机理研究工作，研究表明，基于 L- 色氨酸的杂环席夫碱 Cu（Ⅱ）及 Cd（Ⅱ）金属配合物及基于含氟基团的邻氨基苯甲酸类席夫碱 Cu（Ⅱ）及 Cd（Ⅱ）金属配合物对 MDA-MB-231（人乳腺癌细胞）和 LN-CaP（人前列腺癌细胞）具有较好的增殖抑制作用，并以蛋白酶体为靶点，系统地研究了上述系列金属配合物对癌细胞的抗癌作用机制。随着科学技术的不断进步及化学家的不断努力，金属配合物作为抗癌药物将会发挥越来越重要的作用，其作用机理将会更加的明确。

1.1.2 催化性能研究

在席夫碱金属配合物中，可以通过将不同的取代基连接到配体上来修饰配位中心的环境，改变配合物的空间和结构，从而对电子性质和反应性进行微调 [49-51]。已知的席夫碱配体与 p 区和 d 区金属形成的金属配合物可直接在各种合成和其他有用的化学反应中作为高效的催化剂使用 [52-55]。此外，还可将席夫碱金属配合物固载到新型的材料上，以高效发挥催化作用。Moodi 等人 [56] 通过槲皮素与乙醇胺的缩合反应合成了席夫碱配体，并在室温下制备了两种涉及该席夫碱配体的新型金属络合物。他们评估了合成的这些复合物在 Henry 反应中作为非均相催化剂的活性，发现这些复合物在 Henry 中显示出高催化性能。其中，SBL-Cu 比 SBL-Ni 具有更好的催化活性。这些催化剂在回收和再利用五次后，其活性并未显著降低。在优化的 Henry 反应中，他们应用了一系列苯甲醛衍生物，以研究取代基对反应产率的影响。实验结果表明，含有吸电子基团的苯甲醛在 Henry 反应中具有更高的产率。Arumugam 等人 [57] 合成了铜（Ⅱ）席夫碱络合物负载于介孔硅 MCM-41 上的催化剂（Copper-Schiff base@MCM-41）。该催化剂在催化 Biginelli 反应时，实现了高产品产率。反应结束后，催化剂可通过过滤方法回收，并能在多达五个重复循环中再次使用，同时保持相当的产物收率，而未观察到显著的催化活性衰减。此外，Copper-Schiff base@MCM-41 在室温下对 3,4- 二氢嘧啶酮衍生物表现出优异的催化活性，在短时间内具有高产物收率。研究表明，与其他催化剂相比，Copper-Schiff base@MCM-41 是 Biginelli 反应中更有效的非均相催化剂。Mureseanu 等人[58] 合成了一种新的单核 Cu（Ⅱ）络合物 $[Cu(L_2)(H_2O)_2]$，其中 L 是席夫碱 2-[2-（3-bromopropoxy）benzylideneamino] benzoic acid。该络合物被共价锚定在氨基功能化的 SBA-15 介孔二氧化硅上，以获得一种高效的非均相催化剂。元素分析、结构表征和形态观察证实了合成复合物中中心 Cu（Ⅱ）离子与两个 L 配体分子和两个 H_2O 分子的配位，并将该络合物成功固定到 NH_2 功能化载体的内孔表面，而不会损失介孔结构。研究结果表明，在空气气氛下，无论是游离状态或固定化状态的 Cu（Ⅱ）络合物，在 H_2O_2 氧化环己烯和超氧自由基阴离子的歧化反应中，都表现出非常好的催化活性。Dong 等人[59] 提出了一种通过将 Satin-Schiff 碱金属络合物（IS）共价连接到微孔，将 Ni、Co 和 Cu 离子固定在 NH_2-UiO-66 中来制造高性能催化剂的策略。由于固定化金属离子在反应过程中充当活性位点，合成的 NH_2-UiO-66/IS- 复合物（66-ISM，M=Ni、Co、Cu）光催化剂表现出特殊的光催化还原 CO_2 活性。其中，66-IS-Ni 的最大 CO 生成速率及 CO 选择性均显著高于以往报道的基于金属有机框架（MOF）的光催化剂。实验表征和密度泛函理论（DFT）计算表明，66-IS-Ni 上 CO_2 还原的有效电荷分离和降低的自由能促进了 CO_2 转化。研究表明，将分子催化剂均匀分散在氨基官能化 MOF 中，可以实现高效的光催化。Aytar 等人[60] 开发了一种由席夫碱 Cu（Ⅱ）配合物制成的、稳定且易于合成的催化剂系统，用于将 CO_2 和环氧乙烷高效地转化为环状碳酸盐。在观察到不同形式的合成席夫碱 Cu（Ⅱ）配合物展现出高催化转化率后，他们还研究了这些催化剂在环氧化物、碱的种类、温度、CO_2 压力以及反应时间等因素下的影响。结果表明，席夫碱 Cu（Ⅱ）络合物在大气环境中对环氧氯丙烷的羧化反应具有显著的催化活性（在 100 ℃和 1 个大气压下），从而获得了良好的碳酸盐产率。Tavakoli 等人[61]将席夫碱硫代氨基甲酮（TSC）与铜（Ⅱ）和锌（Ⅱ）金属以及氨基酸（L- 组氨酸）作为二级配体结合，形成络合物，并将其功能化到 MCM-41 载体上（M-H-L@MCM-41）。通过 NH$_3$-TPD 技术，他们证实了制备的催化剂中存在强酸位点和中等酸位点的适度参与。这种非均相酸性催化剂展现出高效、稳定、易去除、可重复使用且环保的特性，被应用于通过 Biginelli 反应合成二氢吡啶衍生物（DHPM）。Mureseanu 等人[62]在 SBA-15-NH$_2$、MCM-48-NH$_2$ 和 MCM-41-NH$_2$ 功能化载体上原位合成了一系列 Cu（Ⅱ）和 Mn（Ⅱ）配合物。这些配合物由 2- 呋喃甲基酮（Met）、2- 呋醛（Fur）和 2- 羟基乙酰苯酮（Hyd）衍生的席夫碱配体构成。他们通过环己烯的过氧化氢反应以及不同的芳香醇和脂肪醇（苯甲醇、2- 甲基丙 -1- 醇和 1- 丁烯 -3- 醇）的氧化反应测试了这些配合物的催化性能。研究表明，在以 SBA-15-NH$_2$-MetMn 作为多相催化剂的环己烯氧化反应中，所有测试的杂化材料中，该催化剂展现出了最佳的催化活性。

1.1.3 其他性能研究

席夫碱类化合物分子的结构中通常含有苯环与亚氨基（—CH＝N—）的共轭结构，这使其具有一定的荧光特性。由该席夫碱配体合成得到的金属配合物的结构及电子特性均发生了明显的改变，从而导致配合物的荧光强度相对于配体本身发生一定程度的改变。可利用这一特性在一定的环境下作为化学传感器对金属阳离子进行分离鉴定[63-65]。兰州大学的 Fan 等人[66]基于 7- 甲氧基色酮 -3- 甲醛设计并合成了酰肼类杂环席夫碱化学传感器。该传感器对 Al^{3+} 的选择性高于其他金属离子，荧光增强倍数为 500 倍，灵敏度高，且在乙醇中的检测限为 5×10^{-8} M。在 Al^{3+} 存在的情况下，该探针表现出良好的 "OFF-ON" 荧光信号转换，即便在存在大量与环境相关的竞争性金属离子时，仍能进行可逆检测。清华大学的 Peng 等人 [67] 基于 3- 羟基黄酮与 2- 羟基苯甲醛腙缩合制备的席夫碱配体，开发出了一种对 Al^{3+} 具有高度选择性的化学传感器。在中性水溶液中，该传感器对 Al^{3+} 的荧光比（I_{461}/I_{537}）响应低至 0.29 μmol/L，并可以成功应用于试纸检测，实现 Al^{3+} 的简单快速检测。此外，该席夫碱化学传感器还实现了通过比例荧光变化在活细胞中对 Al^{3+} 进行成像的应用。

研究表明，许多席夫碱类化合物可以作为钢、铜和锌的腐蚀抑制剂。由于含有亚氨基（—CH＝N—）基团，席夫碱能够吸附在低碳钢的表面上，并自发在表面形成单层保护膜，从而表现出良好的腐蚀抑制效果 [68]。当席夫碱配体与金属离子形成金属配合物后，由于其较大的尺寸和较好的致密性，通常比配体具有更好的缓蚀性能。Liu 等人 [69] 研究了双噻吩席夫碱铜金属络合物 Cu（Ⅱ）@Thy-2 作为缓蚀剂的效果。在 Q235 金属基体表面加入 Cu（Ⅱ）@Thy-2 缓蚀剂后，形成了均匀且致密的缓蚀剂吸附膜。与添加缓蚀剂的情况相比，腐蚀剖面得到了显著改善。此外，添加缓蚀剂后，金属表面的接触角增加，表明吸附的缓蚀剂膜降低了金属表面的亲水性，增强了其疏水性。Hanane 等人 [70] 采用动电位极化法和阻抗测量（EIS）研究了三种新合成的含有喹啉衍生物的席夫碱对低碳钢在 1 mol/L HCl 溶液中腐蚀的抑制作用。结果表明，所有席夫碱均能有效抑制低碳钢的腐蚀，且抑制效率随着浓度的增加而增强。这些化合物吸附在钢表面，其吸附过程符合朗缪尔等温线。在现代工业中，随着现代科技的不断发展，席夫碱配合物有望在更加广阔的领域中得到更大的应用和发展 [71]。

1.2 氨基酸类席夫碱及其配合物概述

在过去的几十年里，由醛类化合物和氨基酸缩合得到的席夫碱金属配合物的生物活性及催化活性等性能一直是化学家持续关注的问题 [72]。

Jadama 等人[73]使用五种氨基酸的手性酰胺衍生物（2a-e）合成了酰胺的 Schiff 碱和 azo-Schiff 碱基衍生物（3a-e、4a-c 和 4e），并利用光谱分析（FTIR、1H-NMR、13C-NMR）和元素分析确定了这些化合物的结构。在测试的化合物中，发现化合物 3b 和 3d 对革兰氏阳性菌和革兰氏阴性菌均表现出最有效的抑制作用。Cui 等人[74]制备了具有良好生物活性的 N-2-hydroxypropyltrimethyl ammonium chitosan derivatives bearing amino acid。与 N-2-hydroxypropyltrimethyl ammonium chloride chitosan（HACC）相比，HACC 衍生物的 DPPH 自由基和超氧自由基清除能力显著提高，并表现出更强的抗菌活性和抗真菌活性。特别是 HACGM（HACC-potassium 2-[（2-hydroxy-3-methoxybenzylidene）amino] acetate）和 HACGB（HACC-potassium 2-[（5-bromo-2-hydroxybenzylidene] amino）acetate）对金黄色葡萄球菌、大肠埃希菌、灰霉菌和尖孢镰刀菌等细菌和真菌均表现出良好的抑制作用。Borrego-Munoz 等人[75]合成了源自氨基酸 L-Ala、L-Tyr 和 L-Phe 的烯胺型席夫碱基化合物，并通过评估它们在温室条件下抑制菌丝生长的抑制效果和疾病严重程度的降低程度，来评价这些化合物的体外抗真菌活性以及对尖孢镰刀菌的体内保护作用。实验分析表明，乙酰丙酮衍生物上的取代基大小和环己烷 -3-酮片段上的电子特性影响了抗真菌效果。氨基酸相关片段和烷基酯残基可以促进疏水相互作用，而氮原子和烯胺取代基则作为氢供体和吸电子部分发挥了有利作用。Soberanes 等人[76]基于 2- 羟基苯乙酮与甘氨酸设计并合成了一种氨基酸类席夫碱四核 Cu（Ⅱ）配合物，并研究了该配合物在重氮乙酸乙酯（EDA）存在下对苯乙烯进行环丙烷化反应的催化性能。实验结果表明，催化产物的顺式 / 反式比例高达 98∶2，且未观察到副产物的生成。通过 2,2′- 联氮 - 双 -3- 乙基苯并噻唑啉 -6- 磺酸（ABTS）自由基分析法评估了配体和 Cu（Ⅱ）配合物的抗氧化作用。结果表明，配体和 Cu（Ⅱ）配合物均可达到 50% 的自由基清除率，且 Cu（Ⅱ）配合物［IC_{50}＝（145 ± 6）μmol/L］在钝化 ABTS 自由基方面的效率高于

配体 [IC_{50}=（171 ± 9）μmol/L]。

总的来说，目前针对氨基酸类席夫碱及其金属配合物的研究工作主要聚集于在合成表征、简单的生物活性及催化性能研究。然而，这些研究内容尚不够系统深入，且缺乏对配合物生物活性作用机制的更深入探究。

1.3 脲酶及其抑制剂概述

1.3.1 脲酶的结构与生物功能

1828 年，德国化学家弗里德里希·沃勒（Friedrich Wohler）从一种常见的无机成分——氰酸铵（ammonium cyanate）中合成了第一种有机化合物——尿素[77]，其在历史上具有独特的作用。尿素是蛋白质和氨基酸分解代谢的内源性产物。例如，人体每天大约有 20 ~ 35 g 尿素随尿液排出体外。此外，尿素也被大量用作肥料（植物的氨外部来源物质）。该化合物具有水解稳定性，其非酶水解半衰期较长，约为 3.6 年，关于该非酶水解机理过程目前尚有争议[78-79]。在自然界中，尿素被脲酶（尿素酰胺水解酶，Urease，EC3.5.1.5）催化水解，脲酶是一种多亚基的镍依赖性金属酶，其催化尿素水解的速率约为未催化反应速率的 10^{14} 倍[80]。值得注意的是，脲酶催化尿素水解的机理与未催化反应的过程不同。在全球氮循环过程中，脲酶将尿素催化转化为氨基甲酸酯（carbamate）和氨（ammonia），随后，氨基甲酸酯会进一步分解产生碳酸（carbonic acid）和另一分子的氨，同时释放出氨和二氧化碳。作为人类历史上首个成功分离并结晶的生物酶，脲酶由美国科学家詹姆斯·B. 萨默斯（James B. Summer）于 1926 年从脲酶含量较高的洋刀豆（jack bean）中提取出来。这一成就不仅证实了脲酶具有蛋白质的特征，还推动了生物化学的快速发展。1946 年，詹姆斯·B. 萨默斯也因此荣获诺贝尔化学奖[81]。Dixon 等人[82] 于 1975 年在洋刀豆脲酶结晶的分子结构中首次发现了金属 Ni（Ⅱ）离子，金属酶的概念就此产生，脲酶也成为首个被人们所研究的金属酶。脲酶催化水解尿素的反应如下：

$$H_2N-\overset{\overset{O}{\|}}{C}-NH_2 + H_2O \xrightarrow{\text{脲酶}} CO_2\uparrow + 2NH_3\uparrow$$

其中，被化学家广泛研究的两种脲酶分别是从洋刀豆中分离出的脲酶（JBU）和从幽门螺杆菌中分离出的脲酶（HPU）[83]。酶的来源（或类型）会影响其结构的差异，包括氨基酸序列、分子量以及亚基的数量和类型等，即使整个酶的活性位点结构都是保守的。脲酶的活性位点由氨基甲酸酯化的赖氨酸残基和通过氢氧根阴离子桥联的两个 Ni（Ⅱ）离子构成[84]。其中一个 Ni（Ⅱ）离子（记为 Ni1）分别与两个组氨酸残基、一个氨基甲酸酯化的赖氨酸残基、一个水分子以及一个氢氧根阴离子进行配位，因此形成了五配位的扭曲四方锥几何构型。另一个 Ni（Ⅱ）离子（记为 Ni2）分别与两个组氨酸残基、一个氨基甲酸酯化的赖氨酸残基、一个天冬氨酸残基、一个水分子以及氢氧根阴离子配位，形成了六配位的扭曲八面体几何构型[85]。两个 Ni（Ⅱ）离子之间的原子距离为 3.5 Å。不论脲酶的来源如何，它通常是由三个不同类型的亚甲基（α、β、γ）组成，以三聚体（α β γ）$_3$ 的形成存在。然而，在某些细菌中的脲酶，其分子结构呈现出仅具有（α β）$_3$ 型的两个亚基的四级结构。但不论在任何情况下，活性位点都位于 α 亚基结构中，因此每个脲酶分子中存在三个活性位点，它们拥有相同的催化活性机制。图 1-1 为脲酶的活性中心示意图。

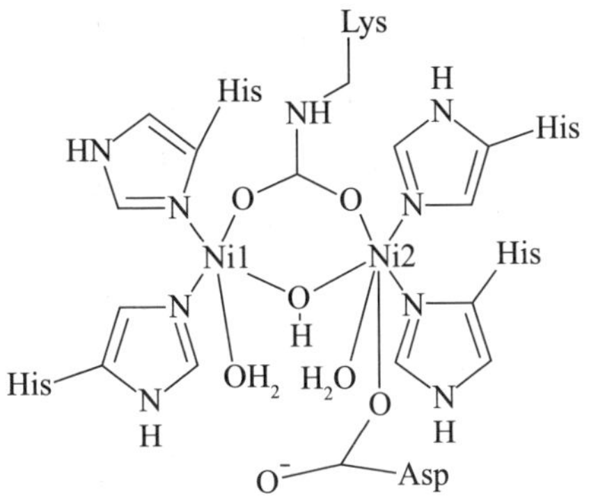

图 1-1　脲酶的活性中心示意图

　　细菌、真菌、酵母和植物都会不断地产生脲酶，这些脲酶能够催化尿素快速水解，从而为这些生物的正常新陈代谢提供所需要的氮源[86-90]。此外，脲酶也是在各种病原细菌中发现的致病因子，对宿主生物的定殖和细菌在生物组织中的正常生命活动至关重要。脲酶能快速水解动物及人体内的尿素，导致局部组织细胞氨浓度快速上升，pH 快速升高，进而导致人体内的稳态环境失衡，可能引发泌尿系统感染、尿结石、导管阻塞、肾盂肾炎等症状[91]。同时，脲酶还会造成消化系统胃部环境的 pH 异常，引发消化溃疡、胃炎等慢性疾病，严重时甚至可导致胃癌和胃淋巴瘤等疾病[92-93]。综合以上分析，脲酶具有特殊的生物学功能，关于脲酶的研究一直备受人们的重视。其中，关于脲酶抑制剂的开发研究更是脲酶研究领域中的热点问题。

1.3.2　脲酶抑制剂

1. 尿素类似物

　　尿素是一种小分子化合物，也是脲酶的天然底物。晶体学研究显示，脲酶的结构非常灵活，能够结合具有较大空间结构的化合物[94]。因此，构建含有尿素或硫脲片段的化合物是设计脲酶抑制剂的自然选择。由于这些化合物与尿素结构相似，脲酶会错误地与其结合，但是不会造成尿素类似物的进一步分解，因此，脲酶的催化活性大大降低。例如，2021年，Lu 等人[95]研究了氯化硝替丁（NC）对杰克豆脲酶的灭活作用，结果表明，NC 是一种在脲酶活性位点靶向巯基的非竞争性抑制剂，具有浓度依赖性、可逆性和慢结合等特点，是一种很有前途的新型脲酶抑制剂。Rauf 等人[96]及 Khan 等人[97]设计并合成了一系列巴比妥酸盐和硫代巴比妥酸盐，这些化合物在其分子结构中带有尿素片段。实验表明，这些化合物具有中等强度的脲酶抑制作用，抑制常数在微摩尔范围内。然而，当尿素浓度较高时候，这种类型的脲酶抑制剂便会失去抑制作用[86]。图1-2 为脲酶抑制剂——尿素类似物。

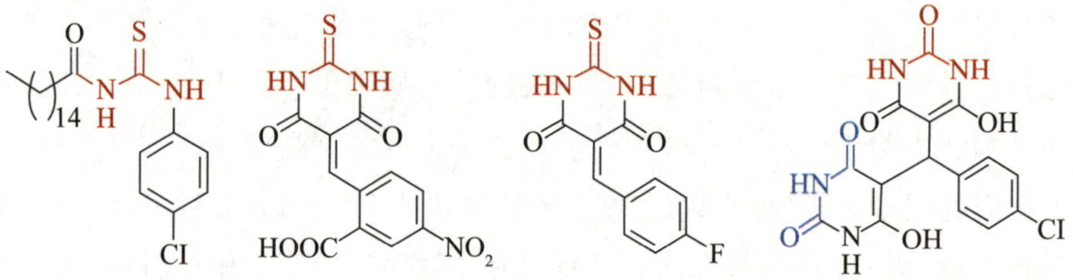

图 1-2　脲酶抑制剂——尿素类似物

2.氟喹诺酮类化合物

喹诺酮类抗生素是合成广谱抗菌药物中的一类重要成员，它们是当今最成功的临床合成抗菌药物[98]。它们可以抑制 DNA 的合成。现在使用的所有喹诺酮抗生素都几乎属于氟喹诺酮类药物。其代表药物——左氧氟沙星和环丙沙星以及它们的类似物是幽门螺杆菌脲酶的潜在抑制剂[99-100]。分子模型研究显示，左氧氟沙星和环丙沙星分子结构中的羧基基团能与活性位点 Ni（Ⅱ）离子相互作用，从而起到抑制作用[101]。乙酰氧肟酸，一种处方药（FDA 批准药品名为 Lithostat），用于治疗慢性尿素分解障碍引起的尿路感染，以防止尿液中氨的过多积聚。它是通过与 Ni（Ⅱ）

离子的络合作用来抑制脲酶，是目前研究最深入的脲酶抑制剂之一，同时，也可作为治疗由幽门螺杆菌引起的胃溃疡的潜在药物[102]。因此，通过将氟喹诺酮的羧基转化为羟酰胺酸、酰肼和酰胺基团，可获得多种潜在的脲酶抑制剂[103]。Nisar 等人[104]利用莫西沙星设计了银和金的纳米材料。实验表明，银纳米材料是一种强活性的脲酶抑制剂［IC_{50} =（0.66 ± 0.042）μg/mL］，其抑制活性［IC_{50} =（183.25 ± 2.06）μg/mL］比抗生素更强。图 1-3 为脲酶抑制剂——氟喹诺酮类化合物。

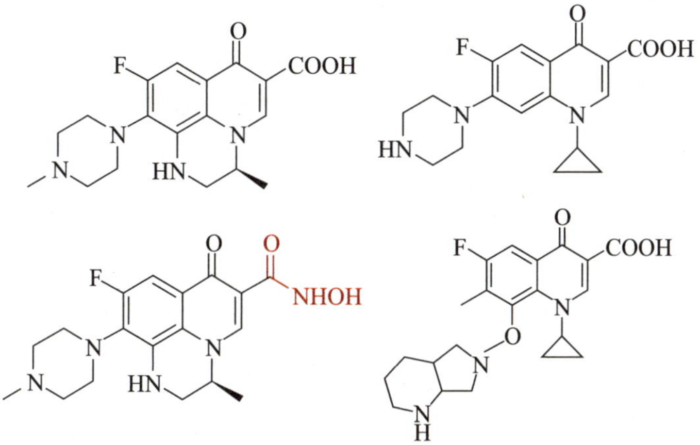

图 1-3 脲酶抑制剂——氟喹诺酮类化合物

3. 类黄酮类化合物

众所周知，天然产物结构的多样性和复杂性吸引了人们，也因此将其作为治疗各种疾病的先导化合物进行研究。包括绿茶和蔓越莓在内的各种植物的提取物经常被用于治疗胃炎或尿路感染。（＋）- 儿茶素和（－）- 表没食子儿茶素没食子酸酯的提取物可作为脲酶抑制剂[105]。还有从凹叶瑞香中提取的萘丁酸，从黄连木中提取的二氢木犀草素以及从棉中提取的棉酚、棉子酚酮和阿朴棉子醇等，可作为洋刀豆脲酶的微摩尔抑制剂[106-107]。这些研究促使人们更加努力地分析类黄酮的抑制潜力。

Liu 等人[108] 设计并合成了一系列新型类黄酮类似物。这些化合物在脲酶抑制活性上明显优于对照药物硫脲（高出 10 倍以上）。在这些化合物中，L2（IC50=1.343 μmol/L）和 L12（IC50=1.207 μmol/L）在体外表现出最优异的脲酶抑制活性。将 L2、L12 和 L22 分子对接到脲酶中，探究它们的结合模式及其构效关系，结果显示，这些靶向化合物都显示出良好的成药特性。Li 等人[109] 已经记录了 3-hydroxy-3-methylglutaryl coenzyme A（HMG-CoA）还原酶和脲酶在微摩尔水平的结果，并通过研究分子建模，评估了 panicolin 对 α - 淀粉酶、脲酶、酪氨酸酶和 HMG-CoA 还原酶的化学活性，panicolin 可能是这些酶和癌细胞的潜在抑制剂。图 1-4 为脲酶抑制剂——类意酮类化合物。

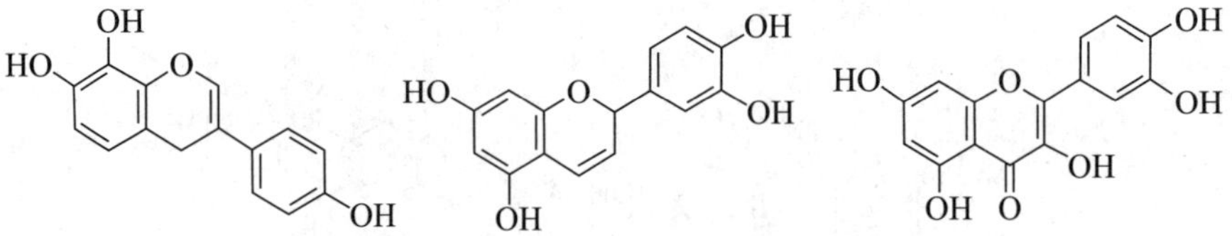

图 1-4　脲酶抑制剂——类黄酮类化合物

4. 杂环类化合物

随机测试大量新合成的分子以寻找新的候选药物，仍然是最广泛采用的方法。这种筛选过程虽然效率低下，但却可鉴定许多新的先导化合物。芳香族杂环化合物对脲酶活性的抑制研究一直是人们关注的热点。最近报道的所有杂环化合物似乎都是幽门螺杆菌或洋刀豆脲酶的微摩尔抑制剂。如分子对接模拟结果所示，它们结合在酶的活性位点附近，其中活性位点附近的半胱氨酸或蛋氨酸残基的侧链与化合物分子的芳族片段 p 电子相互作用。其中，最具代表性的脲酶杂环抑制剂有苯并咪唑、恶二唑、噻唑烷 -4- 羧酸乙酯和二氢吡啶酮[110-113]。图 1-5 为脲酶抑制剂——杂环类化合物。

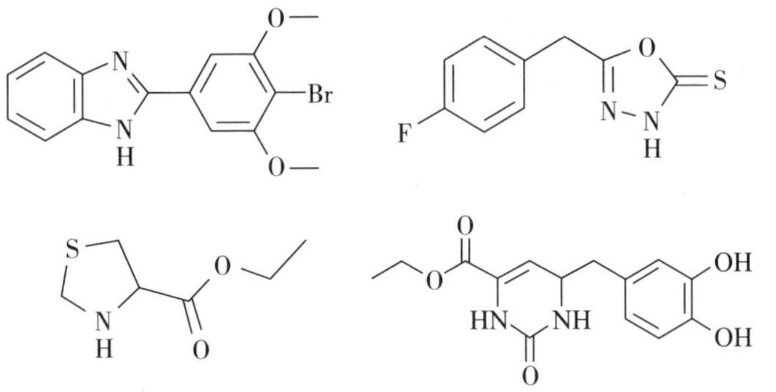

图 1-5　脲酶抑制剂——杂环类化合物

5. 金属配合物类

近年来，金属配合物作为脲酶抑制剂的研究成为热点方向[114-122]。Said 等人[123]合成了五种取代胍配体的 Cu（Ⅱ）配合物，这些配合物为具有伪方形平面几何形状的单核化合物，其中胍配体通过氧原子和氮原子与金属中心相连接。研究表明，这些金属配合物作为脲酶抑制剂，显示出比其母体胍配体更好的抑制活性，并且与用作标准药物的长春新碱相比，在马铃薯盘生物测定方面也显示出相当好的活性。Chen 等人[118]设计并合成了四种席夫碱 Cu（Ⅱ）配合物，还研究了它们对洋刀豆脲酶的抑制作用。结果表明，这四种 Cu（Ⅱ）配合物的抑制活性（IC_{50} = 5.36、8.01、2.25、1.00 μmol/L）明显强于阳性对照乙酰氧肟酸对脲酶的抑制作用。此外，配合物的空间结构与其脲酶抑制活性之间存在密切关系。具体而言，双核 Cu（Ⅱ）配合物对脲酶的抑制活性强于单核 Cu（Ⅱ）配合物。配合物分子的聚合程度以及配合物分子结构中的氢键作用也与其脲酶抑制活性之间具有明显的关联，然而桥联配体的添加对脲酶抑制活性的影响很小。Sangeeta 等人[124]基于 3,5- 二氯水杨醛与 2- 甲氧基苯胺，设计并合成了对应的席夫碱 Ni（Ⅱ）及 Cu（Ⅱ）配合物，还研究了它们对幽门螺杆菌脲酶的抑制活性。结果表明，席夫碱配体显示出十分弱的抑制作用，而上述席夫碱 Ni（Ⅱ）及 Cu（Ⅱ）金属配合物对脲酶的抑制作用 $[IC_{50} = (5.5 \pm 2.0)\ \mu mol/L$ 及 $IC_{50} = (4.2 \pm 2.3)\ \mu mol/L]$ 明显强于阳性对照乙酰氧肟酸对脲酶的抑制作用 $[IC_{50} = (28.1 \pm 3.6)\ \mu mol/L]$。分子对接结果表明，上述席夫碱 Ni（Ⅱ）及 Cu（Ⅱ）金属配合物均可以通过氢键作用较好地结合在脲酶的活性口袋附近。

6. 其他

除了上述提到的脲酶抑制剂，还有许多化合物对脲酶也表现出较好的抑制作用，如多元酚类化合物、巯基类化合物、硼酸类化合物、醌类化合物、重金属离子类、多聚醛类化合物等 [125-132]。

1.4　蛋白酶体及其抑制剂概述

如今，蛋白酶体（proteasome）已被广泛认为是维持细胞内蛋白质稳态的主要因素，对几乎所有正常细胞的新陈代谢过程都至关重要。然而，这一认识并非一开始就如此明确。20 世纪 50 年代初期，随着溶酶体（lysosome）作为蛋白质水解细胞器的发现，人们曾一度认为细胞内所有蛋白质的水解都是通过溶解体中的蛋白酶完成的。但在随后的二三十年里，随着大量证据的积累，这一简单的概念逐渐变得复杂。这些证据表明，细胞内存在着一个全新的、非常特殊的非溶酶体型蛋白质降解系统——泛素‐蛋白酶体系统（UPS，图 1-6）。 以色列科学家阿龙·切哈诺沃、阿夫拉姆·赫什科和美国化学家欧文·罗斯共同发现了泛素‐蛋白酶体系统，并因此获得了 2004 年诺贝尔化学奖 [133]。蛋白酶体在细胞内无处不在，对细胞的许多关键调节机制至关重要，是细胞内蛋白质降解的主要执行者。泛素‐蛋白酶体系统对于识别和清除错误折叠、受损或有毒的蛋白质至关重要 [134]。因此，在设计和开发用于治疗各种疾病（尤其是癌症）的新型药物时，有目的性地阻断该通路，调控细胞（尤其是肿瘤细胞）内关键蛋白的降解过程，成为一种有效的策略。泛素－蛋白酶体系统也因此成为肿瘤学领域中的热点研究对象。近年来，以蛋白酶体作为作用靶点的新型抗肿瘤药物的开发研究不断吸引着人们的注意[135-138]。

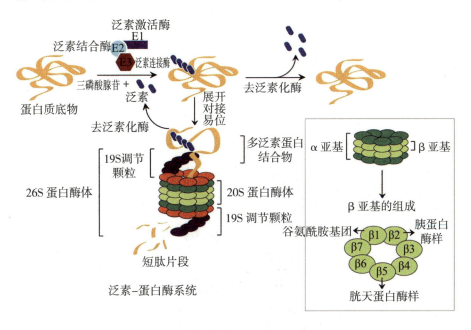

图1-6 泛素－蛋白酶体系统

1.4.1 蛋白酶体的结构与生物功能

26S蛋白酶体（图1-7）是一个由多个亚基组成的巨大蛋白酶，包括两个19S调节复合物和一个20S催化蛋白酶[139-144]。20S蛋白酶体由4个并列的环状蛋白组装而成，形成一个筒状结构，内部包含3个大型空腔，其中中间较大的空腔是蛋白质水解反应的主场所。这个筒状结构由2个外层的α环和2个内层的β环组成，每个环均由7个亚基构成。因此，α1-7β1-7β1-7α1-7可描述为20S蛋白酶体的基本结构。α亚基主要负责底物的识别，β亚基则负责底物的降解。每个β环上有3个不同的面向空腔内部的催化蛋白质水解的活性位点。19S复合物能够快速识别被泛素所标记的蛋白质，并利用 ATP（三磷酸腺苷）提供的能量将这些蛋白质从 20S 蛋白酶体的一端引导至内部空腔的催化活性位点附近进行降解。降解后的产物以缩氨酸的形式从空腔的另一端释放出来。值得注意的是，26S 蛋白酶体并不能自主地选择需要催化降解的蛋白质，它需要经过蛋白的泛素化过程后，才能进行蛋白质的催化降解。

研究表明，蛋白酶体能够通过调控细胞内蛋白质的水平来改变细胞的周期[145-146]，并利用 NF-κB 核因子的活化对细胞的凋亡过程产生影响[147-148]。蛋白酶体通过调控肿瘤细胞新陈代谢周期及肿瘤细胞凋亡过程中的相关蛋白的活性，影响肿瘤细胞的快速增殖。

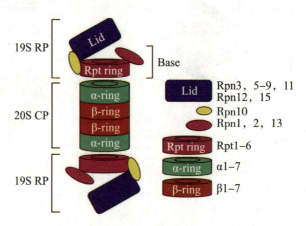

图 1-7　26S 蛋白酶体的结构示意图

1.4.2　蛋白酶体抑制剂

由于蛋白酶体在调节细胞功能中的重要性，靶向蛋白酶体已成为开发治疗癌症和炎性疾病新策略的关键途径。蛋白酶体对细胞正常的新陈代谢过程具有显著影响，当蛋白酶体抑制剂（PIs）作用于细胞时，会抑制细胞内有关蛋白质的正常分解，导致细胞内蛋白质平衡被打破，大量参与重要生命过程的蛋白质积累，进而使细胞周期调节失衡，加速细胞凋亡。同时，蛋白酶体抑制剂也会导致细胞内信号传导过程受阻[149-150]。

研究表明，相对于正常细胞来说，蛋白酶体抑制剂对肿瘤细胞会更加的敏感[151]。Valmori 等人[152]的研究发现，蛋白酶体抑制剂乳胞素（lactacystin）对人黑色素瘤细胞的增殖抑制作用十分显著，而对人体正常 T 淋巴细胞几乎没有影响。根据其来源，目前已知的蛋白酶体抑制剂可分为衍生自天然产物的化合物（图 1-8）和化学合成的小分子（图 1-9）两类。天然的蛋白酶体抑制剂包括 Tyropeptin A[153-154]、TMC-86/95[155-156]、TMC-89A、TMC-86A、乳胞素[152]、PR-171（Carfilzomib）[157-158] 等；合成的蛋白酶体抑制剂则根据其结构可分为肽醛（如能够可逆抑制 β5 催化亚基的 MG132[159]）、硼酸肽（如已成功开发用于治疗多发性骨髓瘤的抗癌药——硼替佐米，Bortezomib，PS341[160-161]）以及金属配合物（铜金属配合物 NCI-109268S[162] 和二硫代氨基甲酸盐铜金属配合物 DSF-Cu[163]）等。在上述几类蛋白酶体抑制剂中，金属配合物因其抑制效果显著且合成相对简单，近年来一直备受关注[164-172]。

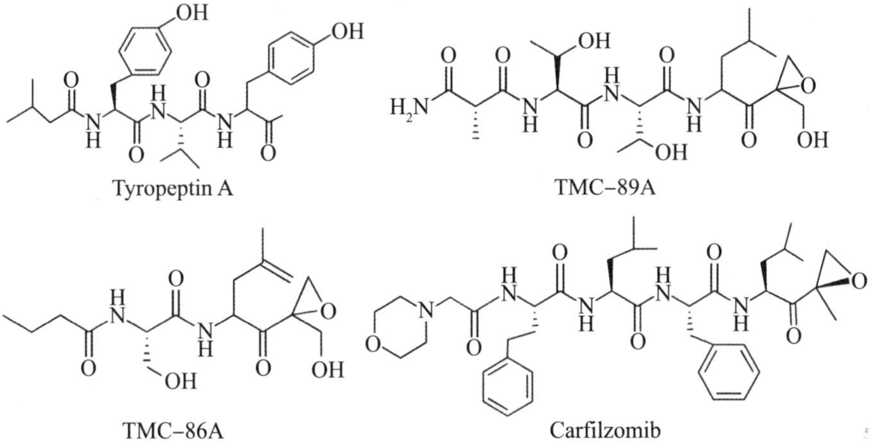

图 1-8 蛋白酶体抑制剂——天然产物

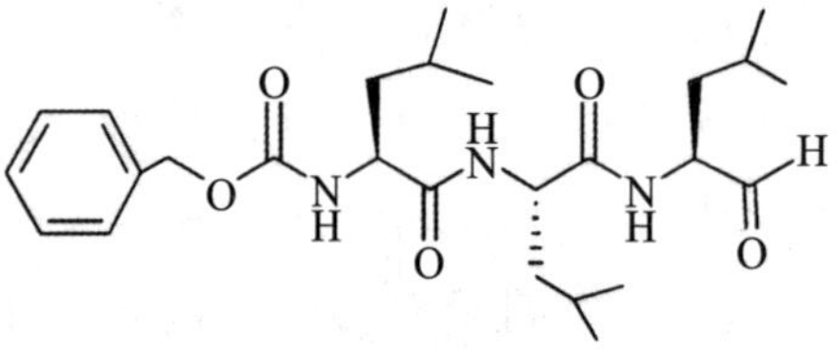

MG132

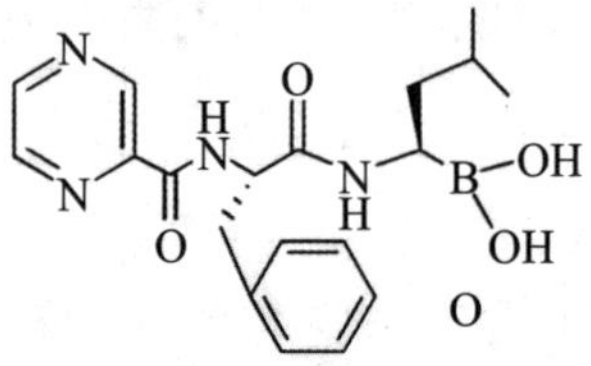

Bortezomib
（PS341）

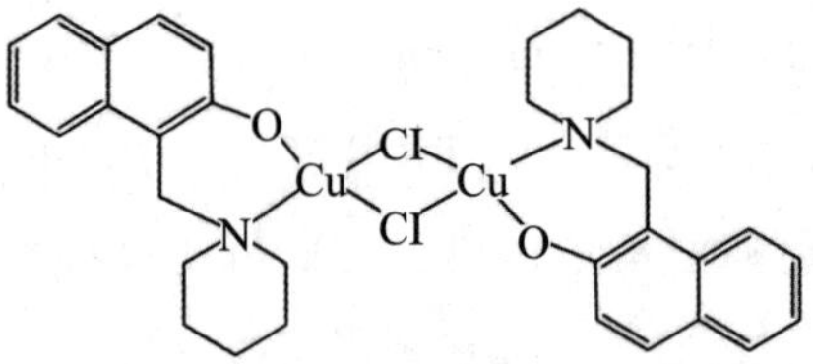

NCI-109268S

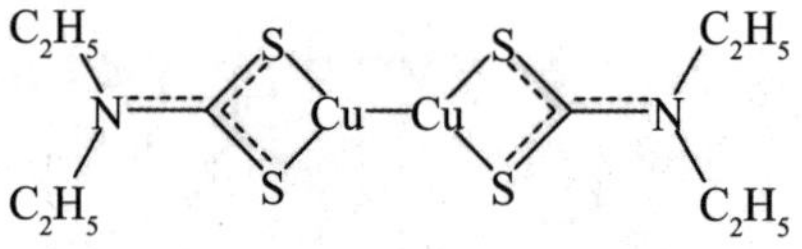

DSF-Cu

图 1-9　蛋白酶体抑制剂——化学合成的化合物

第2章 1,2-双（2-甲氧基-6-甲酰基苯氧基）乙烷（BMFPE）缩L-苯丙氨酸席夫碱金属配合物的合成、表征及量子化学计算

氨基酸是人体内十分重要的活性物质，它是构成体内蛋白质的基本单元氨基酸在多种生命代谢过程中发挥着重要的作用，并在医疗方面应用也十分广泛。L-苯丙氨酸（L-phenylalanine）是人体内不能自主合成的一种必需氨基酸，在医药中主要用作氨基酸类药物和氨基酸输液，在食品工业中主要用作营养增补剂和阿斯巴甜（食品甜味剂）的合成原料。目前，对L-苯丙氨酸类席夫碱金属配合物的研究报道较少，尤其是由两分子的L-苯丙氨酸所合成的新型双氨基酸席夫碱金属配合物的研究还未见报道，缺少对这类金属配合物结构的具体研究，并且对其生物活性的研究也缺少一定的探索。

本章选取BMFPE为醛类化合物，使其与两分子去质子化的L-苯丙氨酸（作为胺类化合物）缩合反应得到席夫碱配体 [K_2（$C_{36}H_{34}N_2O_8$），K_2L_1]，然后利用该配体 K_2L_1 分别与过渡金属的二价羧酸盐 [Ni（Ⅱ）、Co（Ⅱ）、Zn（Ⅱ）、Mn（Ⅱ）、Cu（Ⅱ）、Cd（Ⅱ）] 进行配位反

应，得到了一系列的新型 BMFPE 缩 L- 苯丙氨酸席夫碱系列金属配合物，并通过液液扩散法培养得到了镍（Ⅱ）、钴（Ⅱ）、锌（Ⅱ）、锰（Ⅱ）四种金属配合物的晶体。利用元素分析、IR、UV-Vis、^{1}H-NMR、TG-DTG 及 XRD 多种分析测试手段对合成得到的金属配合物进行结构表征，推测其可能的化学结构。上述六种配合物的分子组成分别为 $[Ni（C_{36}H_{34}N_2O_8）]\cdot 2CH_3OH$、$[Co（C_{36}H_{34}N_2O_8）]\cdot 2CH_3OH$、$[Zn（C_{36}H_{34}N_2O_8）]\cdot 2CH_3OH$、$[Mn（C_{36}H_{34}N_2O_8）]\cdot 2CH_3OH$、$[Cu（C_{36}H_{34}N_2O_8）]\cdot 2CH_3OH$ 以及 $[Cd（C_{36}H_{34}N_2O_8）]\cdot 2CH_3OH$。对配体 K_2L_1、锌（Ⅱ）及镉（Ⅱ）金属配合物的荧光性能进行了研究。运用密度泛函理论，以镍（Ⅱ）、钴（Ⅱ）、锌（Ⅱ）及锰（Ⅱ）金属配合物的晶体学结构为基础，采用 B3LYP 计算方法结合 6-31G 和 LANL2DZ 混合基组对其进行了几何优化及相关的量子化学计算，研究了其自然原子电荷分布（NPA）及电子组态、前线分子轨道（FMO）能量与组成、分子静电势（MEP）及区间分布情况和自旋密度等。对上述金属配合物的化学结构及理论计算研究将会为下一步的性质研究提供一定的理论支撑。

2.1 实验

2.1.1 化学试剂

实验所需化学试剂见表 2-1 所列。

表 2-1 化学试剂

名称	纯度	生产厂家
邻香草醛	AR	百灵威科技有限公司
1,2- 二溴乙烷	AR	阿拉丁试剂公司
K_2CO_3	AR	国药集团化学试剂有限公司

续表

名称	纯度	生产厂家
KOH	AR	国药集团化学试剂有限公司
KBr	SP	阿拉丁试剂公司
N,N- 二甲基甲酰胺	AR	国药集团化学试剂有限公司
无水甲醇	AR	国药集团化学试剂有限公司
DMSO-d_6	GR	百灵威科技有限公司
L- 苯丙氨酸	BR	阿拉丁试剂公司
Ni（CH_3COO）$_2$·$4H_2O$	AR	国药集团化学试剂有限公司
Co（CH_3COO）$_2$·$4H_2O$	AR	国药集团化学试剂有限公司
Zn（CH_3COO）$_2$·$2H_2O$	AR	国药集团化学试剂有限公司
Mn（CH_3COO）$_2$·$4H_2O$	AR	国药集团化学试剂有限公司
Cu（CH_3COO）$_2$·H_2O	AR	国药集团化学试剂有限公司
Cd（CH_3COO）$_2$·$2H_2O$	AR	国药集团化学试剂有限公司

2.1.2　主要仪器及型号

实验所需主要仪器及型号见表 2-2 所列。

2-2　主要仪器及型号

仪器	型号
元素分析仪	Perkin Elmer 2400 型元素分析仪
红外光谱仪	Nicolet 170SX 红外光谱仪
紫外 - 可见分光光度计	Shimadzu UV 2550 双光束紫外可见光分光光度计
核磁共振氢谱仪	Bruker DRX-600 型核磁共振波谱仪
热重分析仪	Perkin-Elmer TGA-7 热重分析仪
荧光光谱仪	F-4600（日本）荧光光谱仪

续表

仪器	型号
X 射线单晶衍射仪	Bruker Smart-1000 CCD 型 X 射线单晶衍射仪
高斯 03 计算服务器	英特尔奔腾Ⅳ计算机（Intel Core 2 Duo）

2.1.3　BMFPE 的合成及表征

称取 15.214 g（约 100 mmol）邻香草醛（$C_8H_8O_3$）和 17.276 g（约 125 mmol）碳酸钾（K_2CO_3）于 250 mL 四口圆底烧瓶中，加入 80 mL N,N-二甲基甲酰胺（DMF），机械均匀搅拌使邻香草醛完全溶解于 DMF 中。待体系呈黄色透明溶液后，逐滴滴加含 9.393 g（约 50 mmol）1,2-二溴乙烷（$C_2H_4Br_2$）的 DMF 溶液。通入氮气保护并控制气流，缓慢加热升温至 90 ℃，反应 12 h。冷却至室温后，将反应体系完全转移至 1 000 mL 的大烧杯中，加入 400 mL 蒸馏水，得到米白色的目标产物沉淀。抽滤，并用蒸馏水洗涤数次后置于真空干燥箱中干燥保存，最终产率为 75%。产物的化学式为 $C_{18}H_{18}O_6$[173]。元素分析：计算值：C, 65.45%；H, 5.49%；O, 29.06%；实测值：C, 65.47%；H, 5.46%；O, 29.07%；红外光谱数据：（KBr, cm^{-1}）：2 850（s, v_{C-H}），1 698（s, $v_{C=O}$），1 596、1 490、1 450（s, $v_{C=C}$），1 270（s, v_{Ar-O}）。^{1}H-NMR 600 MHz（DMSO-d$_6$/TMS）$\delta=$ 3.87（6H, MeO）、4.51（4H, OC$_2$H$_4$O）、7.24（2H, Ar）、7.38（2H, m, Ar）、7.45（2H, m, Ar）、10.23（2H, CHO）。反应方程式如下：

2.1.4　BMFPE 缩 L- 苯丙氨酸席夫碱金属配合物的合成

称取 0.330 g（2 mmol）L- 苯丙氨酸（$C_9H_{11}NO_2$）和等物质的量的氢氧化钾（KOH）（0.112 g，2 mmol）于 100 mL 单口圆底烧瓶中，再加入 25 mL 无水甲醇。将体系加热到 50 ℃，并磁力搅拌约 2 h，直至 L- 苯丙氨酸完全溶解，此时体系呈无色透明溶液。然后缓慢地逐滴向圆底烧瓶中加入含有 0.330 g（1 mmol）BMFPE 的 25 mL 无水甲醇溶液。在滴加过程中，控制反应温度为 50 ℃，并在滴加完毕后继续加热回流 6 h。最终，得到配体 [K_2（$C_{36}H_{34}N_2O_8$），K_2L_1] 的浅黄色透明溶液。反应方程式如下：

将分别溶有 1 mmol 的过渡金属的二价羧酸盐——Ni（CH_3COO）$_2$·$4H_2O$（约 0.248 g）、Co（CH_3COO）$_2$·$4H_2O$（约 0.249 g）、Zn（CH_3COO）$_2$·$2H_2O$（约 0.220 g）、Mn（CH_3COO）$_2$·$4H_2O$（约 0.244 g）、Cu（CH_3COO）$_2$·H_2O（约 0.199 g）、Cd（CH_3COO）$_2$·$2H_2O$（约 0.266 g）的 15 mL 无水甲醇溶液，缓慢地滴加到各自对应的含有席夫碱配体（K_2L_1）的甲醇溶液中，磁力搅拌回流 6 h，同时控制反应温度为 50 ℃。反应结束后冷却至室温得到配合物的甲醇溶液，过滤除去杂质。把滤液转入新的圆口烧瓶，减压蒸馏，得到各个金属配合物（[NiL_1]·$2CH_3OH$、[CoL_1]·$2CH_3OH$、[ZnL_1]·$2CH_3OH$、[MnL_1]·$2CH_3OH$、[CuL_1]·$2CH_3OH$、[CdL_1]·$2CH_3OH$）的固体粉末。用蒸馏水洗涤数次，真空干燥保存。

分别称取 15 mg 上述金属配合物粉末，并溶于 2 mL 无水甲醇中，静置 2 h，过滤除去杂质。选用无水甲醇（良性溶剂）- 无水乙醚（不良溶剂）溶剂体系，利用液液扩散法，经过大约四天的时间，在密封螺口试管缓冲层附近的玻璃壁及试管底部分别得到了形状较好的镍（Ⅱ）金属配合物 $[NiL_1] \cdot 2CH_3OH$ 晶体（绿色，柱状）、钴（Ⅱ）金属配合物 $[CoL_1] \cdot 2CH_3OH$ 晶体（红色，块状）、锌（Ⅱ）金属配合物 $[ZnL_1] \cdot 2CH_3OH$ 晶体（黄色，片状）及锰（Ⅱ）金属配合物 $[MnL_1] \cdot 2CH_3OH$ 单晶（黄色，块状）。

2.2 结果与讨论

2.2.1 元素分析

对所合成的镍（Ⅱ）、钴（Ⅱ）、锌（Ⅱ）、锰（Ⅱ）、铜（Ⅱ）及镉（Ⅱ）金属配合物（$[NiL_1] \cdot 2CH_3OH$、$[CoL_1] \cdot 2CH_3OH$、$[ZnL_1] \cdot 2CH_3OH$、$[MnL_1] \cdot 2CH_3OH$、$[CuL_1] \cdot 2CH_3OH$、$[CuL_1] \cdot 2CH_3OH$）中的 C、H、N 的含量通过元素分析仪（型号：Perkin Elmer 2400）进行测量，各元素的百分含量见表 2-3 所列。通过比较下表中的数据可得，所合成的金属配合物分子中的 C、H、N 的百分含量的实测值与理论计算值都较为接近。

表 2-3　金属配合物的元素分析数据

单位：%

配合物	C	H	N
$[NiL_1] \cdot 2CH_3OH$	61.23	5.68	3.76
	（61.28）	（5.61）	（3.75）
$[CoL_1] \cdot 2CH_3OH$	61.21	5.68	3.76
	（61.24）	（5.64）	（3.81）
$[ZnL_1] \cdot 2CH_3OH$	60.68	5.63	3.72
	（60.72）	（5.60）	（3.74）

续表

配合物	C	H	N
[MnL₁]·2CH₃OH	61.54	5.71	3.78
	（61.56）	（5.70）	（3.77）
[CuL₁]·2CH₃OH	60.83	5.64	3.73
	（60.62）	（5.75）	（3.66）
[CdL₁]·2CH₃OH	57.11	5.30	3.51
	（57.32）	（5.41）	（6.34）

注：表中括号内的数据为实测值。

2.2.2　红外光谱分析

使用 KBr 压片法，BMFPE 缩 L- 苯丙氨酸镍（Ⅱ）、钴（Ⅱ）、
锌（Ⅱ）、锰（Ⅱ）、铜（Ⅱ）、镉（Ⅱ）金属配合物（[NiL₁]·2CH₃OH、
[CoL₁]·2CH₃OH、[ZnL₁]·2CH₃OH、[MnL₁]·2CH₃OH、
[CuL₁]·2CH₃OH、[CdL₁]·2CH₃OH）的红外光谱（图 2-1 至图 2-6）由
红外光谱仪（型号：Nicolet 170SX）在 4 000～400 cm⁻¹ 摄谱得到。其中，
金属配合物红外谱图中重要的吸收峰数据见表 2-4 所列。

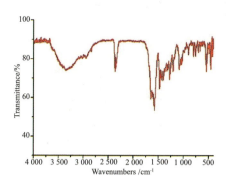

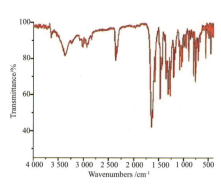

图 2-1　配合物 [NiL₁]·2CH₃OH 的红外光谱　图 2-2　配合物 [CoL₁]·2CH₃OH 的红外光谱

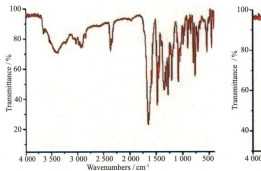 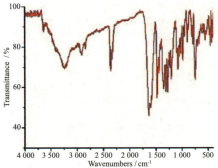

图 2-3　配合物 [ZnL₁]·2CH₃OH 的红外光谱　图 2-4　配合物 [MnL1]·2CH₃OH 的红外光谱

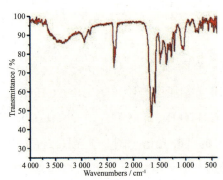 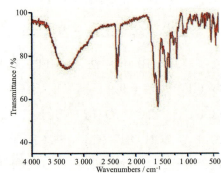

图 2-5　配合物 [CuL₁]·2CH₃OH 的红外光谱　图 2-6　配合物 [CdL₁]·2CH₃OH 的红外光谱

表 2-4　配合物的主要红外光谱数据

单位：cm^{-1}

配合物	$\nu_{C=N}$	$\nu_{as\{COO-\}}$	$\nu_{s\{COO-\}}$	ν_{AR-O}	ν_{M-N}	ν_{M-O}
[NiL₁]·2CH₃OH	1 649	1 576	1 370	1 205	544	454
[CoL₁]·2CH₃OH	1 646	1 575	1 357	1 207	550	450
[ZnL₁]·2CH₃OH	1 644	1 576	1 347	1 205	539	451
[MnL₁]·2CH₃OH	1 641	1 578	1·354	1 207	557	453

续表

配合物	$v_{C=N}$	$v_{as(COO-)}$	$v_{s(COO-)}$	v_{AR-O}	v_{M-N}	v_{M-O}
$[CuL_1] \cdot 2CH_3OH$	1 648	1 577	1 362	1 210	554	459
$[CdL_1] \cdot 2CH_3OH$	1 640	1 574	1 357	1 209	547	456

上述镍（Ⅱ）、钴（Ⅱ）、锌（Ⅱ）、锰（Ⅱ）、铜（Ⅱ）及镉（Ⅱ）金属配合物（$[NiL_1] \cdot 2CH_3OH$、$[CoL_1] \cdot 2CH_3OH$、$[ZnL_1] \cdot 2CH_3OH$、$[MnL_1] \cdot 2CH_3OH$、$[CuL_1] \cdot 2CH_3OH$、$[CdL_1] \cdot 2CH_3OH$）的红外吸收光谱分别在 1 649、1 646、1 644、1 641、1 648 及 1 640 cm^{-1} 处均有一个比较强的特征吸收峰，这些峰均归属于亚氨基（—CH=N—）基团的伸缩振动[174]。对比上述六种金属配合物结构中羧基（—COO—）的反对称伸缩振动吸收峰（1 574 ～ 1 578 cm^{-1}）及对称伸缩振动吸收峰（1 347 ～ 1 370 cm^{-1}），均有 $\Delta v = v_{as(COO-)} - v_{s(COO-)} > 200$ cm^{-1}，表明结构中的羧基（—COO—）O 氧原子以单齿形式与金属离子 M（Ⅱ）配位[175]。上述六种金属配合物在 1 205 ～ 1 210 cm^{-1} 位置处均有一个比较强的特征吸收峰，该峰可归属为芳香醚基（Ph—O—C$<$）上碳氧键伸缩振动吸收峰。544、550、539、557、554、557 cm^{-1} 及 454、450、451、453、459、456 cm^{-1} 处的吸收峰分别归属于 N—M（Ⅱ）配位键的振动峰（v_{M-N}）及 O—M（Ⅱ）配位键的振动峰（v_{M-O}）[176]。

2.2.3 紫外光谱分析

室温下，使用双光束紫外-可见分光光度计（Shimadzu UV 2550）测定配体（K_2L_1，甲醇母液）及其各种金属配合物甲醇溶液的紫外可见吸收光谱，测试所得谱图如图 2-7 所示，其主要吸收峰数据见表 2-5 所列。

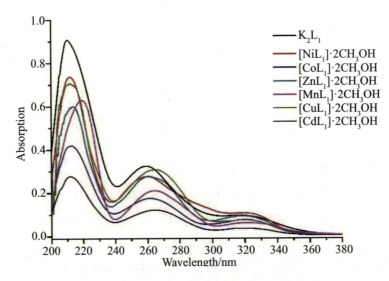

图 2-7　配体及金属配合物的紫外光谱图

表 2-5　配体及配合物的紫外光谱数据

单位：nm

配体及配合物	第一谱带λ_{max1}	第二谱带λ_{max2}
K_2L_1	210	260
$[NiL_1]\cdot 2CH_3OH$	212	262
$[CoL_1]\cdot 2CH_3OH$	213	263
$[ZnL_1]\cdot 2CH_3OH$	214	262
$[MnL_1]\cdot 2CH_3OH$	218	265
$[CuL_1]\cdot 2CH_3OH$	212	264
$[CdL_1]\cdot 2CH_3OH$	212	264

由图 2-7 可知，席夫碱配体（K_2L_1）在 200～380 nm 区域内有两个比较强的吸收峰（λ_{max1}、λ_{max2}）。其中第一个最大吸收峰 $\lambda_{max1}=210$ nm，归属为配体（K_2L_1）分子结构中苯环的 $\pi-\pi^*$ 跃迁；第二个最大吸收峰 $\lambda_{max2}=260$ nm，归属为配体（K_2L_1）分子结构中亚氨基（—CH=N—）中 N 原子的孤对电子

的 n-π* 跃迁。对比配体（K_2L_1）及各种金属配合物（[NiL_1]·$2CH_3OH$、
[CoL_1]·$2CH_3OH$、[ZnL_1]·$2CH_3OH$、[MnL_1]·$2CH_3OH$、
[CuL_1]·$2CH_3OH$、[CdL_1]·$2CH_3OH$）的紫外吸收光谱数据发现，金属配
合物的吸收峰 λ_{max1} 及 λ_{max2} 的位置相比较配体（K_2L_1）的吸收峰 λ_{max1} 及
λ_{max2} 的位置均发生了一定程度的红移。这是因为金属配合物分子结构中
亚氨基（—CH＝N—）中的 N 原子与金属离子 M（Ⅱ）之间的配位作
用（M—N）[177]，导致分子的电子离域程度变大（即共轭程度变大），进
而使分子轨道的能级跃迁所需的能量 ΔE_{gap} 降低所致。

2.2.4　核磁共振氢谱分析

采用四甲基硅烷 [TMS, Si（CH_3）$_4$] 作为标准物，氘代二甲基亚砜
（DMSO-d_6, CD_3SOCD_3）为溶剂，使用核磁共振波谱仪（型号：Bruker
DRX-600）测定了 BMFPE 缩 L- 苯丙氨酸席夫碱锌（Ⅱ）金属配合物
[ZnL_1]·$2CH_3OH$ 的核磁共振氢谱，其谱图如图 2-8 所示。

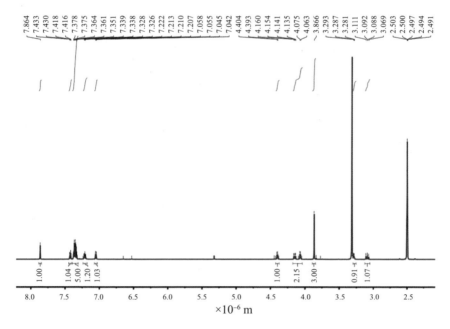

图 2-8　锌（Ⅱ）金属配合物 [ZnL_1]·$2CH_3OH$ 的核磁共振氢谱谱图

由图 2-8 可知，BMFPE 缩 L- 苯丙氨酸席夫碱锌（Ⅱ）金属配合物 [ZnL$_1$]·2CH$_3$OH 在高频区没有出现化学位移，表明了该配合物分子结构中的羧基是去质子化的（—COO—）。δ =7.86×10^{-6} m（s, 2H）归属为亚氨基（—CH＝N—）上的 H。δ =（7.15 ～ 7.45）×10^{-6} m（m, 16H）归属于配合物分子结构中苯环上的 H。δ =4.40×10^{-6} m（t, 2H）归属于分子结构中—C＝N—CH＜上的 H。δ =（4.06 ～ 4.13）×10^{-6} m（d, 4H）归属于分子结构中 Ph—CH$_2$—上的 H。δ =（3.09 ～ 3.29）×10^{-6} m（t, 4H）归属于分子结构中—CH$_2$—CH$_2$—上的 H。δ =3.87×10^{-6} m（s, 6H）归属于甲基上的 H。

2.2.5　热重分析

使用 Perkin-Elmer TGA-7 型热重分析仪，在氮气 20 mL/min 的流量，25 ～ 800 ℃温度范围及升温速率为 10 ℃ /min 的条件下，扫描了镍（Ⅱ）金属配合物 [NiL$_1$]·2CH$_3$OH 的 TG-DTG 曲线，如图 2-9 所示。

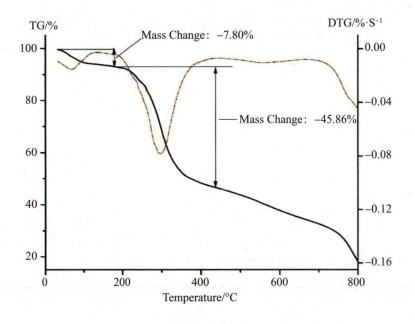

图 2-9　镍（Ⅱ）金属配合物 [NiL$_1$]·2CH$_3$OH 的 TG-DTG 曲线

由图 2-9 可知，镍（Ⅱ）金属配合物 [NiL₁]·2CH₃OH 的热分解是
分步进行的。TG 曲线显示，第一步热分解的温度区间为 25 ～ 179 ℃，
在该步热分解过程中，失重率为 7.80%，其质量损失可归属为两个游离
甲醇分子的丢失，基本上与理论失重率（8.61%）相符，第二步热分解温
度区间为 179 ～ 436 ℃，在该步热分解过程中，失重率为 45.86%，其质
量损失可归属为部分配体的逐渐分解，基本上与一半配体分子的理论失
重率（45.70%）相符。436 ～ 800 ℃温度区间为持续的失重过程，残重
率为 18.26%，这一数值高于残余物为 NiO 时的理论值（10.02%）。这可
能是由于在 N₂ 氛围中，配合物 [NiL₁]·2CH₃OH 在 800 ℃以内分解不完
全，同时其含有较高碳量，从而产生了积碳效应 [178]。

2.2.6　X 射线单晶衍射分析

分别选取 0.48 mm × 0.33 mm × 0.31 mm（绿色，柱状）、0.48 mm ×
0.35 mm × 0.33 mm（红色，块状）、0.44 mm × 0.38 mm × 0.35 mm（黄色，
片状）及 0.42 mm × 0.35 mm × 0.33 mm（黄色，块状）尺寸的 BMFPE
缩 L- 苯丙氨酸席夫碱镍（Ⅱ）、钴（Ⅱ）、锌（Ⅱ）及锰（Ⅱ）金
属 配 合 物（[NiL₁]·2CH₃OH、[CoL₁]·2CH₃OH、[ZnL₁]·2CH₃OH、
[MnL₁]·2CH₃OH）的单晶固定于 X 射线单晶衍射仪（Bruker
Smart-1000 CCDC 型）的针头上，Mo-Kα 射线（λ=0.710 73 Å）辐射，
并经过石墨单色化处理后进行单晶结构数据的采集。衍射强度采用 Lp 因
子进行校正。运用 SHELXL-97 软件，对上述四种金属配合物的单晶结
构进行解析及精修 [179]。

由于上述四种金属配合物（[NiL₁]·2CH₃OH、[CoL₁]·2CH₃OH、
[ZnL₁]·2CH₃OH、[MnL₁]·2CH₃OH）均合成于同一个配体——BMFPE
缩 L- 苯丙氨酸（K₂L₁），因此它们在分子组成、配位模式及空间结构
等方面上有着相似性。下面以镍（Ⅱ）金属配合物 [NiL₁]·2CH₃OH 为
例，着重分析它的晶体数据、配位模式及空间结构。对于钴（Ⅱ）、锌

（Ⅱ）及锰（Ⅱ）的金属配合物（$[CoL_1] \cdot 2CH_3OH$、$[ZnL_1] \cdot 2CH_3OH$、$[MnL_1] \cdot 2CH_3OH$），只展示它们的分子晶体结构图，并列出其相关晶体学数据。镍（Ⅱ）、钴（Ⅱ）、锌（Ⅱ）及锰（Ⅱ）金属配合物（$[NiL_1] \cdot 2CH_3OH$、$[CoL_1] \cdot 2CH_3OH$、$[ZnL_1] \cdot 2CH_3OH$、$[MnL_1] \cdot 2CH_3OH$）的分子晶体结构图、配位模式图及一维、二维空间结构图均使用 Diamond 3.2K 软件根据各个配合物的 CIF 文件绘制所得。

1. 镍（Ⅱ）金属配合物 $[NiL_1] \cdot 2CH_3OH$ 的晶体结构分析

镍（Ⅱ）金属配合物 $[NiL_1] \cdot 2CH_3OH$ 的晶体学数据见表 2-6 至表 2-9 所列。

表 2-6　镍（Ⅱ）金属配合物 $[NiL_1] \cdot 2CH_3OH$ 的晶体学数据和结构修正参数

参数	值
化学式	$C_{38}H_{42}N_2O_{10}Ni$
相对分子质量	745.45
温度 / K	298（2）
波长 / Å	0.710 73
晶系	正交晶系
空间群	$Pca2_1$
a / Å	17.552 0（17）
b / Å	8.149 2（8）
c / Å	25.033（2）
α /（°）	90
β /（°）	90
γ /（°）	90
体积 / Å³	3 580.5（6）
Z	4

续表

参数	值
计算密度 /（g·cm⁻³）	1.383
吸收系数 / mm⁻¹	0.603
F（000）	1 568
晶体尺寸 / mm	0.48 × 0.33 × 0.31
θ 数据收集范围 /（°）	2.46 ~ 25.02
极限因子	$-20 \leqslant h \leqslant 19$
	$-9 \leqslant k \leqslant 9$
	$-24 \leqslant l \leqslant 29$
收集的衍射点 / 独立点	17 167 / 5 729 [R_{int} − 0.052 7]
完整度 $\theta = 25.02$	0.999
最大传输率 / 最小传输率	0.835 1 / 0.760 6
数据 / 约束 / 参数	5 729 / 1 / 454
F^2 拟合度	1.031
$R_1{}^a$, $wR_2{}^b$ [$I > 2\sigma(I)$]	$R_1 = 0.053\ 4$, $wR_2 = 0.126\ 6$
$R_1{}^a$, $wR_2{}^b$（所有衍射点）	$R_1 = 0.103\ 4$, $wR_2 = 0.152\ 3$
电子密度峰值和最大洞值 /（e·Å³）	0.641 , −0.322

注：$^aR = \sum(|F_O|-|F_C|) / \sum |F_O|$, $^bwR = [\sum w(|F_O|^2-|F_C|^2)^2 / \sum w(F_O^2)]^{1/2}$。

上述晶体结构解析数据表明，镍（Ⅱ）金属配合物 [NiL₁]·2CH₃OH 属于正交晶系，空间群为 $Pca2_1$，晶胞参数 $a = 17.552\ 0（17）$ Å，$b = 8.149\ 2（8）$ Å，$c = 25.033（2）$ Å，$\alpha = \gamma = \beta = 90°$，$V = 3\ 580.5（6）$ Å³，

F（000）= 1 568，ρ_{calcd} = 1.38 g/cm^3。最终偏差因子 R_1 = 0.053 4，wR_2 = 0.126 6[对 $I > 2\sigma$（I）的衍射点] 和 R_1 = 0.103 4，wR_2 = 0.152 3（对所有衍射点）。

表 2-7 镍（Ⅱ）金属配合物 [NiL$_1$]·2CH$_3$OH 的键长

单位：Å

键	键长	键	键长
Ni1—O3	1.986（6）	C13—C14	1.364（11）
Ni1—N1	1.998（6）	C14—C15	1.382（12）
Ni1—N2	2.006（6）	C14—H14	0.93
Ni1—O1	2.009（6）	C15—C16	1.319（13）
Ni1—O5	2.146（4）	C15—H15	0.93
Ni1—O6	2.150（4）	C16—C17	1.360（14）
N1—C29	1.289（8）	C16—H16	0.93
N1—C2	1.470（10）	C17—C18	1.387（13）
N2—C21	1.259（7）	C17—H17	0.93
N2—C11	1.464（10）	C18—H18	0.93
O1—C1	1.239（11）	C19—C20	1.497（6）
O2—C1	1.275（11）	C19—H19A	0.97
O3—C10	1.307（10）	C19—H19B	0.97
O4—C10	1.206（10）	C20—H20A	0.97
O5—C23	1.404（6）	C20—H20B	0.97
O5—C19	1.465（8）	C21—C22	1.456（10）
O6—C31	1.401（7）	C21—H21	0.93
O6—C20	1.436（8）	C22—C23	1.374（9）
O7—C24	1.362（8）	C22—C27	1.420（8）

续表

键	键长	键	键长
O7—C28	1.411（10）	C23—C24	1.394（9）
O8—C32	1.340（8）	C24—C25	1.379（9）
O8—C36	1.452（10）	C25—C26	1.382（11）
O9—C37	1.395（16）	C25—H25	0.93
O9—H9	0.82	C26—C27	1.348（10）
O10—C38	1.43（2）	C26—H26	0.93
O10—H10	0.82	C27—H27	0.93
C1—C2	1.555（12）	C28—H28A	0.96
C2—C3	1.542（14）	C28—H28B	0.96
C2—H2	0.98	C28—H28C	0.96
C3—C4	1.473（12）	C29—C30	1.459（10）
C3—H3A	0.97	C29—H29	0.93
C3—H3B	0.97	C30—C31	1.382（9）
C4—C9	1.379（11）	C30—C35	1.384（9）
C4—C5	1.409（12）	C31—C32	1.377（9）
C5—C6	1.304（13）	C32—C33	1.408（9）
C5—H5	0.93	C33—C34	1.355（11）
C6—C7	1.354（14）	C33—H33	0.93
C6—H6	0.93	C34—C35	1.384（10）
C7—C8	1.408（13）	C34—H34	0.93
C7—H7	0.93	C35—H35	0.93
C8—C9	1.372（12）	C36—H36A	0.96
C8—H8	0.93	C36—H36B	0.96

续表

键	键长	键	键长
C9—H9A	0.93	C36—H36C	0.96
C10—C11	1.520（11）	C37—H37A	0.96
C11—C12	1.536（14）	C37—H37B	0.96
C11—H11	0.98	C37—H37C	0.96
C12—C13	1.545（12）	C38—H38A	0.96
C12—H12A	0.97	C38—H38B	0.96
C12—H12B	0.97	C38—H38C	0.96
C13—C18	1.344（11）	—	—

表 2-8　镍（Ⅱ）金属配合物 [NiL₁]·2CH₃OH 的键角

单位：(°)

键	键角	键	键角
O3—Ni1—N1	97.7（2）	C14—C15—H15	119.7
O3—Ni1—N2	82.4（2）	C15—C16—C17	121.5（11）
N1—Ni1—N2	179.8（2）	C15—C16—H16	119.2
O3—Ni1—O1	96.6（2）	C17—C16—H16	119.2
N1—Ni1—O1	82.4（2）	C16—C17—C18	117.7（10）
N2—Ni1—O1	97.7（2）	C16—C17—H17	121.2
O3—Ni1—O5	162.9（2）	C18—C17—H17	121.2
N1—Ni1—O5	96.5（2）	C13—C18—C17	121.7（10）
N2—Ni1—O5	83.36（18）	C13—C18—H18	119.1
O1—Ni1—O5	94.5（2）	C17—C18—H18	119.1
O3—Ni1—O6	95.0（2）	O5—C19—C20	106.9（5）

续表

键	键角	键	键角
N1—Ni1—O6	83.2（19）	O5—C19—H19A	110.3
N2—Ni1—O6	96.6（2）	C20—C19—H19A	110.3
O1—Ni1—O6	162.6（3）	O5—C19—H19B	110.3
O5—Ni1—O6	77.40（12）	C20—C19—H19B	110.3
C29—N1—C2	119.2（6）	H19A—C19—H19B	108.6
C29—N1—Ni1	127.4（5）	O6—C20—C19	108.2（5）
C2—N1—Ni1	112.0（4）	O6—C20—H20A	110.1
C21—N2—C11	120.9（6）	C19—C20—H20A	110.1
C21—N2—Ni1	126.6（5）	O6—C20—H20B	110.1
C11—N2—Ni1	111.0（4）	C19--C20—H20B	110.1
C1—O1—Ni1	115.0（5）	H20A—C20—H20B	108.4
C10—O3—Ni1	116.6（5）	N2—C21—C22	124.3（7）
C23—O5—C19	112.4（4）	N2—C21—H21	117.8
C23—O5—Ni1	116.9（4）	C22—C21—H21	117.8
C19—O5—Ni1	111.2（4）	C23—C22—C27	118.2（7）
C31—O6—C20	114.3（4）	C23—C22—C21	124.5（6）
C31—O6—Ni1	116.6（4）	C27—C22—C21	117.3（7）
C20—O6—Ni1	112.0（4）	C22—C23—C24	122.2（6）
C24—O7—C28	117.8（6）	C22—C23—O5	121.1（6）
C32—O8—C36	119.7（6）	C24—C23—O5	116.7（6）
C37—O9—H9	109.5	O7—C24—C25	126.1（7）
C38—O10—H10	109.5	O7—C24—C23	115.1（5）
O1—C1—O2	124.8（8）	C25—C24—C23	118.8（7）

键	键角	键	键角
O1—C1—C2	119.3（7）	C24—C25—C26	118.5（7）
O2—C1—C2	115.6（9）	C24—C25—H25	120.8
N1—C2—C3	111.7（7）	C26—C25—H25	120.8
N1—C2—C1	107.0（7）	C27—C26—C25	123.7（7）
C3—C2—C1	107.5（8）	C27—C26—H26	118.1
N1—C2—H2	110.2	C25—C26—H26	118.1
C3—C2—H2	110.2	C26—C27—C22	118.5（7）
C1—C2—H2	110.2	C26—C27—H27	120.8
C4—C3—C2	115.2（7）	C22—C27—H27	120.8
C4—C3—H3A	108.5	O7—C28—H28A	109.5
C2—C3—H3A	108.5	O7—C28—H28B	109.5
C4—C3—H3B	108.5	H28A—C28—H28B	109.5
C2—C3—H3B	108.5	O7—C28—H28C	109.5
H3A—C3—H3B	107.5	H28A—C28—H28C	109.5
C9—C4—C5	116.3（8）	H28B—C28—H28C	109.5
C9—C4—C3	123.0（8）	N1—C29—C30	122.6（6）
C5—C4—C3	120.6（8）	N1—C29—H29	118.7
C6—C5—C4	121.7（10）	C30—C29—H29	118.7
C6—C5—H5	119.1	C31—C30—C35	118.2（7）
C4—C5—H5	119.1	C31—C30—C29	124.5（6）
C5—C6—C7	123.0（11）	C35—C30—C29	117.3（6）
C5—C6—H6	118.5	C32—C31—C30	121.8（6）
C7—C6—H6	118.5	C32—C31—O6	116.8（6）

续表

键	键角	键	键角
C6—C7—C8	118.1（11）	C30—C31—O6	121.4（6）
C6—C7—H7	121	O8—C32—C31	116.2（6）
C8—C7—H7	121	O8—C32—C33	125.4（7）
C9—C8—C7	119.0（10）	C31—C32—C33	118.4（7）
C9—C8—H8	120.5	C34—C33—C32	120.6（8）
C7—C8—H8	120.5	C34—C33—H33	119.7
C8—C9—C4	121.8（9）	C32—C33—H33	119.7
C8—C9—H9A	119.1	C33—C34—C35	119.9（6）
C4—C9—H9A	119.1	C33—C34—H34	120.1
O4—C10—O3	126.2（8）	C35—C34—H34	120.1
O4—C10—C11	118.5（9）	C30—C35—C34	121.2（7）
O3—C10—C11	115.3（7）	C30—C35—H35	119.4
N2—C11—C10	110.7（8）	C34—C35—H35	119.4
N2—C11—C12	110.9（6）	O8—C36—H36A	109.5
C10—C11—C12	105.6（7）	O8—C36—H36B	109.5
N2—C11—H11	109.8	H36A—C36—H36B	109.5
C10—C11—H11	109.8	O8—C36—H36C	109.5
C12—C11—H11	109.8	H36A—C36—H36C	109.5
C11—C12—C13	116.0（6）	H36B—C36—H36C	109.5
C11—C12—H12A	108.3	O9—C37—H37A	109.5
C13—C12—H12A	108.3	O9—C37—H37B	109.5
C11—C12—H12B	108.3	H37A—C37—H37B	109.5
C13—C12—H12B	108.3	O9—C37—H37C	109.5

续表

键	键角	键	键角
H12A—C12—H12B	107.4	H37A—C37—H37C	109.5
C18—C13—C14	119.0（8）	H37B—C37—H37C	109.5
C18—C13—C12	121.0（8）	O10—C38—H38A	109.5
C14—C13—C12	119.8（8）	O10—C38—H38B	109.5
C13—C14—C15	119.5（9）	H38A—C38—H38B	109.5
C13—C14—H14	120.2	O10—C38—H38C	109.5
C15—C14—H14	120.2	H38A—C38—H38C	109.5
C16—C15—C14	120.6（10）	H38B—C38—H38C	109.5
C16—C15—H15	119.7	—	—

表 2-9　镍（Ⅱ）金属配合物 $[NiL_1] \cdot 2CH_3OH$ 的扭转角

单位：（°）

键	键角	键	键角
O3—Ni1—N1—C29	54.2（6）	C21—N2—C11—C10	−145.3（7）
N2—Ni1—N1—C29	−67（93）	Ni1—N2—C11—C10	21.6（8）
O1—Ni1—N1—C29	149.9（6）	C21—N2—C11—C12	97.8（8）
O5—Ni1—N1—C29	−116.4（5）	Ni1—N2—C11—C12	−95.3（6）
O6—Ni1—N1—C29	−39.9（5）	O4—C10—C11—N2	164.1（8）
O3—Ni1—N1—C2	−112.1（5）	O3—C10—C11—N2	−16.5（12）
N2—Ni1—N1—C2	127（93）	O4—C10—C11—C12	−75.7（11）
O1—Ni1—N1—C2	−16.4（5）	O3—C10—C11—C12	103.7（9）
O5—Ni1—N1—C2	77.3（5）	N2—C11—C12—C13	−60.1（9）
O6—Ni1—N1—C2	153.7（5）	C10—C11—C12—C13	179.9（7）
O3—Ni1—N2—C21	149.7（6）	C11—C12—C13—C18	123.6（9）

键	键角	键	键角
N1—Ni1—N2—C21	−89（93）	C11—C12—C13—C14	−62.4（11）
O1—Ni1—N2—C21	54.0（6）	C18—C13—C14—C15	−1.4（12）
O5—Ni1—N2—C21	−39.7（5）	C12—C13—C14—C15	−175.5（8）
O6—Ni1—N2—C21	−116.1（5）	C13—C14—C15—C16	2.1（14）
O3—Ni1—N2—C11	−16.2（5）	C14—C15—C16—C17	−1.1（16）
N1—Ni1—N2—C11	105（93）	C15—C16—C17—C18	−0.5（15）
O1—Ni1—N2—C11	−111.9（5）	C14—C13—C18—C17	−0.2（13）
O5—Ni1—N2—C11	154.4（5）	C12—C13—C18—C17	173.8（8）
O6—Ni1—N2—C11	78.0（5）	C16—C17—C18—C13	1.2（14）
O3—Ni1—O1—C1	103.0（7）	C23—O5—C19—C20	−175.5（5）
N1—Ni1—O1—C1	6.1（7）	Ni1—O5—C19—C20	−42.4（6）
N2—Ni1—O1—C1	−173.8（7）	C31—O6—C20—C19	−176.1（5）
O5—Ni1—O1—C1	−89.9（7）	Ni1—O6—C20—C19	−40.8（6）
O6—Ni1—O1—C1	−28.6（11）	O5—C19—C20—O6	54.2（6）
N1—Ni1—O3—C10	−172.3（6）	C11—N2—C21—C22	−179.1（7）
N2—Ni1—O3—C10	7.5（6）	Ni1—N2—C21—C22	16.2（9）
O1—Ni1—O3—C10	104.4（6）	N2—C21—C22—C23	15.4（10）
O5—Ni1—O3—C10	−26.0（11）	N2—C21—C22—C27	−160.9（6）
O6—Ni1—O3—C10	−88.5（6）	C27—C22—C23—C24	−2.8（10）
O3—Ni1—O5—C23	82.3（8）	C21—C22—C23—C24	−179.0（6）
N1—Ni1—O5—C23	−131.2（4）	C27—C22—C23—O5	176.2（5）
N2—Ni1—O5—C23	48.9（4）	C21—C22—C23—O5	0.0（10）
O1—Ni1—O5—C23	−48.3（5）	C19—O5—C23—C22	91.4（7）

键	键角	键	键角
O6—Ni1—O5—C23	147.3（4）	Ni1—O5—C23—C22	−38.9（7）
O3—Ni1—O5—C19	−48.6（8）	C19—O5—C23—C24	−89.5（7）
N1—Ni1—O5—C19	97.9（4）	Ni1—O5—C23—C24	140.2（5）
N2—Ni1—O5—C19	−82.0（4）	C28—O7—C24—C25	−5.0（11）
O1—Ni1—O5—C19	−179.2（4）	C28—O7—C24—C23	175.9（7）
O6—Ni1—O5—C19	16.4（4）	C22—C23—C24—O7	−177.0（6）
O3—Ni1—O6—C31	−47.5（5）	O5—C23—C24—O7	3.9（8）
N1—Ni1—O6—C31	49.7（4）	C22—C23—C24—C25	3.8（10）
N2—Ni1—O6—C31	−130.3（4）	O5—C23—C24—C25	−175.3（6）
O1—Ni1—O6—C31	84.3（8）	O7—C24—C25—C26	178.2（6）
O5—Ni1—O6—C31	148.0（4）	C23—C24—C25—C26	−2.7（10）
O3—Ni1—O6—C20	178.3（5）	C24—C25—C26—C27	0.8（11）
N1—Ni1—O6—C20	−84.5（5）	C25—C26—C27—C22	0.2（11）
N2—Ni1—O6—C20	95.5（5）	C23—C22—C27—C26	0.8（10）
O1—Ni1—O6—C20	−49.9（8）	C21—C22—C27—C26	177.3（6）
O5—Ni1—O6—C20	13.8（5）	C2—N1—C29—C30	−179.4（6）
Ni1—O1—C1—O2	179.4（9）	Ni1—N1—C29—C30	15.1（9）
Ni1—O1—C1—C2	5.6（12）	N1—C29—C30—C31	17.5（10）
C29—N1—C2—C3	96.9（8）	N1—C29—C30—C35	−163.3（6）
Ni1—N1—C2—C3	−95.5（6）	C35—C30—C31—C32	−0.1（10）
C29—N1—C2—C1	−145.7（7）	C29—C30—C31—C32	179.2（6）
Ni1—N1—C2—C1	21.8（8）	C35—C30—C31—O6	179.6（5）
O1—C1—C2—N1	−18.5（13）	C29—C30—C31—O6	−1.2（10）

续表

键	键角	键	键角
O2—C1—C2—N1	167.1（8）	C20—O6—C31—C32	−86.5（8）
O1—C1—C2—C3	101.6（10）	Ni1—O6—C31—C32	140.3（5）
O2—C1—C2—C3	−72.8（11）	C20—O6—C31—C30	93.8（8）
N1—C2—C3—C4	−60.5（10）	Ni1—O6—C31—C30	−39.3（8）
C1—C2—C3—C4	−177.5（8）	C36—O8—C32—C31	178.6（7）
C2—C3—C4—C9	−59.8（11）	C36—O8—C32—C33	−0.8（11）
C2—C3—C4—C5	124.3（9）	C30—C31—C32—O8	−177.9（6）
C9—C4—C5—C6	−1.0（13）	O6—C31—C32—O8	2.5（9）
C3—C4—C5—C6	175.2（9）	C30—C31—C32—C33	1.5（10）
C4—C5—C6—C7	−1.7（16）	O6—C31—C32—C33	−178.1（5）
C5—C6—C7—C8	2.6（16）	O8—C32—C33—C34	177.9（7）
C6—C7—C8—C9	−0.8（14）	C31—C32—C33—C34	−1.4（10）
C7—C8—C9—C4	−1.8（14）	C32—C33—C34—C35	−0.1（11）
C5—C4—C9—C8	2.7（12）	C31—C30—C35—C34	−1.5（10）
C3—C4—C9—C8	−173.4（8）	C29—C30—C35—C34	179.2（6）
Ni1—O3—C10—O4	−177.6（8）	C33—C34—C35—C30	1.6（11）
Ni1—O3—C10—C11	3.1（11）	—	—

镍（Ⅱ）金属配合物 [NiL₁]·2CH₃OH 的分子晶体结构如图 2-10 所
示。晶体数据表明，中心镍离子（Ⅱ）是六配位的，分别与配体（K₂L₁）
分子中的两个醚基 O 原子（O5、O6）、两个羧基 O 原子（O1、O3）以
及两个亚氨基（—CH＝N—）N 原子（N1、N2）进行配位，形成六配
位 N₂O₄ 型变形八面体构型的中性单核镍（Ⅱ）金属配合物。镍（Ⅱ）金
属配合物 [NiL₁]·2CH₃OH 分子中的配位环境赤道面被 O1、O3、O5 及

O6 四个 O 原子占据，并且该面上所有原子离开最小二乘平面的平均标准偏差 $\sigma_P = 0.276\,2$（σ_P 值越接近 0，说明环上的原子共面性越好），而轴向被 N1 和 N2 两个 N 原子所占据。O1—Ni1—O6 的键角为 162.6°，O3—Ni1—O5 的键角为 162.9°，并且 N1—Ni1—N2 的键角为 179.8°（十分接近 180°），而 N1—Ni1—O1（82.4°）、N1—Ni1—O3（97.7°）、N1—Ni1—O5（96.5°）及 N1—Ni1—O6（83.2°）的键角均不等于 90°，表明镍（Ⅱ）金属配合物 [NiL$_1$]·2CH$_3$OH 的配位模式为六配位扭曲八面体构型（图 2-11）。其中，Ni—O（2.009、1.986、2.146、2.150 Å）和 Ni—N（1.998、2.006 Å）键的键长与已报道的镍（Ⅱ）金属配合物相似[180]。C29—N1 与 C21—N2 的键长分别为 1.289、1.259 Å，这与文献 [181] 中报道的亚氨基（—CH═N—）的键长较为接近，这也表明了镍（Ⅱ）金属配合物 [NiL$_1$]·2CH$_3$OH 结构中亚氨基（—CH═N—）基团的形成。同时，配位后镍离子（Ⅱ）周围形成了 3 个五元环及 2 个六元环。羧基 O 原子（O1、O3）所在的两个五元环分别定义为 A 环与 B 环，两个五元环上的原子离开最小二乘平面的平均标准偏差分别为 $\sigma_P = 0.112\,2$、0.113 4，两个面之间的二面角为 81.064°（图 2-12）。其中，中心镍离子（Ⅱ）与羧基 O 原子 O1 及 O3 形成的两个 Ni—O 配位键的键长（Ni1—O1, 2.009 Å；Ni1—O3, 1.986 Å）明显短于镍离子（Ⅱ）与醚基 O 原子 O5 及 O6 形成的另外两个 Ni—O 配位键的键长（Ni1—O5, 2.146 Å；Ni1—O6, 2.150 Å），这间接说明了羧基上的两个 O 原子（O1、O3）与中心镍离子（Ⅱ）的配位能力要强于醚基上的两个 O 原子（O5、O6）与中心镍离子 Ni（Ⅱ）的配位能力。配合物 [NiL$_1$]·2CH$_3$OH 通过 π-π 堆积作用（蓝色虚线键，3.305Å）及 C28—H28C ⋯ O2 分子间弱作用力（红色虚线键，2.669 Å）形成其二维面状结构（图 2-13）。

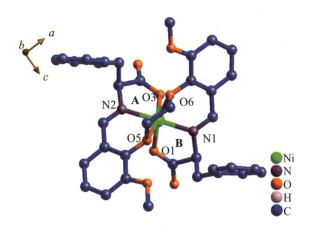

图 2-10　镍（Ⅱ）金属配合物 [NiL$_1$]·2CH$_3$OH 的分子晶体结构（所有的氢原子

及游离溶剂分子均已略去）

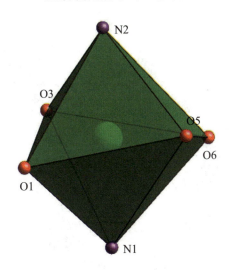

图 2-11　镍（Ⅱ）金属配合物 [NiL$_1$]·2CH$_3$OH 的扭曲八面体配位构型

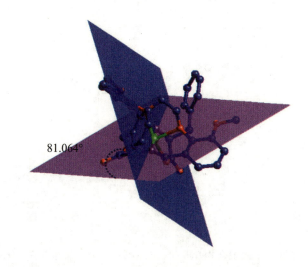

81.064°

图 2-12　镍（Ⅱ）金属配合物 [NiL₁]·2CH₃OH 中五元环 A 与 B 平面示意图

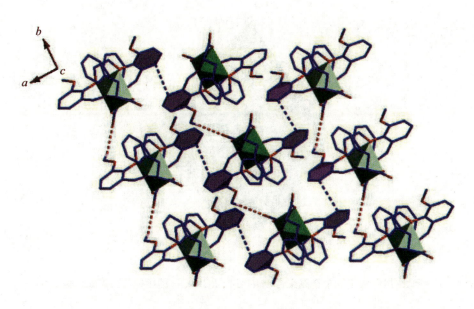

图 2-13　镍（Ⅱ）金属配合物 [NiL₁]·2CH₃OH 的二维面状结构

2. 钴（Ⅱ）、锌（Ⅱ）及锰（Ⅱ）金属配合物（[CoL₁]·2CH₃OH、[ZnL₁]·2CH₃OH、[MnL₁]·2CH₃OH）的晶体结构分析

BMFPE 缩 L- 苯丙氨酸席夫碱钴（Ⅱ）、锌（Ⅱ）及锰（Ⅱ）金属配合物（[CoL₁]·2CH₃OH、[ZnL₁]·2CH₃OH、[MnL₁]·2CH₃OH）的部分晶体数据见表 2-10 至表 2-20 所列，各个配合物的分子结构及二维面状结构图如图 2-14 至图 2-16 所示。

表2-10　钴（Ⅱ）、锌（Ⅱ）及锰（Ⅱ）金属配合物（[CoL₁]·2CH₃OH、[ZnL₁]·2CH₃OH、[MnL₁]·2CH₃OH）的晶体学数据和结构修正参数

参数	值		
	[CoL₁]·2CH₃OH	[ZnL₁]·2CH₃OH	[MnL₁]·2CH₃OH
化学式	$C_{38}H_{42}N_2O_{10}Co$	$C_{38}H_{42}N_2O_{10}Zn$	$C_{38}H_{42}N_2O_{10}Mn$
相对分子质量	745.67	752.11	741.68
温度 / K	298（2）	298（2）	298（2）
波长 / Å	0.710 73	0.710 73	0.710 73
晶系	正交晶系	正交晶系	正交晶系
空间群	$Pca2_1$	$Pca2_1$	$Pca2_1$
a / Å	17.472 3（17）	17.585 9（16）	17.443 0（15）
b / Å	8.195 4（9）	8.207 0（5）	8.207 2（9）
c / Å	24.858（2）	24.972（2）	25.206（2）
α /（°）	90	90	90
β /（°）	90	90	90
γ /（°）	90	90	90
体积 / Å³	3 559.5（6）	3 604.2（5）	3 608.4（6）
Z	4	4	4
计算密度 /（g·cm⁻³）	1.391	1.386	1.365

续表

参数	值		
	$[CoL_1] \cdot 2CH_3OH$	$[ZnL_1] \cdot 2CH_3OH$	$[MnL_1] \cdot 2CH_3OH$
吸收系数 / mm^{-1}	0.544	0.742	0.426
$F(000)$	1 564	1 576	1 556
晶体尺寸 / mm	$0.48 \times 0.35 \times 0.33$	$0.44 \times 0.38 \times 0.35$	$0.42 \times 0.35 \times 0.33$
θ 数据收集范围 /(°)	2.33 ~ 25.02	2.32 ~ 25.02	2.47 ~ 25.01
极限因子	$-20 \leqslant h \leqslant 20$	$-20 \leqslant h \leqslant 20$	$-17 \leqslant h \leqslant 20$
	$-8 \leqslant k \leqslant 9$	$-9 \leqslant k \leqslant 9$	$-9 \leqslant k \leqslant 9$
	$-29 \leqslant l \leqslant 29$	$-22 \leqslant l \leqslant 29$	$-26 \leqslant l \leqslant 29$
收集的衍射点 / 独立点	16 996 / 6 215 [$R_{int} = 0.169\,6$]	17 307 / 5 127 [$R_{int} = 0.070\,1$]	17 117 / 5 620 [$R_{int} = 0.059\,6$]
完整度 $\theta = 25.02$	0.999	0.979	0.999
最大传输率 / 最小传输率	0.832 5 / 0.795 9	0.791 8 / 0.717 1	0.872 1 / 0.841 2
数据 / 约束 / 参数	6 215 / 1 / 455	5 127 / 1 / 464	5 620 / 1 / 465
F^2 拟合度	1.086	1.063	1.031
R_1^a, wR_2^b [$I > 2\sigma$ (I)]	$R_1 = 0.095\,8$, $wR_2 = 0.202\,8$	$R_1 = 0.065\,0$, $wR_2 = 0.146\,2$	$R_1 = 0.056\,0$, $wR_2 = 0.130\,2$
R_1^a, wR_2^b（所有衍射点）	$R_1 = 0.230\,8$, $wR_2 = 0.246\,7$	$R_1 = 0.114\,8$, $wR_2 = 0.159\,6$	$R_1 = 0.132\,0$, $wR_2 = 0.163\,0$
电子密度峰值和最大洞值 / ($e. Å^3$)	0.573, −0.374	0.829, −0.273	0.379, −0.285

注：$^aR = \sum (|F_0|-|F_C|) / \sum |F_0|$, $^bwR = [\sum w(|F_0|^2-|F_C|^2)^2 / \sum w(F_0^2)]^{1/2}$。

表2-11 钴（Ⅱ）金属配合物 [CoL₁]·2CH₃OH 的键长

单位：Å

键	键长	键	键长
Co1—O3	1.977（12）	C13—C14	1.37（2）
Co1—O1	2.002（13）	C14—C15	1.35（2）
Co1—N1	2.033（12）	C14—H14	0.93
Co1—N2	2.046（11）	C15—C16	1.31（2）
Co1—O6	2.187（8）	C15—H15	0.93
Co1—O5	2.189（8）	C16—C17	1.36（3）
N1—C29	1.285（13）	C16—H16	0.93
N1—C2	1.46（2）	C17—C18	1.44（3）
N2—C21	1.254（13）	C17—H17	0.93
N2—C11	1.48（2）	C18—H18	0.93
O1—C1	1.25（2）	C19—C20	1.485（10）
O2—C1	1.26（2）	C19—H19A	0.97
O3—C10	1.27（2）	C19—H19B	0.97
O4—C10	1.210（19）	C20—H20A	0.97
O5—C23	1.393（12）	C20—H20B	0.97
O5—C19	1.459（13）	C21—C22	1.48（2）
O6—C31	1.396（13）	C21—H21	0.93
O6—C20	1.439（13）	C22—C23	1.357（19）
O7—C24	1.350（16）	C22—C27	1.391（15）
O7—C28	1.40（2）	C23—C24	1.414（17）
O8—C32	1.311（16）	C24—C25	1.351（17）
O8—C36	1.45（2）	C25—C26	1.37（2）

续表

键	键长	键	键长
O9—C37	1.42（3）	C25—H25	0.93
O9—H9	0.82	C26—C27	1.37（2）
O10—C38	1.42（4）	C26—H26	0.93
O10—H10	0.82	C27—H27	0.93
C1—C2	1.50（2）	C28—H28A	0.96
C2—C3	1.53（3）	C28—H28B	0.96
C2—H2	0.98	C28—H28C	0.96
C3—C4	1.44（2）	C29—C30	1.46（2）
C3—H3A	0.97	C29—H29	0.93
C3—H3B	0.97	C30—C35	1.388（16）
C4—C9	1.36（2）	C30—C31	1.403（18）
C4—C5	1.40（2）	C31—C32	1.349（18）
C5—C6	1.31（2）	C32—C33	1.395（17）
C5—H5	0.93	C33—C34	1.35（2）
C6—C7	1.35（3）	C33—H33	0.93
C6—H6	0.93	C34—C35	1.371（19）
C7—C8	1.33（2）	C34—H34	0.93
C7—H7	0.93	C35—H35	0.93
C8—C9	1.40（2）	C36—H36A	0.96
C8—H8	0.93	C36—H36B	0.96
C9—H9A	0.93	C36—H36C	0.96
C10—C11	1.56（2）	C37—H37A	0.96
C11—C12	1.53（2）	C37—H37B	0.96

续表

键	键长	键	键长
C11—H11	0.98	C37—H37C	0.96
C12—C13	1.55（2）	C38—H38A	0.96
C12—H12A	0.97	C38—H38B	0.96
C12—H12B	0.97	C38—H38C	0.96
C13—C18	1.36（2）	—	—

表 2-12　钴（Ⅱ）金属配合物 [CoL₁]·2CH₃OH 的键角

单位：（°）

键	键角	键	键角
O3—Co1—O1	102.2（4）	C14—C15—H15	120.4
O3—Co1—N1	100.9（5）	C15—C16—C17	124（2）
O1—Co1—N1	80.7（5）	C15—C16—H16	117.8
O3—Co1—N2	81.5（4）	C17—C16—H16	117.8
O1—Co1—N2	99.8（5）	C16—C17—C18	116（2）
N1—Co1—N2	177.3（4）	C16—C17—H17	122.1
O3—Co1—O6	94.7（5）	C18—C17—H17	122.1
O1—Co1—O6	157.1（5）	C13—C18—C17	120（2）
N1—Co1—O6	81.1（4）	C13—C18—H18	120.2
N2—Co1—O6	97.8（4）	C17—C18—H18	120.2
O3—Co1—O5	158.2（5）	O5—C19—C20	108.2（9）
O1—Co1—O5	93.4（4）	O5—C19—H19A	110
N1—Co1—O5	96.5（4）	C20—C19—H19A	110
N2—Co1—O5	80.9（3）	O5—C19—H19B	110

键	键角	键	键角
O6—Co1—O5	75.0（2）	C20—C19—H19B	110
C29—N1—C2	119.6（13）	H19A—C19—H19B	108.4
C29—N1—Co1	127.2（11）	O6—C20—C19	106.4（10）
C2—N1—Co1	111.9（9）	O6—C20—H20A	110.5
C21—N2—C11	119.2（13）	C19—C20—H20A	110.5
C21—N2—Co1	129.4（11）	O6—C20—H20B	110.5
C11—N2—Co1	110.6（8）	C19—C20—H20B	110.5
C1—O1—Co1	115.7（10）	H20A—C20—H20B	108.6
C10—O3—Co1	119.1（9）	N2—C21—C22	122.8（14）
C23—O5—C19	113.0（8）	N2—C21—H21	118.6
C23—O5—Co1	116.8（7）	C22—C21—H21	118.6
C19—O5—Co1	111.5（7）	C23—C22—C27	121.6（16）
C31—O6—C20	114.0（8）	C23—C22—C21	123.1（12）
C31—O6—Co1	118.0（7）	C27—C22—C21	115.2（14）
C20—O6—Co1	114.2（7）	C22—C23—O5	123.5（13）
C24—O7—C28	116.9（12）	C22—C23—C24	120.9（12）
C32—O8—C36	119.5（12）	O5—C23—C24	115.6（12）
C37—O9—H9	109.5	O7—C24—C25	128.5（15）
C38—O10—H10	109.5	O7—C24—C23	114.5（11）
O1—C1—O2	123.2（17）	C25—C24—C23	117.0（14）
O1—C1—C2	119.0（15）	C24—C25—C26	121.2（15）
O2—C1—C2	115.9（19）	C24—C25—H25	119.4
N1—C2—C1	107.2（16）	C26—C25—H25	119.4

续表

键	键角	键	键角
N1—C2—C3	109.7（13）	C25—C26—C27	123.1（13）
C1—C2—C3	110.0（17）	C25—C26—H26	118.5
N1—C2—H2	110	C27—C26—H26	118.5
C1—C2—H2	110	C26—C27—C22	116.0（15）
C3—C2—H2	110	C26—C27—H27	122
C4—C3—C2	115.2（14）	C22—C27—H27	122
C4—C3—H3A	108.5	O7—C28—H28A	109.5
C2—C3—H3A	108.5	O7—C28—H28B	109.5
C4—C3—H3B	108.5	H28A—C28—H28B	109.5
C2—C3—H3B	108.5	O7—C28—H28C	109.5
H3A—C3—H3B	107.5	H28A—C28—H28C	109.5
C9—C4—C5	116.6（17）	H28B—C28—H28C	109.5
C9—C4—C3	124.6（17）	N1—C29—C30	123.2（14）
C5—C4—C3	118.4（17）	N1—C29—H29	118.4
C6—C5—C4	120（2）	C30—C29—H29	118.4
C6—C5—H5	119.9	C35—C30—C31	116.3（14）
C4—C5—H5	119.9	C35—C30—C29	118.6（13）
C5—C6—C7	122（2）	C31—C30—C29	125.1（11）
C5—C6—H6	118.8	C32—C31—O6	118.3（12）
C7—C6—H6	118.8	C32—C31—C30	122.8（12）
C8—C7—C6	121（2）	O6—C31—C30	118.8（13）
C8—C7—H7	119.5	O8—C32—C31	115.4（12）
C6—C7—H7	119.5	O8—C32—C33	126.2（15）

键	键角	键	键角
C7—C8—C9	117（2）	C31—C32—C33	118.4（14）
C7—C8—H8	121.5	C34—C33—C32	120.7（16）
C9—C8—H8	121.5	C34—C33—H33	119.7
C4—C9—C8	122.7（16）	C32—C33—H33	119.7
C4—C9—H9A	118.6	C33—C34—C35	120.2（13）
C8—C9—H9A	118.6	C33—C34—H34	119.9
O4—C10—O3	128.6（17）	C35—C34—H34	119.9
O4—C10—C11	116.1（18）	C34—C35—C30	121.4（14）
O3—C10—C11	115.3（14）	C34—C35—H35	119.3
N2—C11—C12	113.1（12）	C30—C35—H35	119.3
N2—C11—C10	109.2（15）	O8—C36—H36A	109.5
C12—C11—C10	104.4（15）	O8—C36—H36B	109.5
N2—C11—H11	110	H36A—C36—H36B	109.5
C12—C11—H11	110	O8—C36—H36C	109.5
C10—C11—H11	110	H36A—C36—H36C	109.5
C11—C12—C13	115.1（12）	H36B—C36—H36C	109.5
C11—C12—H12A	108.5	O9—C37—H37A	109.5
C13—C12—H12A	108.5	O9—C37—H37B	109.5
C11—C12—H12B	108.5	H37A—C37—H37B	109.5
C13—C12—H12B	108.5	O9—C37—H37C	109.5
H12A—C12—H12B	107.5	H37A—C37—H37C	109.5
C18—C13—C14	119.3（16）	H37B—C37—H37C	109.5
C18—C13—C12	120.4（16）	O10—C38—H38A	109.5

续表

键	键角	键	键角
C14—C13—C12	120.0（16）	O10—C38—H38B	109.5
C15—C14—C13	121.6（17）	H38A—C38—H38B	109.5
C15—C14—H14	119.2	O10—C38—H38C	109.5
C13—C14—H14	119.2	H38A—C38—H38C	109.5
C16—C15—C14	119（2）	H38B—C38—H38C	109.5
C16—C15—H15	120.4	—	—

表 2-13　钴（Ⅱ）金属配合物 [CoL₁]·2CH₃OH 的扭转角

单位：（°）

键	扭转角	键	扭转角
O3—Co1—N1—C29	52.0（11）	C21—N2—C11—C12	95.4（15）
O1—Co1—N1—C29	152.8（11）	Co1—N2—C11—C12	-93.6（12）
N2—Co1—N1—C29	-107（11）	C21—N2—C11—C10	-148.8（13）
O6—Co1—N1—C29	-41.1（10）	Co1—N2—C11—C10	22.1（16）
O5—Co1—N1—C29	-114.8（10）	O4—C10—C11—N2	160.3（16）
O3—Co1—N1—C2	-114.9（10）	O3—C10—C11—N2	-19（2）
O1—Co1—N1—C2	-14.1（10）	O4—C10—C11—C12	-79（2）
N2—Co1—N1—C2	86（11）	O3—C10—C11—C12	102.6（18）
O6—Co1—N1—C2	152.0（10）	N2—C11—C12—C13	-61（2）
O5—Co1—N1—C2	78.3（10）	C10—C11—C12—C13	-179.1（15）
O3—Co1—N2—C21	153.6（11）	C11—C12—C13—C18	124.2（18）
O1—Co1—N2—C21	52.6（11）	C11—C12—C13—C14	-63（2）
N1—Co1—N2—C21	-47（11）	C18—C13—C14—C15	-2（3）

键	扭转角	键	扭转角
O6—Co1—N2—C21	−112.7（10）	C12—C13—C14—C15	−175.2（15）
O5—Co1—N2—C21	−39.3（10）	C13—C14—C15—C16	1（3）
O3—Co1—N2—C11	−16.1（10）	C14—C15—C16—C17	1（3）
O1—Co1—N2—C11	−117.2（10）	C15—C16—C17—C18	−2（3）
N1—Co1—N2—C11	143（10）	C14—C13—C18—C17	1（3）
O6—Co1—N2—C11	77.5（9）	C12—C13—C18—C17	173.9（16）
O5—Co1—N2—C11	150.9（9）	C16—C17—C18—C13	1（3）
O3—Co1—O1—C1	99.5（14）	C23—O5—C19—C20	−177.8（11）
N1—Co1—O1—C1	0.2（14）	Co1—O5—C19—C20	−43.9（11）
N2—Co1—O1—C1	−177.2（14）	C31—O6—C20—C19	179.8（10）
O6—Co1—O1—C1	−37（2）	Co1—O6—C20—C19	−40.4（11）
O5—Co1—O1—C1	−95.8（14）	O5—C19—C20—O6	54.3（10）
O1—Co1—O3—C10	104.4（14）	C11—N2—C21—C22	−176.1（12）
N1—Co1—O3—C10	−172.9（13）	Co1—N2—C21—C22	14.9（16）
N2—Co1—O3—C10	6.1（13）	N2—C21—C22—C23	18（2）
O6—Co1—O3—C10	−91.1（14）	N2—C21—C22—C27	−159.3（12）
O5—Co1—O3—C10	−30（2）	C27—C22—C23—O5	175.8（10）
O3—Co1—O5—C23	84.8（13）	C21—C22—C23—O5	−1（2）
O1—Co1—O5—C23	−51.2（9）	C27—C22—C23—C24	−3（2）
N1—Co1—O5—C23	−132.2（9）	C21—C22—C23—C24	−179.9（11）
N2—Co1—O5—C23	48.2（9）	C19—O5—C23—C22	92.0（15）
O6—Co1—O5—C23	148.9（8）	Co1—O5—C23—C22	−39.4（16）
O3—Co1—O5—C19	−47.2（14）	C19—O5—C23—C24	−89.1（14）

键	扭转角	键	扭转角
O1—Co1—O5—C19	176.7（8）	Co1—O5—C23—C24	139.5（8）
N1—Co1—O5—C19	95.8（9）	C28—O7—C24—C25	-2（2）
N2—Co1—O5—C19	-83.9（8）	C28—O7—C24—C23	178.9（14）
O6—Co1—O5—C19	16.8（9）	C22—C23—C24—O7	-176.4（12）
O3—Co1—O6—C31	-47.8（9）	O5—C23—C24—O7	4.6（16）
O1—Co1—O6—C31	90.1（13）	C22—C23—C24—C25	4.0（19）
N1—Co1—O6—C31	52.6（9）	O5—C23—C24—C25	-174.9（11）
N2—Co1—O6—C31	-129.9（9）	O7—C24—C25—C26	178.3（13）
O5—Co1—O6—C31	151.8（8）	C23—C24—C25—C26	-2（2）
O3—Co1—O6—C20	174.1（9）	C24—C25—C26—C27	-1（2）
O1—Co1—O6—C20	-48.0（14）	C25—C26—C27—C22	2（2）
N1—Co1—O6—C20	-85.5（9）	C23—C22—C27—C26	0（2）
N2—Co1—O6—C20	92.0（10）	C21—C22—C27—C26	177.2（10）
O5—Co1—O6—C20	13.7（10）	C2—N1—C29—C30	-178.1（13）
Co1—O1—C1—O2	177.9（17）	Co1—N1—C29—C30	15.8（17）
Co1—O1—C1—C2	14（3）	N1—C29—C30—C35	-162.8（12）
C29—N1—C2—C1	-144.8（15）	N1—C29—C30—C31	19（2）
Co1—N1—C2—C1	23.3（18）	C20—O6—C31—C32	-82.9（15）
C29—N1—C2—C3	95.8（15）	Co1—O6—C31—C32	138.9（9）
Co1—N1—C2—C3	-96.1（12）	C20—O6—C31—C30	97.0（15）
O1—C1—C2—N1	-25（3）	Co1—O6—C31—C30	-41.2（14）
O2—C1—C2—N1	170.0（16）	C35—C30—C31—C32	-1（2）
O1—C1—C2—C3	94（2）	C29—C30—C31—C32	178.0（11）

续表

键	扭转角	键	扭转角
O2—C1—C2—C3	−71（2）	C35—C30—C31—O6	179.6（10）
N1—C2—C3—C4	−62（2）	C29—C30—C31—O6	−2（2）
C1—C2—C3—C4	−179.5（17）	C36—O8—C32—C31	177.1（13）
C2—C3—C4—C9	−58（3）	C36—O8—C32—C33	−5（2）
C2—C3—C4—C5	129.4（19）	O6—C31—C32—O8	0.3（17）
C9—C4—C5—C6	2（3）	C30—C31—C32—O8	−179.6（12）
C3—C4—C5—C6	174.9（18）	O6—C31—C32—C33	−177.5（10）
C4—C5—C6—C7	−3（3）	C30—C31—C32—C33	3（2）
C5—C6—C7—C8	3（3）	O8—C32—C33—C34	−179.5（13）
C6—C7—C8—C9	−1（3）	C31—C32—C33—C34	−2（2）
C5—C4—C9—C8	0（3）	C32—C33—C34—C35	−1（2）
C3—C4—C9—C8	−172.4（16）	C33—C34—C35—C30	3（2）
C7—C8—C9—C4	−1（3）	C31—C30—C35—C34	−2（2）
Co1—O3—C10—O4	−173.3（17）	C29—C30—C35—C34	179.2（11）
Co1—O3—C10—C11	5（2）	—	—

表 2-14 锌（Ⅱ）金属配合物 [ZnL₁]·2CH₃OH 的键长

单位：Å

键	键长	键	键长
Zn1—O1	1.982（9）	C13—C14	1.405（15）
Zn1—O3	2.019（9）	C14—C15	1.331（17）
Zn1—N1	2.047（8）	C14—H14	0.93
Zn1—N2	2.060（7）	C15—C16	1.330（18）
Zn1—O5	2.282（5）	C15—H15	0.93

续表

键	键长	键	键长
Zn1—O6	2.307（5）	C16—C17	1.399（19）
N1—C29	1.308（9）	C16—H16	0.93
N1—C2	1.471（14）	C17—C18	1.370（17）
N2—C21	1.267（9）	C17—H17	0.93
N2—C11	1.459（14）	C18—H18	0.93
O1—C1	1.275（15）	C19—C20	1.496（7）
O2—C1	1.244（15）	C19—H19A	0.97
O3—C10	1.203（15）	C19—H19B	0.97
O4—C10	1.251（15）	C20—H20A	0.97
O5—C23	1.402（8）	C20—H20B	0.97
O5—C19	1.464（10）	C21—C22	1.465（14）
O6—C31	1.417（9）	C21—H21	0.93
O6—C20	1.428（10）	C22—C23	1.380（13）
O7—C24	1.339（12）	C22—C27	1.423（11）
O7—C28	1.427（15）	C23—C24	1.382（12）
O8—C32	1.338（12）	C24—C25	1.412（12）
O8—C36	1.429（14）	C25—C26	1.417（14）
O9—C37	1.40（2）	C25—H25	0.93
O9—H9	0.82	C26—C27	1.341（14）
O10—C38	1.41（2）	C26—H26	0.93
O10—H10	0.82	C27—H27	0.93
C1—C2	1.566（18）	C28—H28A	0.96
C2—C3	1.445（19）	C28—H28B	0.96

续表

键	键长	键	键长
C2—H2	0.98	C28—H28C	0.96
C3—C4	1.455（18）	C29—C30	1.451（13）
C3—H3A	0.97	C29—H29	0.93
C3—H3B	0.97	C30—C35	1.380（11）
C4—C5	1.391（16）	C30—C31	1.388（12）
C4—C9	1.401（15）	C31—C32	1.376（12）
C5—C6	1.318（17）	C32—C33	1.408（12）
C5—H5	0.93	C33—C34	1.368（14）
C6—C7	1.338（18）	C33—H33	0.93
C6—H6	0.93	C34—C35	1.348（13）
C7—C8	1.308（17）	C34—H34	0.93
C7—H7	0.93	C35—H35	0.93
C8—C9	1.431（17）	C36—H36A	0.96
C8—H8	0.93	C36—H36B	0.96
C9—H9A	0.93	C36—H36C	0.96
C10—C11	1.560（17）	C37—H37A	0.96
C11—C12	1.529（18）	C37—H37B	0.96
C11—H11	0.98	C37—H37C	0.96
C12—C13	1.513（17）	C38—H38A	0.96
C12—H12A	0.97	C38—H38B	0.96
C12—H12B	0.97	C38—H38C	0.96
C13—C18	1.376（15）	—	—

表 2-15　锌（Ⅱ）金属配合物 [ZnL₁]·2CH₃OH 的键角

单位：（°）

键	键角	键	键角
O1—Zn1—O3	103.7（3）	C14—C15—H15	119.5
O1—Zn1—N1	82.0（3）	C15—C16—C17	120.9（16）
O3—Zn1—N1	107.0（3）	C15—C16—H16	119.6
O1—Zn1—N2	104.6（3）	C17—C16—H16	119.6
O3—Zn1—N2	80.2（3）	C18—C17—C16	118.1（14）
N1—Zn1—N2	169.0（2）	C18—C17—H17	121
O1—Zn1—O5	94.9（3）	C16—C17—H17	121
O3—Zn1—O5	155.0（3）	C17—C18—C13	121.4（13）
N1—Zn1—O5	91.7（3）	C17—C18—H18	119.3
N2—Zn1—O5	79.1（3）	C13—C18—H18	119.3
O1—Zn1—O6	155.5（3）	O5—C19—C20	106.8（6）
O3—Zn1—O6	96.1（3）	O5—C19—H19A	110.4
N1—Zn1—O6	78.3（3）	C20—C19—H19A	110.4
N2—Zn1—O6	92.8（3）	O5—C19—H19B	110.4
O5—Zn1—O6	71.24（14）	C20—C19—H19B	110.4
C29—N1—C2	120.8（9）	H19A—C19—H19B	108.6
C29—N1—Zn1	126.6（7）	O6—C20—C19	108.2（7）
C2—N1—Zn1	111.0（6）	O6—C20—H20A	110.1
C21—N2—C11	119.4（8）	C19—C20—H20A	110.1
C21—N2—Zn1	127.6（7）	O6—C20—H20B	110.1
C11—N2—Zn1	111.8（5）	C19—C20—H20B	110.1
C1—O1—Zn1	117.5（7）	H20A—C20—H20B	108.4

续表

键	键角	键	键角
C10—O3—Zn1	117.8（8）	N2—C21—C22	124.3（9）
C23—O5—C19	112.3（5）	N2—C21—H21	117.9
C23—O5—Zn1	115.8（5）	C22—C21—H21	117.9
C19—O5—Zn1	114.7（5）	C23—C22—C27	119.0（10）
C31—O6—C20	114.4（6）	C23—C22—C21	124.3（7）
C31—O6—Zn1	115.4（5）	C27—C22—C21	116.7（9）
C20—O6—Zn1	114.9（5）	C22—C23—C24	122.5（7）
C24—O7—C28	118.2（7）	C22—C23—O5	120.1（8）
C32—O8—C36	119.2（8）	C24—C23—O5	117.4（8）
C37—O9—H9	109.5	O7—C24—C23	116.3（7）
C38—O10—H10	109.5	O7—C24—C25	124.6（10）
O2—C1—O1	128.1（11）	C23—C24—C25	119.0（10）
O2—C1—C2	114.6（13）	C24—C25—C26	117.0（9）
O1—C1—C2	116.3（11）	C24—C25—H25	121.5
C3—C2—N1	113.9（10）	C26—C25—H25	121.5
C3—C2—C1	111.8（11）	C27—C26—C25	124.0（8）
N1—C2—C1	108.1（11）	C27—C26—H26	118
C3—C2—H2	107.6	C25—C26—H26	118
N1—C2—H2	107.6	C26—C27—C22	118.3（10）
C1—C2—H2	107.6	C26—C27—H27	120.9
C2—C3—C4	117.4（9）	C22—C27—H27	120.9
C2—C3—H3A	107.9	O7—C28—H28A	109.5
C4—C3—H3A	107.9	O7—C28—H28B	109.5

续表

键	键角	键	键角
C2—C3—H3B	107.9	H28A—C28—H28B	109.5
C4—C3—H3B	107.9	O7—C28—H28C	109.5
H3A—C3—H3B	107.2	H28A—C28—H28C	109.5
C5—C4—C9	116.1（12）	H28B—C28—H28C	109.5
C5—C4—C3	121.4（12）	N1—C29—C30	125.0（9）
C9—C4—C3	122.3（12）	N1—C29—H29	117.5
C6—C5—C4	122.7（13）	C30—C29—H29	117.5
C6—C5—H5	118.6	C35—C30—C31	117.9（9）
C4—C5—H5	118.6	C35—C30—C29	118.6（9）
C5—C6—C7	121.3（15）	C31—C30—C29	123.5（7）
C5—C6—H6	119.3	C32—C31—C30	122.4（8）
C7—C6—H6	119.3	C32—C31—O6	117.0（8）
C8—C7—C6	120.6（17）	C30—C31—O6	120.6（8）
C8—C7—H7	119.7	O8—C32—C31	115.7（8）
C6—C7—H7	119.7	O8—C32—C33	126.1（10）
C7—C8—C9	120.8（14）	C31—C32—C33	118.2（10）
C7—C8—H8	119.6	C34—C33—C32	118.1（10）
C9—C8—H8	119.6	C34—C33—H33	121
C4—C9—C8	118.3（12）	C32—C33—H33	121
C4—C9—H9A	120.8	C35—C34—C33	123.3（8）
C8—C9—H9A	120.8	C35—C34—H34	118.4
O3—C10—O4	125.5（13）	C33—C34—H34	118.4
O3—C10—C11	119.1（11）	C34—C35—C30	120.0（9）

键	键角	键	键角
O4—C10—C11	115.4（13）	C34—C35—H35	120
N2—C11—C12	111.3（9）	C30—C35—H35	120
N2—C11—C10	107.9（10）	O8—C36—H36A	109.5
C12—C11—C10	106.4（10）	O8—C36—H36B	109.5
N2—C11—H11	110.4	H36A—C36—H36B	109.5
C12—C11—H11	110.4	O8—C36—H36C	109.5
C10—C11—H11	110.4	H36A—C36—H36C	109.5
C13—C12—C11	117.8（8）	H36B—C36—H36C	109.5
C13—C12—H12A	107.8	O9—C37—H37A	109.5
C11—C12—H12A	107.8	O9—C37—H37B	109.5
C13—C12—H12B	107.8	H37A—C37—H37B	109.5
C11—C12—H12B	107.8	O9—C37—H37C	109.5
H12A—C12—H12B	107.2	H37A—C37—H37C	109.5
C18—C13—C14	117.3（12）	H37B—C37—H37C	109.5
C18—C13—C12	122.8（11）	O10—C38—H38A	109.5
C14—C13—C12	119.9（12）	O10—C38—H38B	109.5
C15—C14—C13	121.2（13）	H38A—C38—H38B	109.5
C15—C14—H14	119.4	O10—C38—H38C	109.5
C13—C14—H14	119.4	H38A—C38—H38C	109.5
C16—C15—C14	121.0（15）	H38B—C38—H38C	109.5
C16—C15—H15	119.5	—	—

表 2-16 锌（Ⅱ）金属配合物 [ZnL₁]·2CH₃OH 的扭转角

单位：（°）

键	扭转角	键	扭转角
O1—Zn1—N1—C29	−149.2（7）	C21—N2—C11—C12	−93.9（10）
O3—Zn1—N1—C29	−47.2（8）	Zn1—N2—C11—C12	97.7（8）
N2—Zn1—N1—C29	83（2）	C21—N2—C11—C10	149.7（9）
O5—Zn1—N1—C29	116.1（7）	Zn1—N2—C11—C10	−18.7（11）
O6—Zn1—N1—C29	45.7（7）	O3—C10—C11—N2	13.1（18）
O1—Zn1—N1—C2	16.2（7）	O4—C10—C11—N2	−165.0（11）
O3—Zn1—N1—C2	118.2（7）	O3—C10—C11—C12	−106.3（15）
N2—Zn1—N1—C2	−111.6（19）	O4—C10—C11—C12	75.5（15）
O5—Zn1—N1—C2	−78.5（7）	N2—C11—C12—C13	62.2（13）
O6—Zn1—N1—C2	−149.0（7）	C10—C11—C12—C13	179.5（11）
O1—Zn1—N2—C21	−50.1（8）	C11—C12—C13—C18	−124.0（13）
O3—Zn1—N2—C21	−151.9（8）	C11—C12—C13—C14	58.9（16）
N1—Zn1—N2—C21	76（2）	C18—C13—C14—C15	−3.0（17）
O5—Zn1—N2—C21	42.2（7）	C12—C13—C14—C15	174.3（11）
O6—Zn1—N2—C21	112.5（7）	C13—C14—C15—C16	4（2）
O1—Zn1—N2—C11	117.1（7）	C14—C15—C16—C17	−4（2）
O3—Zn1—N2—C11	15.4（7）	C15—C16—C17—C18	2（2）
N1—Zn1—N2—C11	−116.8（18）	C16—C17—C18—C13	−1.0（18）
O5—Zn1—N2—C11	−150.6（7）	C14—C13—C18—C17	1.5（17）
O6—Zn1—N2—C11	−80.3（7）	C12—C13—C18—C17	−175.7（11）
O3—Zn1—O1—C1	−109.4（10）	C23—O5—C19—C20	178.2（7）
N1—Zn1—O1—C1	−3.7（9）	Zn1—O5—C19—C20	43.2（8）

键	扭转角	键	扭转角
N2—Zn1—O1—C1	167.3（9）	C31—O6—C20—C19	178.1（7）
O5—Zn1—O1—C1	87.3（9）	Zn1—O6—C20—C19	41.1（8）
O6—Zn1—O1—C1	33.4（13）	O5—C19—C20—O6	−53.7（8）
O1—Zn1—O3—C10	−111.3（11）	C11—N2—C21—C22	177.7（9）
N1—Zn1—O3—C10	163.0（11）	Zn1—N2—C21—C22	−15.9（12）
N2—Zn1—O3—C10	−8.5（10）	N2—C21—C22—C23	−20.7（15）
O5—Zn1—O3—C10	25.9（14）	N2—C21—C22—C27	157.6（9）
O6—Zn1—O3—C10	83.4（11）	C27—C22—C23—C24	2.1（14）
O1—Zn1—O5—C23	50.5（6）	C21—C22—C23—C24	−179.6（9）
O3—Zn1—O5—C23	−88.0（8）	C27—C22—C23—O5	−176.5（7）
N1—Zn1—O5—C23	132.6（5）	C21—C22—C23—O5	1.7（14）
N2—Zn1—O5—C23	−53.4（6）	C19—O5—C23—C22	−92.1（11）
O6—Zn1—O5—C23	−150.3（5）	Zn1—O5—C23—C22	42.3（10）
O1—Zn1—O5—C19	−176.2（6）	C19—O5—C23—C24	89.2（10）
O3—Zn1—O5—C19	45.3（9）	Zn1—O5—C23—C24	−136.4（7）
N1—Zn1—O5—C19	−94.0（6）	C28—O7—C24—C23	179.5（9）
N2—Zn1—O5—C19	79.9（6）	C28—O7—C24—C25	−3.7（15）
O6—Zn1—O5—C19	−16.9（6）	C22—C23—C24—O7	175.1（9）
O1—Zn1—O6—C31	−92.1（8）	O5—C23—C24—O7	−6.2（12）
O3—Zn1—O6—C31	51.7（6）	C22—C23—C24—C25	−1.8（14）
N1—Zn1—O6—C31	−54.5（6）	O5—C23—C24—C25	176.8（7）
N2—Zn1—O6—C31	132.1（5）	O7—C24—C25—C26	−177.9（9）
O5—Zn1—O6—C31	−150.4（5）	C23—C24—C25—C26	−1.2（13）

续表

键	扭转角	键	扭转角
O1—Zn1—O6—C20	44.5（9）	C24—C25—C26—C27	4.2（15）
O3—Zn1—O6—C20	-171.8（7）	C25—C26—C27—C22	-3.9（15）
N1—Zn1—O6—C20	82.0（7）	C23—C22—C27—C26	0.7（15）
N2—Zn1—O6—C20	-91.3（7）	C21—C22—C27—C26	-177.6（8）
O5—Zn1—O6—C20	-13.8（7）	C2—N1—C29—C30	175.5（10）
Zn1—O1—C1—O2	-177.5（13）	Zn1—N1—C29—C30	-20.4（12）
Zn1—O1—C1—C2	-9.5（16）	N1—C29—C30—C35	162.6（9）
C29—N1—C2—C3	-92.5（11）	N1—C29—C30—C31	-19.0（14）
Zn1—N1—C2—C3	101.2（9）	C35—C30—C31—C32	0.8（14）
C29—N1—C2—C1	142.7（10）	C29—C30—C31—C32	-177.6（9）
Zn1—N1—C2—C1	-23.7（12）	C35—C30—C31—O6	-179.1（7）
O2—C1—C2—C3	65.8（16）	C29—C30—C31—O6	2.5（14）
O1—C1—C2—C3	-103.9（14）	C20—O6—C31—C32	84.9（11）
O2—C1—C2—N1	-168.0（10）	Zn1—O6—C31—C32	-138.3（7）
O1—C1—C2—N1	22.3（17）	C20—O6—C31—C30	-95.2（11）
N1—C2—C3—C4	60.8（15）	Zn1—O6—C31—C30	41.6（10）
C1—C2—C3—C4	-176.4（11）	C36—O8—C32—C31	-177.3（9）
C2—C3—C4—C5	-127.7（13）	C36—O8—C32—C33	3.3（16）
C2—C3—C4—C9	58.3（17）	C30—C31—C32—O8	177.9（9）
C9—C4—C5—C6	-1.7（18）	O6—C31—C32—O8	-2.2（13）
C3—C4—C5—C6	-176.1（12）	C30—C31—C32—C33	-2.6（14）
C4—C5—C6—C7	4（2）	O6—C31—C32—C33	177.3（7）
C5—C6—C7—C8	-5（2）	O8—C32—C33—C34	-177.9（9）

续表

键	扭转角	键	扭转角
C6—C7—C8—C9	3（2）	C31—C32—C33—C34	2.7（14）
C5—C4—C9—C8	0.0（15）	C32—C33—C34—C35	−1.1（15）
C3—C4—C9—C8	174.3（11）	C33—C34—C35—C30	−0.8（15）
C7—C8—C9—C4	−0.7（18）	C31—C30—C35—C34	0.9（14）
Zn1—O3—C10—O4	177.6（11）	C29—C30—C35—C34	179.4（8）
Zn1—O3—C10—C11	−0.4（18）	—	—

表 2-17　锰（Ⅱ）金属配合物 [MnL$_1$]·2CH$_3$OH 的键长

单位：Å

键	键长	键	键长
Mn1—O3	2.052（7）	C13—C14	1.400（12）
Mn1—O1	2.052（7）	C14—C15	1.364（12）
Mn1—N2	2.177（6）	C14—H14	0.93
Mn1—N1	2.183（6）	C15—C16	1.338（13）
Mn1—O5	2.282（4）	C15—H15	0.93
Mn1—O6	2.301（4）	C16—C17	1.359（15）
N1—C29	1.263（8）	C16—H16	0.93
N1—C2	1.510（11）	C17—C18	1.389（13）
N2—C21	1.275（8）	C17—H17	0.93
N2—C11	1.436（11）	C18—H18	0.93
O1—C1	1.268（11）	C19—C20	1.486（6）
O2—C1	1.247（11）	C19—H19A	0.97
O3—C10	1.248（12）	C19—H19B	0.97

续表

键	键长	键	键长
O4—C10	1.243（12）	C20—H20A	0.97
O5—C23	1.408（7）	C20—H20B	0.97
O5—C19	1.438（8）	C21—C22	1.453（11）
O6—C31	1.389（7）	C21—H21	0.93
O6—C20	1.454（8）	C22—C23	1.384（10）
O7—C24	1.361（9）	C22—C27	1.403（9）
O7—C28	1.421（11）	C23—C24	1.372（10）
O8—C32	1.344（9）	C24—C25	1.405（10）
O8—C36	1.414（11）	C25—C26	1.372（11）
O9—C37	1.381（15）	C25—H25	0.93
O9—H9	0.82	C26—C27	1.351（11）
O10—C38	1.40（2）	C26—H26	0.93
O10—H10	0.82	C27—H27	0.93
C1—C2	1.520（13）	C28—H28A	0.96
C2—C3	1.498（14）	C28—H28B	0.96
C2—H2	0.98	C28—H28C	0.96
C3—C4	1.479（13）	C29—C30	1.450（11）
C3—H3A	0.97	C29—H29	0.93
C3—H3B	0.97	C30—C31	1.387（10）
C4—C5	1.360（12）	C30—C35	1.402（9）
C4—C9	1.389（12）	C31—C32	1.382（10）
C5—C6	1.336（14）	C32—C33	1.383（10）
C5—H5	0.93	C33—C34	1.384（12）

续表

键	键长	键	键长
C6—C7	1.382（15）	C33—H33	0.93
C6—H6	0.93	C34—C35	1.346（11）
C7—C8	1.340（12）	C34—H34	0.93
C7—H7	0.93	C35—H35	0.93
C8—C9	1.379（12）	C36—H36A	0.96
C8—H8	0.93	C36—H36B	0.96
C9—H9A	0.93	C36—H36C	0.96
C10—C11	1.555（12）	C37—H37A	0.96
C11—C12	1.558（14）	C37—H37B	0.96
C11—H11	0.98	C37—H37C	0.96
C12—C13	1.502（13）	C38—H38A	0.96
C12—H12A	0.97	C38—H38B	0.96
C12—H12B	0.97	C38—H38C	0.96
C13—C18	1.384（11）	—	—

表 2-18　锰（Ⅱ）金属配合物 $[MnL_1] \cdot 2CH_3OH$ 的键角

单位：（°）

键	键角	键	键角
O3—Mn1—O1	104.0（2）	C14—C15—H15	119.5
O3—Mn1—N2	77.0（2）	C15—C16—C17	120.0（12）
O1—Mn1—N2	111.0（2）	C15—C16—H16	120
O3—Mn1—N1	111.0（2）	C17—C16—H16	120
O1—Mn1—N1	77.1（2）	C16—C17—C18	120.7（10）

续表

键	键角	键	键角
N2—Mn1—N1	167.43（16）	C16—C17—H17	119.7
O3—Mn1—O5	150.8（3）	C18—C17—H17	119.7
O1—Mn1—O5	96.9（2）	C13—C18—C17	119.9（10）
N2—Mn1—O5	76.53（19）	C13—C18—H18	120.1
N1—Mn1—O5	93.3（2）	C17—C18—H18	120.1
O3—Mn1—O6	98.0（2）	O5—C19—C20	107.7（5）
O1—Mn1—O6	149.9（3）	O5—C19—H19A	110.2
N2—Mn1—O6	93.55（19）	C20—C19—H19A	110.2
N1—Mn1—O6	76.04（19）	O5—C19—H19B	110.2
O5—Mn1—O6	71.59（11）	C20—C19—H19B	110.2
C29—N1—C2	120.0（7）	H19A—C19—H19B	108.5
C29—N1—Mn1	126.7（6）	O6—C20—C19	107.5（6）
C2—N1—Mn1	111.4（5）	O6—C20—H20A	110.2
C21—N2—C11	119.2（7）	C19—C20—H20A	110.2
C21—N2—Mn1	126.6（6）	O6—C20—H20B	110.2
C11—N2—Mn1	112.1（5）	C19—C20—H20B	110.2
C1—O1—Mn1	121.1（6）	H20A—C20—H20B	108.5
C10—O3—Mn1	120.7（6）	N2—C21—C22	124.0（7）
C23—O5—C19	113.4（4）	N2—C21—H21	118
C23—O5—Mn1	117.3（4）	C22—C21—H21	118
C19—O5—Mn1	114.5（4）	C23—C22—C27	117.9（8）
C31—O6—C20	114.7（5）	C23—C22—C21	124.2（6）
C31—O6—Mn1	117.5（4）	C27—C22—C21	117.9（7）

键	键角	键	键角
C20—O6—Mn1	113.6（4）	C24—C23—C22	122.6（6）
C24—O7—C28	119.0（7）	C24—C23—O5	116.3（6）
C32—O8—C36	118.7（7）	C22—C23—O5	120.9（6）
C37—O9—H9	109.5	O7—C24—C23	116.4（6）
C38—O10—H10	109.5	O7—C24—C25	125.2（8）
O2—C1—O1	126.7（9）	C23—C24—C25	118.3（8）
O2—C1—C2	114.9（10）	C26—C25—C24	118.9（8）
O1—C1—C2	118.2（8）	C26—C25—H25	120.5
C3—C2—N1	109.6（7）	C24—C25—H25	120.5
C3—C2—C1	109.7（8）	C27—C26—C25	122.6（7）
N1—C2—C1	108.5（8）	C27—C26—H26	118.7
C3—C2—H2	109.7	C25—C26—H26	118.7
N1—C2—H2	109.7	C26—C27—C22	119.6（8）
C1—C2—H2	109.7	C26—C27—H27	120.2
C4—C3—C2	117.7（7）	C22—C27—H27	120.2
C4—C3—H3A	107.9	O7—C28—H28A	109.5
C2—C3—H3A	107.9	O7—C28—H28B	109.5
C4—C3—H3B	107.9	H28A—C28—H28B	109.5
C2—C3—H3B	107.9	O7—C28—H28C	109.5
H3A—C3—H3B	107.2	H28A—C28—H28C	109.5
C5—C4—C9	118.7（10）	H28B—C28—H28C	109.5
C5—C4—C3	120.2（9）	N1—C29—C30	124.2（7）
C9—C4—C3	120.8（9）	N1—C29—H29	117.9

续表

键	键角	键	键角
C6—C5—C4	121.5（11）	C30—C29—H29	117.9
C6—C5—H5	119.2	C31—C30—C35	116.6（7）
C4—C5—H5	119.2	C31—C30—C29	124.8（6）
C5—C6—C7	120.3（11）	C35—C30—C29	118.6（7）
C5—C6—H6	119.8	C32—C31—C30	122.5（6）
C7—C6—H6	119.8	C32—C31—O6	117.1（7）
C8—C7—C6	119.1（12）	C30—C31—O6	120.3（6）
C8—C7—H7	120.4	O8—C32—C31	115.0（6）
C6—C7—H7	120.4	O8—C32—C33	126.4（7）
C7—C8—C9	121.1（11）	C31—C32—C33	118.6（8）
C7—C8—H8	119.4	C32—C33—C34	119.6（8）
C9—C8—H8	119.4	C32—C33—H33	120.2
C8—C9—C4	119.1（9）	C34—C33—H33	120.2
C8—C9—H9A	120.5	C35—C34—C33	121.0（7）
C4—C9—H9A	120.5	C35—C34—H34	119.5
O4—C10—O3	126.5（9）	C33—C34—H34	119.5
O4—C10—C11	116.3（10）	C34—C35—C30	121.5（8）
O3—C10—C11	117.0（8）	C34—C35—H35	119.2
N2—C11—C10	109.7（8）	C30—C35—H35	119.2
N2—C11—C12	111.0（7）	O8—C36—H36A	109.5
C10—C11—C12	106.0（8）	O8—C36—H36B	109.5
N2—C11—H11	110	H36A—C36—H36B	109.5
C10—C11—H11	110	O8—C36—H36C	109.5

续表

键	键角	键	键角
C12—C11—H11	110	H36A—C36—H36C	109.5
C13—C12—C11	115.0（6）	H36B—C36—H36C	109.5
C13—C12—H12A	108.5	O9—C37—H37A	109.5
C11—C12—H12A	108.5	O9—C37—H37B	109.5
C13—C12—H12B	108.5	H37A—C37—H37B	109.5
C11—C12—H12B	108.5	O9—C37—H37C	109.5
H12A—C12—H12B	107.5	H37A—C37—H37C	109.5
C18—C13—C14	117.4（9）	H37B—C37—H37C	109.5
C18—C13—C12	121.2（8）	O10—C38—H38A	109.5
C14—C13—C12	121.4（8）	O10—C38—H38B	109.5
C15—C14—C13	120.9（9）	H38A—C38—H38B	109.5
C15—C14—H14	119.6	O10—C38—H38C	109.5
C13—C14—H14	119.6	H38A—C38—H38C	109.5
C16—C15—C14	121.0（11）	H38B—C38—H38C	109.5
C16—C15—H15	119.5	—	—

表 2-19 锰（Ⅱ）金属配合物 $[MnL_1] \cdot 2CH_3OH$ 的扭转角

单位：（°）

键	扭转角	键	扭转角
O3—Mn1—N1—C29	48.3（6）	O3—Mn1—N1—C29	48.3（6）
O1—Mn1—N1—C29	148.5（6）	O1—Mn1—N1—C29	148.5（6）
N2—Mn1—N1—C29	−79.8（14）	N2—Mn1—N1—C29	−79.8（14）
O5—Mn1—N1—C29	−115.2（6）	O5—Mn1—N1—C29	−115.2（6）

续表

键	扭转角	键	扭转角
O6—Mn1—N1—C29	−45.1（5）	O6—Mn1—N1—C29	−45.1（5）
O3—Mn1—N1—C2	−116.0（5）	O3—Mn1—N1—C2	−116.0（5）
O1—Mn1—N1—C2	−15.8（5）	O1—Mn1—N1—C2	−15.8（5）
N2—Mn1—N1—C2	115.9（12）	N2—Mn1—N1—C2	115.9（12）
O5—Mn1—N1—C2	80.5（5）	O5—Mn1—N1—C2	80.5（5）
O6—Mn1—N1—C2	150.6（5）	O6—Mn1—N1—C2	150.6（5）
O3—Mn1—N2—C21	147.4（6）	O3—Mn1—N2—C21	147.4（6）
O1—Mn1—N2—C21	47.2（6）	O1—Mn1—N2—C21	47.2（6）
N1—Mn1—N2—C21	−81.5（14）	N1—Mn1—N2—C21	−81.5（14）
O5—Mn1—N2—C21	−45.1（5）	O5—Mn1—N2—C21	−45.1（5）
O6—Mn1—N2—C21	−115.2（5）	O6—Mn1—N2—C21	−115.2（5）
O3—Mn1—N2—C11	−15.9（5）	O3—Mn1—N2—C11	−15.9（5）
O1—Mn1—N2—C11	−116.2（5）	O1—Mn1—N2—C11	−116.2（5）
N1—Mn1—N2—C11	115.1（12）	N1—Mn1—N2—C11	115.1（12）
O5—Mn1—N2—C11	151.6（5）	O5—Mn1—N2—C11	151.6（5）
O6—Mn1—N2—C11	81.5（5）	O6—Mn1—N2—C11	81.5（5）
O3—Mn1—O1—C1	116.4（8）	O3—Mn1—O1—C1	116.4（8）
N2—Mn1—O1—C1	−162.4（7）	N2—Mn1—O1—C1	−162.4（7）
N1—Mn1—O1—C1	7.6（8）	N1—Mn1—O1—C1	7.6（8）
O5—Mn1—O1—C1	−84.2（8）	O5—Mn1—O1—C1	−84.2（8）
O6—Mn1—O1—C1	−19.5（10）	O6—Mn1—O1—C1	−19.5（10）
O1—Mn1—O3—C10	117.3（8）	O1—Mn1—O3—C10	117.3（8）
N2—Mn1—O3—C10	8.5（8）	N2—Mn1—O3—C10	8.5（8）

续表

键	扭转角	键	扭转角
N1—Mn1—O3—C10	−161.3（8）	N1—Mn1—O3—C10	−161.3（8）
O5—Mn1—O3—C10	−17.0（11）	O5—Mn1—O3—C10	−17.0（11）
O6—Mn1—O3—C10	−83.3（8）	O6—Mn1—O3—C10	−83.3（8）
O3—Mn1—O5—C23	79.8（6）	O3—Mn1—O5—C23	79.8（6）
O1—Mn1—O5—C23	−55.9（5）	O1—Mn1—O5—C23	−55.9（5）
N2—Mn1—O5—C23	54.2（5）	N2—Mn1—O5—C23	54.2（5）
N1—Mn1—O5—C23	−133.3（4）	N1—Mn1—O5—C23	−133.3（4）
O6—Mn1—O5—C23	152.6（4）	O6—Mn1—O5—C23	152.6（4）
O3—Mn1—O5—C19	−56.9（7）	O3—Mn1—O5—C19	−56.9（7）
O1—Mn1—O5—C19	167.4（5）	O1—Mn1—O5—C19	167.4（5）
N2—Mn1—O5—C19	−82.5（5）	N2—Mn1—O5—C19	−82.5（5）
N1—Mn1—O5—C19	90.0（5）	N1—Mn1—O5—C19	90.0（5）
O6—Mn1—O5—C19	15.9（5）	O6—Mn1—O5—C19	15.9（5）
O3—Mn1—O6—C31	−55.1（5）	O3—Mn1—O6—C31	−55.1（5）
O1—Mn1—O6—C31	81.9（6）	O1—Mn1—O6—C31	81.9（6）
N2—Mn1—O6—C31	−132.5（5）	N2—Mn1—O6—C31	−132.5（5）
N1—Mn1—O6—C31	54.6（5）	N1—Mn1—O6—C31	54.6（5）
O5—Mn1—O6—C31	153.0（5）	O5—Mn1—O6—C31	153.0（5）
O3—Mn1—O6—C20	166.9（5）	O3—Mn1—O6—C20	166.9（5）
O1—Mn1—O6—C20	−56.1（7）	O1—Mn1—O6—C20	−56.1（7）
N2—Mn1—O6—C20	89.6（5）	N2—Mn1—O6—C20	89.6（5）
N1—Mn1—O6—C20	−83.3（5）	N1—Mn1—O6—C20	−83.3（5）
O5—Mn1—O6—C20	15.1（5）	O5—Mn1—O6—C20	15.1（5）

续表

键	扭转角	键	扭转角
Mn1—O1—C1—O2	176.9（9）	Mn1—O1—C1—O2	176.9（9）
Mn1—O1—C1—C2	2.9（13）	Mn1—O1—C1—C2	2.9（13）
C29—N1—C2—C3	95.7（8）	C29—N1—C2—C3	95.7（8）
Mn1—N1—C2—C3	−98.8（7）	Mn1—N1—C2—C3	−98.8（7）
C29—N1—C2—C1	−144.6（8）	C29—N1—C2—C1	−144.6（8）
Mn1—N1—C2—C1	20.9（9）	Mn1—N1—C2—C1	20.9（9）
O2—C1—C2—C3	−71.4（12）	O2—C1—C2—C3	−71.4（12）
O1—C1—C2—C3	103.3（12）	O1—C1—C2—C3	103.3（12）
O2—C1—C2—N1	168.9（8）	O2—C1—C2—N1	168.9（8）
O1—C1—C2—N1	−16.3（13）	O1—C1—C2—N1	−16.3（13）
N1—C2—C3—C4	−64.6（11）	N1—C2—C3—C4	−64.6（11）
C1—C2—C3—C4	176.4（8）	C1—C2—C3—C4	176.4（8）
C2—C3—C4—C5	132.6（10）	C2—C3—C4—C5	132.6（10）
C2—C3—C4—C9	−53.1（13）	C2—C3—C4—C9	−53.1（13）
C9—C4—C5—C6	1.3（15）	C9—C4—C5—C6	1.3（15）
C3—C4—C5—C6	175.7（10）	C3—C4—C5—C6	175.7（10）
C4—C5—C6—C7	−4.0（17）	C4—C5—C6—C7	−4.0（17）
C5—C6—C7—C8	5.3（16）	C5—C6—C7—C8	5.3（16）
C6—C7—C8—C9	−3.8（16）	C6—C7—C8—C9	−3.8（16）
C7—C8—C9—C4	1.2（15）	C7—C8—C9—C4	1.2（15）
C5—C4—C9—C8	0.2（13）	C5—C4—C9—C8	0.2（13）
C3—C4—C9—C8	−174.2（9）	C3—C4—C9—C8	−174.2（9）
Mn1—O3—C10—O4	175.4（8）	Mn1—O3—C10—O4	175.4（8）
Mn1—O3—C10—C11	0.5（13）	Mn1—O3—C10—C11	0.5（13）

表 2-20　锌（Ⅱ）、锰（Ⅱ）金属配合物（[ZnL₁]·2CH₃OH、[MnL₁]·2CH₃OH）的氢键

配合物	D—H···A	d（D—H）/Å	d（H···A）/Å	d（D···A）/Å	∠DHA/（°）	对称代码
[ZnL₁]·2CH₃OH	O9—H9···O2	0.820	2.050	2.870	178.24	x-1/2, -y+1, z
	O10—H10···O4	0.820	2.469	3.118	136.84	x+1/2, -y+1, z
[MnL₁]·2CH₃OH	O9—H9···O2	0.820	2.044	2.861	174.34	-x+1, -y+1, z-1/2
	O10—H10···O4	0.820	2.286	2.972	141.54	x-1/2, -y+1, z

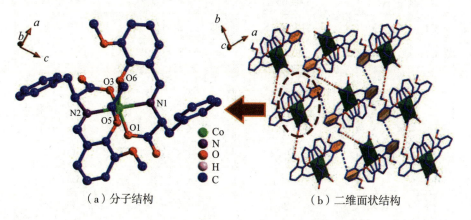

（a）分子结构　　　　　　　　（b）二维面状结构

图 2-14　钴（Ⅱ）金属配合物 [CoL₁]·2CH₃OH 的结构

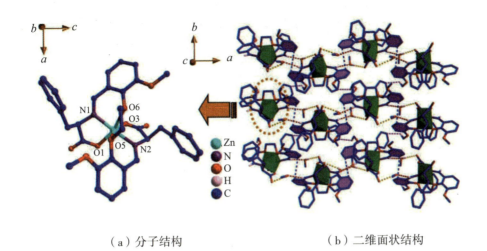

（a）分子结构　　　　　　　　　　　　（b）二维面状结构

图 2-15　锌（Ⅱ）金属配合物 [ZnL₁]·2CH₃OH 的结构

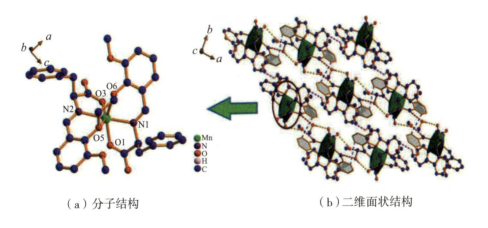

（a）分子结构　　　　　　　　　　　　（b）二维面状结构

图 2-16　锰（Ⅱ）金属配合物 [MnL₁]·2CH₃OH 的结构

晶体解析数据表明，与镍（Ⅱ）金属配合物 [NiL₁]·2CH₃OH 相类
似，上述三种配合物也同属正交晶系，空间群为 $Pca2_1$。中心离子 M（Ⅱ）
均是六配位的，分别与配体（K₂L₁）分子中的两个醚基 O 原子、两个羧
基 O 原子以及两个亚氨基（—CH＝N—）N 原子进行配位，形成六配位
N₂O₄ 型变形八面体构型的中性单核 M（Ⅱ）金属配合物。

钴（Ⅱ）、锌（Ⅱ）及锰（Ⅱ）金属配合物（[CoL$_1$]·2CH$_3$OH、[ZnL$_1$]·2CH$_3$OH、[MnL$_1$]·2CH$_3$OH）分子中的配位环境赤道面被四个配位 O 原子占据，并且该面上所有 O 原子离开最小二乘平面的平均标准偏差分别为 σ_P = 0.344 1、0.419 6、0.513 9，而轴向被两个配位 N 原子所占据。经对比发现，镍（Ⅱ）配合物 [NiL$_1$]·2CH$_3$OH 分子中的配位环境赤道面 σ_P 值（σ_P = 0.276 2）相对于上述三种金属配合物分子的赤道面 σ_P 值要小，说明镍（Ⅱ）金属配合物 [NiL$_1$]·2CH$_3$OH 分子中的配位环境赤道面上的四个 O 原子共面性较好。在相同的配体（K$_2$L$_1$）及相同的配位原子（2 个 N 原子 + 4 个 O 原子）情况下，随着中心离子 M（Ⅱ）半径的增大，金属配合物分子中的配位环境赤道面上的四个 O 原子的共面性先变强后变弱（σ_P 值先变小后变大），间接说明，中心离子 M（Ⅱ）的半径对最终形成金属配合物的配位环境会造成一定程度的影响。同时，上述三种金属配合物（[CoL$_1$]·2CH$_3$OH、[ZnL$_1$]·2CH$_3$OH、[MnL$_1$]·2CH$_3$OH）羧基上的 O 原子与中心离子 M（Ⅱ）的配位能力也是强于醚基上的 O 原子与中心离子 M（Ⅱ）的配位能力。

由图 2-14 可知，钴（Ⅱ）金属配合物 [CoL$_1$]·2CH$_3$OH 分子之间通过 π-π 堆积作用（蓝色虚线键，3.331 Å）及 C28—H28C ··· O2 分子间作用力（红色虚线键，2.700 Å）形成其二维面状结构。由图 2-15 可知，锌（Ⅱ）金属配合物 [ZnL$_1$]·2CH$_3$OH 分子之间通过 π-π 堆积作用（蓝色虚线键，3.356 Å）、C28—H28A ··· C7 分子间作用力（粉红色虚线键，2.880 Å）、C21—H21 ··· O10 分子间作用力（红色虚线键，2.553 Å）、C29—H29 ··· O9 分子间作用力（红色虚线键，2.670 Å）、O9—H9 ··· O2 分子间氢键作用力（黄色虚线键，2.050 Å，对称代码：x-1/2，-y+1, z）及 O10—H10 ··· O4 分子间氢键作用力（黄色虚线键，2.469 Å，对称代码：x+1/2, -y+1, z）形成其二维面状结构。由图 2-16 可知，锰（Ⅱ）金属配合物 [MnL$_1$]·2CH$_3$OH 分子之间通过 π-π 堆积作用（蓝色虚线键，3.390 Å）、C28—H28 ··· C7 分子间作用力（粉红色虚线键，

2.878 Å）、C29—H29 ··· O9 分子间作用力（红色虚线键，2.592 Å）、
C21-H21 ··· O10 分子间作用力（红色虚线键，2.567 Å）、O9—H9 ···
O2 分子间氢键作用力（黄色虚线键，2.044 Å，对称代码：-x+1，-y+1，
z-1/2）及 O10—H10 ··· O4 分子间氢键作用力（黄色虚线键，2.286 Å，
对称代码：x-1/2，-y+1，z）形成其二维面状结构。

2.2.7　配合物 [M（Ⅱ）L₁]·nCH3OH 可能的结构式

综合以上表征分析，该系列金属配合物 [M（Ⅱ）L₁]·nCH₃OH 可能
的结构式如图 2-17 所示。其中，M = Ni（Ⅱ）、Co（Ⅱ）、Zn（Ⅱ）、
Mn（Ⅱ）、Cu（Ⅱ）、Cd（Ⅱ）。

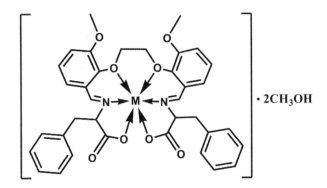

图 2-17　配合物 [M（Ⅱ）L₁]·nCH₃OH 可能的结构式

2.2.8　配体、锌（Ⅱ）及镉（Ⅱ）金属配合物的荧光光谱分析

配置 1×10^{-4} mol/L 浓度的配体（K₂L₁）、锌（Ⅱ）金属配合物
（[ZnL₁]·2CH₃OH）及镉（Ⅱ）金属配合物（[CdL₁]·2CH₃OH）的 DMF
溶液。室温下的激发光谱及发射光谱由荧光光谱仪（型号：F-4600）在
200～800 nm 范围内摄谱得到。EX/EM 狭缝宽度为 2.5 nm/2.5 nm，光
电倍增管电压为 700 V，扫描速度为 1 200 nm/min。测试所得谱图如图
2-18 至图 2-23 所示，其主要荧光数据见表 2-21 所列。

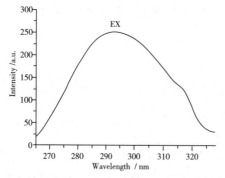

图 2-18　配体 K_2L_1 的激发光谱

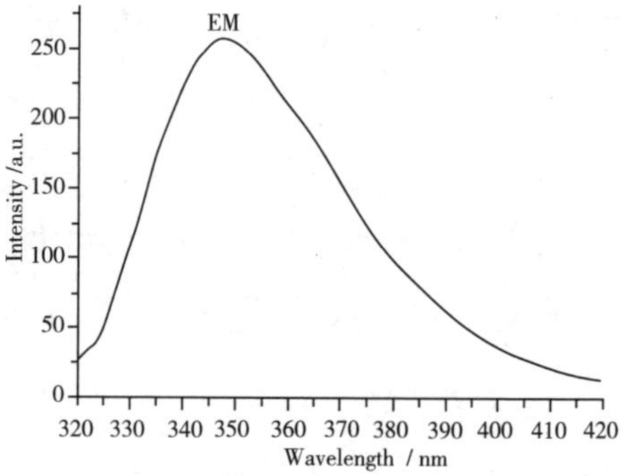

图 2-19　配体 K_2L_1 的发射光谱

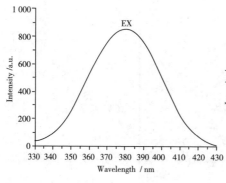
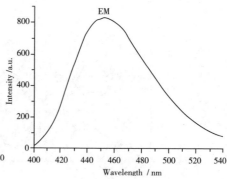

图 2-20　锌（Ⅱ）金属配合物的激发光

图 2-21　锌（Ⅱ）金属配合物的发射光谱

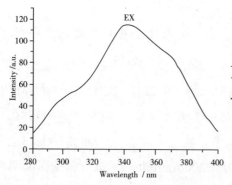
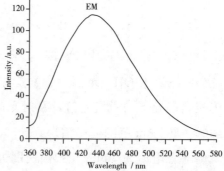

图 2-22　镉（Ⅱ）金属配合物的激发光谱

图 2-23　镉（Ⅱ）金属配合物的发射光谱

表 2-21　室温下配体、锌（Ⅱ）及镉（Ⅱ）金属配合物的最大激发及最大发射波长

配体/配合物	K_2L_1	$[ZnL_1] \cdot 2CH_3OH$	$[CdL_1] \cdot 2CH_3OH$
λ_{ex}/nm	293	382	344
λ_{em}/nm	344	450	434

　　锌（Ⅱ）及镉（Ⅱ）金属配合物的中心金属离子均为 d^{10} 型电子轨道，可能具有较好的荧光性质。由以上的荧光谱图可知，配体 K_2L_1 在 $\lambda_{ex} = 293$ nm 处有较强的激发峰，在 $\lambda_{em} = 344$ nm 处有较强的发射峰；锌（Ⅱ）金属配合物（$[ZnL_1] \cdot 2CH_3OH$）在 $\lambda_{ex} = 382$ nm 处有较强的激发峰，在 $\lambda_{em} = 450$ nm 处有较强的发射峰；镉（Ⅱ）金属配合物（$[CdL_1] \cdot 2CH_3OH$）在 $\lambda_{ex} = 344$ nm 处有较强的激发峰，在 $\lambda_{em} = 434$ nm 处有较强的发射峰；与配体相比，锌（Ⅱ）金属配合物（$[ZnL_1] \cdot 2CH_3OH$）的荧光性能明显增强，而镉（Ⅱ）金属配合物（$[CdL_1] \cdot 2CH_3OH$）的荧光性能有所减弱。其原因可能为锌离子（Ⅱ）与配体 K_2L_1 配位后，导致亚氨基（—CH＝N—）的轨道能级发生了改变，亚氨基中 N 原子的孤对电子无法向荧光团的 HOMO 轨道发生转移，光诱导转移过程（PET）被阻断，荧光团的荧光恢复。镉离子（Ⅱ）与配体 K_2L_1 配位后部分促进了光诱导转移过程（PET），导致镉（Ⅱ）金属配合物的荧光性能有所减弱 [182]。

2.3　金属配合物的量子化学计算研究

2.3.1　配合物的结构优化

　　采用密度泛函理论（DFT）中的 B3LYP（Becke's three-parameter hybrid）计算方法，以 BMFPE 缩 L- 苯丙氨酸席夫碱镍（Ⅱ）、钴（Ⅱ）及锰（Ⅱ）金属配合物（$[NiL_1] \cdot 2 CH_3OH$、$[CoL_1] \cdot 2 CH_3OH$、$[MnL_1] \cdot 2 CH_3OH$）的晶体结构为基础，使用 Gaussian 03 量子化学计算程序，在

英特尔奔腾Ⅳ计算机（Intel Core 2 Duo）上对三种金属配合物的结构进行优化。对 Ni、Co、Zn 及 Mn 原子采用 LANL2DZ 赝势基组[183]，对 C、H、N 及 O 原子采用 6-31G 基组[184-186]。计算的收敛精度均采用程序内定的默认值。

计算结果均满足了默认的收敛标准，说明通过计算优化得到的金属配合物（[NiL$_1$]·2 CH$_3$OH、[CoL$_1$]·2 CH$_3$OH、[MnL$_1$]·2 CH$_3$OH）的结构都是稳定的。对上述三种配合物的晶体结构 [图 2-24（a）] 进行了叠合。2.2.6 ~ 2.2.8 小节的单晶分析结果表明，上述三种金属配合物拥有相似的空间结构与配位环境，因此，三种金属配合物的晶体结构可以非常好地叠合在一起。同时，分别对镍（Ⅱ）金属配合物 [NiL$_1$]·2 CH$_3$OH 的晶体结构（绿色）与 DFT 优化结构（红色）、钴（Ⅱ）金属配合物 [CoL$_1$]·2CH$_3$OH 的晶体结构（绿色）与 DFT 优化结构（红色）及锰（Ⅱ）金属配合物 [MnL$_1$]·2CH$_3$OH 的晶体结构（绿色）与 DFT 优化结构（红色）进行了叠合（图 2-25）。由该图可知，在该水平下计算得到的金属配合物的优化结构（红色）与实验晶体结构（绿色）可以较好地吻合。此外，三种金属配合物的 DFT 优化结构 [图 2-24b] 也可以较好地吻合，间接证明了金属配合物结构优化的稳定性。

以镍（Ⅱ）金属配合物 [NiL$_1$]·2CH$_3$OH 的优化结构（图 2-26）为例，列出了其优化后的键长、键角数据（表 2-22 和表 2-23）。结合表 2-7 和表 2-8，镍（Ⅱ）金属配合物 [NiL$_1$]·2CH$_3$OH 在上述计算水平下的优化结果与晶体实际测试结果比较吻合。其中，Ni1—O5 及 Ni1—O6 的优化结构的键长比实测键长略长，这是在晶体场的作用下，分子键长会略微变短所导致的。

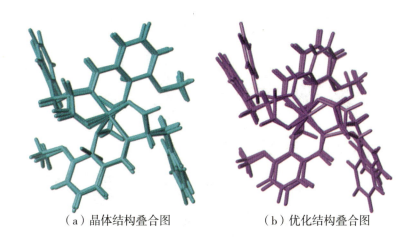

　　（a）晶体结构叠合图　　　　　　　　　（b）优化结构叠合图

图 2-24　镍（Ⅱ）、钴（Ⅱ）及锰（Ⅱ）金属配合物（[NiL₁]·2CH₃OH、
[CoL₁]·2CH₃OH、[MnL₁]·2CH₃OH）的叠合图

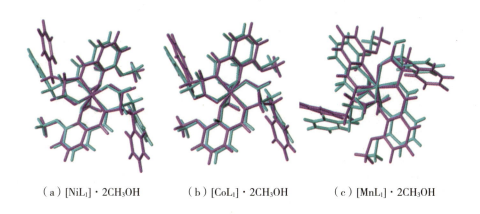

（a）[NiL₁]·2CH₃OH　　　（b）[CoL₁]·2CH₃OH　　　（c）[MnL₁]·2CH₃OH

图 2-25　镍（Ⅱ）、钴（Ⅱ）及锰（Ⅱ）金属配合物的晶体结构（绿色）与优化结构
（红色）的叠合图

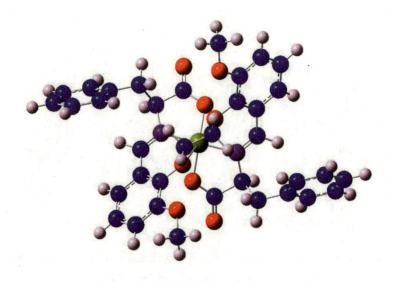

图 2-26　镍（Ⅱ）金属配合物 [NiL₁]·2CH₃OH 的优化分子模型

表 2-22　镍（Ⅱ）金属配合物 [NiL₁]·2CH₃OH 主要键长的理论值和实测值

单位：Å

键	键长	
	理论值	实测值
Ni1—O3	1.896	1.986（6）
Ni1—N1	1.913	1.998（6）
Ni1—N2	1.915	2.006（6）
Ni1—O1	1.892	2.009（6）
Ni1—O5	2.649	2.146（4）
Ni1—O6	2.632	2.150（4）

表 2-23   镍（Ⅱ）金属配合物 [NiL₁]·2CH₃OH 主要键角的理论值和实测值

单位：（°）

键	键角	
	理论值	实测值
N1—Ni1—N2	178.824 52	179.8（2）
O3—Ni1—N2	85.434 95	82.4（2）
O1—Ni1—N2	94.644 31	97.7（2）
O5—Ni1—N2	78.724 32	83.36（18）
O6—Ni1—N2	100.730 57	96.6（2）
O3—Ni1—N1	94.414 81	97.7（2）
O1—Ni1—N1	86.003 74	82.4（2）
O5—Ni1—N1	100.508 72	96.5（2）
O6—Ni1—N1	78.105 22	83.22（19）

2.3.2   金属离子及配位原子的自然电荷分布及电子组态

BMFPE 缩 L- 苯丙氨酸席夫碱镍（Ⅱ）、钴（Ⅱ）、锌（Ⅱ）及锰
（Ⅱ）金属配合物（[NiL₁]·2CH₃OH、[CoL₁]·2CH₃OH、[ZnL₁]·2CH₃OH、
[MnL₁]·2CH₃OH）主要的自然原子电荷分布情况及电子组态见表 2-24
至表 2-27 所列。

表 2-24   镍（Ⅱ）金属配合物 [NiL₁]·2CH₃OH 主要的自然原子电荷分布
及电子组态

原子	电荷/e	电子组态	键
Ni1	1.019	[core]4s（0.29）3d（8.63）4p（0.01）5p（0.02）	—
N1	−0.460	[core]2s（1.34）2p（4.12）3p（0.02）	Ni1—N1
N2	−0.461	[core]2s（1.34）2p（4.12）3p（0.02）	Ni1—N2

续表

原子	电荷/e	电子组态	键
O1	−0.729	[core]2s（1.73）2p（5.01）3p（0.01）	Ni1—O1
O3	−0.729	[core]2s（1.73）2p（5.00）3p（0.01）	Ni1—O3
O5	−0.550	[core]2s（1.61）2p（4.94）3p（0.01）	Ni1—O5
O6	−0.551	[core]2s（1.62）2p（4.94）3p（0.01）	Ni1—O6

表 2-25　钴（Ⅱ）金属配合物 [CoL₁]·2CH₃OH 主要的自然原子电荷分布及电子组态

原子	电荷/e	电子组态	键
Co1	1.112	[core]4s（0.23）3d（7.62）4p（0.02）4d（0.01）5p（0.01）	—
N1	−0.444	[core]2s（1.33）2p（4.09）3p（0.02）	Co1—N1
N2	−0.444	[core]2s（1.33）2p（4.09）3p（0.02）	Co1—N2
O1	−0.764	[core]2s（1.73）2p（5.03）3p（0.01）	Co1—O1
O3	−0.764	[core]2s（1.73）2p（5.03）3p（0.01）	Co1—O3
O5	−0.581	[core]2s（1.62）2p（4.95）3p（0.01）	Co1—O5
O6	−0.581	[core]2s（1.62）2p（4.95）3p（0.01）	Co1—O6

表 2-26　锌（Ⅱ）金属配合物 [ZnL₁]·2CH₃OH 主要的自然原子电荷分布及电子组态

原子	电荷/e	电子组态	键
Zn1	1.695	[core]4s（0.30）3d（9.98）4p（0.02）5p（0.01）	—
N1	−0.567	[core]2s（1.37）2p（4.17）3p（0.02）	Zn1—N1
N2	−0.567	[core]2s（1.37）2p（4.17）3p（0.02）	Zn1—N2
O1	−0.875	[core]2s（1.74）2p（5.13）	Zn1—O1

续表

原子	电荷/e	电子组态	键
O3	-0.875	[core]2s（1.73）2p（5.13）	Zn1—O3
O5	-0.611	[core]2s（1.62）2p（4.98）3p（0.01）	Zn1—O5
O6	-0.611	[core]2s（1.62）2p（4.98）3p（0.01）	Zn1—O6

表2-27 锰（Ⅱ）金属配合物 [MnL$_1$]·2CH$_3$OH 主要的自然原子电荷分布
及电子组态

原子	电荷/e	电子组态	键
Mn1	0.930 77	[core]4s（0.22）3d（5.80）4p（0.02）4d（0.03）5p（0.01）	—
N1	-0.422 91	[core]2s（1.71）2p（4.98）3p（0.01）	Mn1—N1
N2	-0.421 74	[core]2s（1.71）2p（4.98）3p（0.01）	Mn1—N2
O1	-0.695 14	[core]2s（1.61）2p（4.94）3p（0.01）	Mn1—O1
O3	-0.694 63	[core]2s（1.61）2p（4.94）3p（0.01）	Mn1—O3
O5	-0.555 67	[core]2s（1.33）2p（4.08）3p（0.01）	Mn1—O5
O6	-0.555 45	[core]2s（1.33）2p（4.08）3p（0.01）	Mn1—O6

以镍（Ⅱ）金属配合物 [NiL$_1$]·2CH$_3$OH 为例，中心离子 Ni（Ⅱ）、配位 N 原子及 O 原子的电子组态分别为 $4s^{0.29}3d^{8.63}$、$2s^{1.34}2p^{4.12}$ 和 $2s^{1.61\sim1.73}2p^{4.94\sim5.01}$。因此，中心离子 Ni（Ⅱ）与配位 N 原子及 O 原子发生配位作用主要集中在 3d 及 4s 轨道。两个配位 N 原子通过 2s 及 2p 轨道与中心离子 Ni（Ⅱ）形成配位键。四个配位 O 原子向中心离子 Ni（Ⅱ）提供 2s 及 2p 轨道上的电子。因此，中心离子 Ni（Ⅱ）可以从配体中的配位 N 原子及 O 原子获得电子，中心离子 Ni（Ⅱ）的净电荷为 +1.053 13 e，配位 N 原子及 O 原子所带电荷为 -0.474 53 e、-0.474 16 e 及 -0.742 24 e、

−0.742 86 e、−0.557 23 e、−0.557 37 e。根据价键理论，配位 N 原子及 O 原子和中心离子 Ni（Ⅱ）之间存在明显的共价相互作用。由于配位键作用的存在，中心离子 Ni（Ⅱ）是吸电子的，使得配位 N 原子及 O 原子周围的电子云密度变大，因此配位原子外层 2p 轨道中的电子数量会略微增加。而羧基氧原子 O1 及 O3 所带电荷有所升高，这是因为羧基氧原子上积聚着负电荷，与带正电荷的中心离子 Ni（Ⅱ）配位后，电子流向中心离子 Ni（Ⅱ），从而羧基 O 原子 O1 及 O3 的电荷升高。

2.3.3 配合物前线分子轨道能量与组成

从分子轨道理论的角度出发，分子前线轨道（frontier molecular orbital）的轨道能量及组成情况对物质的稳定性及化学性质影响较大。笔者使用 Gaussian 03 量子化学计算程序，对 BMFPE 缩 L- 苯丙氨酸席夫碱镍（Ⅱ）、钴（Ⅱ）、锌（Ⅱ）及锰（Ⅱ）金属配合物（[NiL$_1$]·2CH$_3$OH、[CoL$_1$]·2CH$_3$OH、[ZnL$_1$]·2CH$_3$OH、[MnL$_1$]·2CH$_3$OH）的分子结构进行优化，计算所得的前线分子轨道及附近分子轨道的能量和主要成分在轨道中的组成数据见表 2-28 至表 2-31 所列，前线分子轨道分布情况如图 2-27 至图 2-30 所示。

表 2-28　镍（Ⅱ）金属配合物 [NiL$_1$]·2CH$_3$OH 的部分前线轨道能量和组成

轨道		HOMO-1	HOMO	LUMO	LUMO+1
能量 /a.u.		−0.209	−0.208	−0.064	−0.056
组成 /%	Ni（1）	48.83	70.37	4.81	2.30
	N（1）	0.07	1.74	11.41	12.11
	N（2）	0.06	1.74	11.64	11.87
	O（1）	15.69	4.57	0.47	0.09

续表

轨道		HOMO-1	HOMO	LUMO	LUMO+1
组成 /%	O（2）	7.77	2.08	0.33	0.20
	O（3）	16.02	4.22	0.47	0.09
	O（4）	8.45	1.38	0.33	0.20
	O（5）	0.34	1.66	0.60	0.65
	O（6）	0.21	1.85	0.58	0.66
	O（7）	0.29	0.20	0.12	0.17
	O（8）	0.24	0.26	0.11	0.17

表 2-29　钴（Ⅱ）金属配合物 [CoL$_1$]·2CH$_3$OH 的部分前线轨道能量和组成

轨道		HOMO-1	HOMO	LUMO	LUMO+1
能量 /a.u.		−0.193	−0.179	−0.075	−0.065
组成 /%	Co（1）	48.50	37.14	7.61	2.62
	N（1）	0.01	0.15	10.62	11.40
	N（2）	0.01	0.15	10.64	11.37
	O（1）	14.57	19.24	0.11	0.09
	O（2）	10.13	8.42	0.08	0.09
	O（3）	14.56	19.26	0.11	0.09
	O（4）	10.13	8.42	0.08	0.09
	O（5）	0.46	1.61	0.25	0.38
	O（6）	0.46	1.61	0.25	0.38
	O（7）	—	0.05	0.04	0.11
	O（8）	—	0.05	0.04	0.11

表 2-30　锌（Ⅱ）金属配合物 [ZnL₁]·2CH₃OH 的部分前线轨道能量和组成

轨道		HOMO-1	HOMO	LUMO	LUMO+1
能量 /a.u.		-0.202	-0.201	-0.070	-0.069
组成 /%	Zn（1）	0.73	0.61	0.52	0.47
	N（1）	0.35	0.90	11.72	11.55
	N（2）	0.38	0.87	11.35	11.91
	O（1）	3.45	3.20	0.22	0.09
	O（2）	36.04	36.51	0.31	0.14
	O（3）	3.64	3.01	0.22	0.09
	O（4）	38.35	31.17	0.31	0.15
	O（5）	0.02	0.02	0.23	0.43
	O（6）	0.02	0.02	0.24	0.43

表 2-31　锰（Ⅱ）金属配合物 [MnL₁]·2CH₃OH 的部分前线轨道能量和组成

轨道		HOMO-1	HOMO	LUMO	LUMO+1
能量 /a.u.		-0.187	-0.186	-0.067	-0.057
组成 /%	Mn（1）	74.16	68.90	0.52	5.63
	N（1）	0.11	0.31	11.72	10.25
	N（2）	0.06	0.33	11.35	11.03
	O（1）	5.12	2.25	12.29	8.16
	O（2）	4.99	1.22	4.85	5.59
	O（3）	4.61	2.89	6.40	5.87
	O（4）	4.37	1.76	7.58	7.43
	O（5）	0.13	1.55	11.37	8.90

续表

轨道		HOMO−1	HOMO	LUMO	LUMO+1
组成 /%	O（6）	0.25	1.51	4.51	6.60
	C（2）	1.27	4.56	5.93	6.36
	C（11）	1.37	4.50	7.01	8.08

以镍（Ⅱ）金属配合物 [NiL₁]·2CH₃OH 为例，由表 2-28 可知，该配合物分子的总能量为 -2 272.365 a.u.。相应的 HOMO-1、HOMO、LUMO、LUMO+1 轨道能量分别为 -0.209、-0.208、-0.064、-0.056 a.u.，HOMO 轨道与 LUMO 轨道之间的能隙差为 0.144 a.u.。分子总能量、HOMO 轨道、LUMO 轨道及其邻近的分子轨道的能量都为负值，说明该镍（Ⅱ）金属配合物 [NiL₁]·2CH₃OH 具有较好的稳定性。

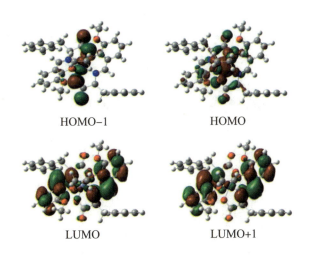

HOMO−1　　　　　　HOMO

LUMO　　　　　　LUMO+1

图 2-27　镍（Ⅱ）金属配合物 [NiL₁]·2CH₃OH 的前线轨道分布

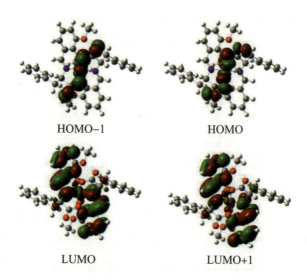

HOMO−1 HOMO

LUMO LUMO+1

图 2-28 钴（Ⅱ）金属配合物 [CoL₁]·2CH₃OH 的前线轨道分布

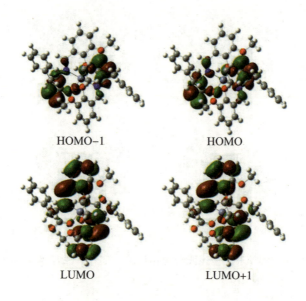

HOMO−1 HOMO

LUMO LUMO+1

图 2-29 锌（Ⅱ）金属配合物 [ZnL₁]·2CH₃OH 的前线轨道分布

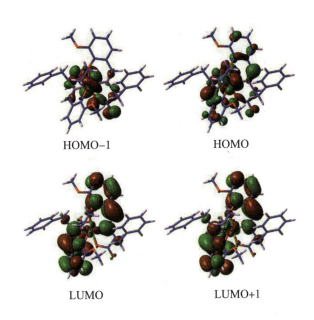

HOMO-1

HOMO

LUMO

LUMO+1

图2-30　锰（Ⅱ）金属配合物 [MnL₁]·2CH₃OH 的前线轨道分布

以镍（Ⅱ）金属配合物 $[NiL_1]\cdot 2CH_3OH$ 为例，由图2-27可知，该金属配合物分子的HOMO及HOMO-1轨道主要定域在中心离子 $Ni(Ⅱ)$、配合物分子结构中的配位O原子（O1、O3、O5、O6）及羰基氧原子（O2、O4）上。LUMO及LUMO+1轨道主要定域在金属配合物分子中的亚氨基（—CH═N—）基团及甲氧基所在的两个苯环上。

2.3.4　配合物静电势

分子静电势（molecular electrostatic potential）与电子密度之间有着密切的关系，在理解药物设计、亲电亲核反应活性位点、生物识别过程、分子间氢键作用及底物-生物酶相互作用等方面具有重要的作用[187-188]。以优化的BMFPE缩 L-苯丙氨酸席夫碱镍（Ⅱ）、钴（Ⅱ）、锌（Ⅱ）及锰（Ⅱ）金属配合物（$[NiL_1]\cdot 2CH_3OH$、$[CoL_1]\cdot 2CH_3OH$、$[ZnL_1]\cdot 2CH_3OH$、$[MnL_1]\cdot 2CH_3OH$）结构为基础，通过计算得到的分子静电势如图2-31、图2-32（b）、图2-33及图2-34（b）所示，静电势区间分布图[189-190] 如图 2-35 所示。同时钴（Ⅱ）、锰（Ⅱ）金属配合物分子（[CoL₁] · 2CH₃OH、[MnL₁] · 2CH₃OH）的自旋密度分布情况如图 2-32（a）及图 2-34（a）所示。

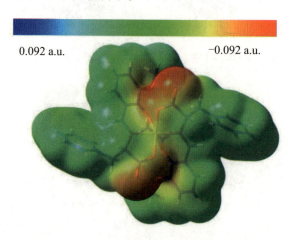

图 2-31　镍（Ⅱ）金属配合物 [NiL₁] · 2CH₃OH 静电势的电子密度

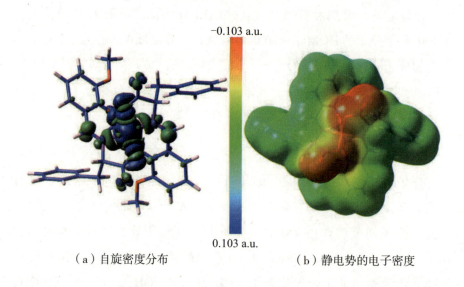

（a）自旋密度分布　　　　　　　　（b）静电势的电子密度

图 2-32　钴（Ⅱ）金属配合物 [CoL₁] · 2CH₃OH 的自旋密度分布及静电势的电子密度

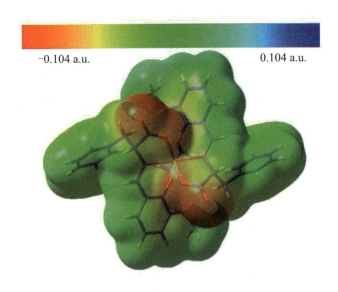

图 2-33　锌（Ⅱ）金属配合物 [ZnL₁]·2CH₃OH 静电势的电子密度

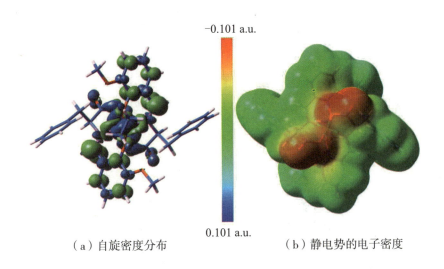

（a）自旋密度分布　　　　　　　　（b）静电势的电子密度

图 2-34　锰（Ⅱ）金属配合物 [MnL₁]·2CH₃OH 的自旋密度分布及静电势的电子密度

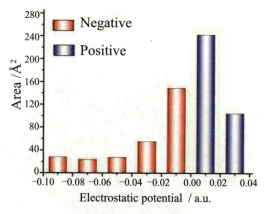

(a) [NiL₁]·2CH₃OH

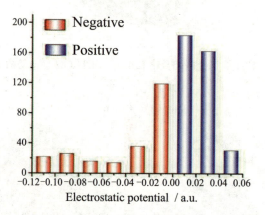

(b) [CoL₁]·2CH₃OH

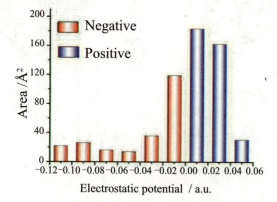

(c) [ZnL₁]·2CH₃OH

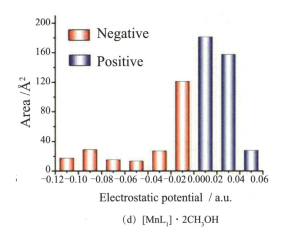

(d) [MnL₁]·2CH₃OH

图 2-35　镍（Ⅱ）、钴（Ⅱ）、锌（Ⅱ）及锰（Ⅱ）金属配合物的静电势区间分布图

　　从图 2-31、图 2-32（b）、图 2-33 及图 2-34（b）可知，上述镍（Ⅱ）、钴（Ⅱ）、锌（Ⅱ）及锰（Ⅱ）金属配合物（[NiL₁]·2CH₃OH、[CoL₁]·2CH₃OH、[ZnL₁]·2CH₃OH、[MnL₁]·2CH₃OH）的分子静电势图上，负静电势区域（红色区域）主要定域在上述四个金属配合物分子中羧基上的 O 原子 O2 及 O4 上。这些 O 原子附近的静电势极值分别为 -0.092、-0.092 a.u.（[NiL₁]·2CH₃OH）；-0.114、-0.114 a.u.（[CoL₁]·2CH₃OH）；-0.113 和 -0.113 a.u.（[ZnL₁]·2CH₃OH）；-0.110、-0.113 a.u.（[MnL₁]·2CH₃OH）。因此，羧基上的 O 原子 O2 及 O4 是上述四个金属配合物分子中易发生亲核反应的活性位点。当上述金属配合物与生物活性受体相互作用时，上述 O 原子可以提供电子，与受体之间形成分子间氢键等作用力。O2、O4 原子周围的静电势为负值，这些羧基 O 原子同样可以与其他分子之间形成氢键或弱相互作用，这与实验结果相一致。其中，镍（Ⅱ）及钴（Ⅱ）金属配合物（[NiL₁]·2CH₃OH、[CoL₁]·2CH₃OH）通过 C—H···O 分子间弱作用力及其他作用力形成其二维面状结构。锌（Ⅱ）及锰（Ⅱ）金属配合物（[ZnL$_1$]·2CH$_3$OH、[MnL$_1$]·2CH$_3$OH）通过 C—H···O 分子间弱作用力、O—H···O 分子间氢键作用力及其他作用力形成其二维面状结构。由图 2-32（a）及 2-34（a）可知，钴（Ⅱ）及锰（Ⅱ）金属配合物（[CoL$_1$]·2CH$_3$OH、[MnL$_1$]·2CH$_3$OH）分子上的未成对电子主要定域于配合物结构中的 M（Ⅱ）N$_2$O$_4$ 区域。

从 图 2-35 可知，上述四种金属配合物（[NiL$_1$]·2CH$_3$OH、[CoL$_1$]·2CH$_3$OH、[ZnL$_1$]·2CH$_3$OH、[MnL$_1$]·2CH$_3$OH）分子不同静电势区间内的表面积分布相对不均匀。负静电势区域呈分散式分布，主要分布在 5 至 6 个区间内，负静电势区域面积分别为 283.138 Å^2（[NiL$_1$]·2CH$_3$OH）、230.870 Å^2（[CoL$_1$]·2CH$_3$OH）、233.111 Å^2（[ZnL$_1$]·2CH$_3$OH）和 224.342 Å^2（[MnL$_1$]·2CH$_3$OH），所占百分比分别 为 44.95%（[NiL$_1$]·2CH$_3$OH）、38.45%（[CoL$_1$]·2CH$_3$OH）、38.24%（[ZnL$_1$]·2CH$_3$OH）和 37.95%（[MnL$_1$]·2CH$_3$OH）。正静电势区域呈集中式分布，主要分布在 2 至 3 个区间内，正静电势区域面积分别为 346.729 Å^2（[NiL$_1$]·2CH$_3$OH）、369.517 Å^2（[CoL$_1$]·2CH$_3$OH）、376.546 Å^2（[ZnL$_1$]·2CH$_3$OH）和 366.827 Å^2（[MnL$_1$]·2CH$_3$OH），所占百分比分别 为 55.05%（[NiL$_1$]·2CH$_3$OH）、61.55%（[CoL$_1$]·2CH$_3$OH）、61.76%（[ZnL$_1$]·2CH$_3$OH）和 62.05%（[MnL$_1$]·2CH$_3$OH）。通过对比发现，上述四种金属配合物的分子正负静电势区域的总面积占比相对比较平均。

2.4　本章小结

（1）设计合成了 BMFPE 缩 L-苯丙氨酸席夫碱镍（Ⅱ）、钴（Ⅱ）、锌（Ⅱ）、锰（Ⅱ）、铜（Ⅱ）及镉（Ⅱ）金属配合物，同时培养得到镍（Ⅱ）、钴（Ⅱ）、锌（Ⅱ）及锰（Ⅱ）四种金属配合物的晶体。采用多种分析表征方法对上述合成得到的六种金属配合物进行表征，上述六种金属配合物的分子组成分别为 [Ni（C$_{36}$H$_{34}$N$_2$O$_8$）]·2CH$_3$OH、[Co（C$_{36}$H$_{34}$N$_2$O$_8$）]·2CH$_3$OH、[Zn（C$_{36}$H$_{34}$N$_2$O$_8$）]·2CH$_3$OH、

[Mn（$C_{36}H_{34}N_2O_8$）]·$2CH_3OH$、[Cu（$C_{36}H_{34}N_2O_8$）]·$2CH_3OH$ 及
[Cd（$C_{36}H_{34}N_2O_8$）]·$2CH_3OH$。X 射线单晶衍射分析表明，中心
Ni（Ⅱ）、Co（Ⅱ）、Zn（Ⅱ）、Mn（Ⅱ）离子是都是六配位的，分别
与配体（K_2L_1）分子中的两个醚基 O 原子（O5、O6）、两个羧基 O 原子
（O1、O3）以及两个亚氨基（—CH=N—）N 原子（N1、N2）进行配位，
形成了 N_2O_4 型变形八面体构型。赤道面被 O1、O3、O5 及 O6 四个 O
原子占据，而轴向被 N1 和 N2 两个 N 原子所占据。配位后金属离子 M
（Ⅱ）周围形成了 3 个五元环及 2 个六元环。通过对比配位键的键长表明，
四种金属配合物羧基上的 O 原子（O1、O3）与中心离子 M（Ⅱ）的配位
能力强于醚基上的 O 原子（O5、O6）与中心离子 M（Ⅱ）的配位能力。

（2）研究了配体（K_2L_1）、锌（Ⅱ）及镉（Ⅱ）金属配合物
（[ZnL_1]·$2CH_3OH$、[CdL_1]·$2CH_3OH$）的荧光性能。结果表明，与配体
相比，锌（Ⅱ）金属配合物的荧光性能明显增强，镉（Ⅱ）金属配合物
的荧光性能有所减弱。

（3）采用密度泛函理论（DFT）B3LYP 计算方法，以 BMFPE 缩 L-
苯丙氨酸席夫碱镍（Ⅱ）、钴（Ⅱ）及锰（Ⅱ）金属配合物的晶体结构
为基础，对三种金属配合物的结构进行优化，在该水平下计算得到的金
属配合物的优化结构与实验晶体结构可以较好地叠合，表明计算模型具
有较好的稳定性。同时计算了镍（Ⅱ）、钴（Ⅱ）、锌（Ⅱ）及锰（Ⅱ）
金属配合物（[NiL_1]·$2CH_3OH$、[CoL_1]·$2CH_3OH$、[ZnL_1]·$2CH_3OH$、
[MnL_1]·$2CH_3OH$）主要原子的自然电荷分布及电子组态、前线轨道能量
与组成、静电势及区间分布和自旋密度。计算结果表明，上述四种金属
配合物分子具有较好的稳定性，同时金属配合物分子上存在着容易发生
亲核反应的活性位点（O_2、O_4），同时，该活性位点容易与生物活性受
体或其他分子之间形成氢键或弱相互作用。钴（Ⅱ）及锰（Ⅱ）金属配
合物（[CoL_1]·$2CH_3OH$、[MnL_1]·$2CH_3OH$）分子上的未成对电子主要
定域于配合物结构中的 M（Ⅱ）N_2O_4 区域。

第3章 1,2-双（2-甲氧基-6-甲酰基苯氧基）乙烷（BMFPE）缩L-丝氨酸席夫碱金属配合物的合成、表征及量子化学计算

本章选取 BMFPE 为醛类化合物，使其与两分子的去质子化的 L-丝氨酸（L-serine）缩合反应得到席夫碱配体 [K_2（$C_{24}H_{26}N_2O_{10}$），K_2L_2]，然后利用该配体 K_2L_2 分别与过渡金属的二价羧酸盐 [Ni（Ⅱ）、Co（Ⅱ）、Zn（Ⅱ）、Mn（Ⅱ）、Cu（Ⅱ）、Cd（Ⅱ）] 进行配位反应，得到了一系列的新型 BMFPE 缩 L-丝氨酸席夫碱系列金属配合物，并通过液液扩散法培养得到了镍（Ⅱ）、钴（Ⅱ）两种金属配合物的晶体。利用元素分析、IR、UV-Vis、TG-DTG 及 XRD 测试方法对合成得到的金属配合物进行结构表征，推测其可能的化学结构。上述六种金属配合物的分子组成分别为 [Ni（$C_{24}H_{26}N_2O_{10}$）]、[Co（$C_{24}H_{26}N_2O_{10}$）]、[Zn（$C_{24}H_{26}N_2O_{10}$）]·CH_3OH、[Mn（$C_{24}H_{26}N_2O_{10}$）]·CH_3OH、[Cu（$C_{24}H_{26}N_2O_{10}$）]·CH_3OH，以及 [Cd（$C_{24}H_{26}N_2O_{10}$）]·CH_3OH。对配体 K_2L_2、锌（Ⅱ）及镉（Ⅱ）金属配合物（[ZnL_2]·CH_3OH、[CdL_2]·CH_3OH）的荧光性能进行了研究。运用密度泛函理论，以镍（Ⅱ）及钴（Ⅱ）金属配合物的晶体学结构为基础，采用 B3LYP 计算方法 6-31G 及

LANL2DZ 混合基组对其进行了几何优化及相关的量子化学计算，研究了其自然原子电荷分布（NPA）及电子组态、前线分子轨道（FMO）能量与组成、分子静电势（MEP）及区间分布情况和自旋密度等。对上述金属配合物的化学结构及理论计算研究将会为下一步的性质研究提供一定的理论支撑。

3.1　实验

3.1.1　化学试剂

实验所需化学试剂见表 3-1 所列。

表 3-1　化学试剂

名称	纯度	生产厂家
邻香草醛	AR	百灵威科技有限公司
1,2- 二溴乙烷	AR	阿拉丁试剂公司
K_2CO_3	AR	国药集团化学试剂有限公司
KOH	AR	国药集团化学试剂有限公司
KBr	SP	阿拉丁试剂公司
N,N- 二甲基甲酰胺	AR	国药集团化学试剂有限公司
无水甲醇	AR	国药集团化学试剂有限公司
L- 丝氨酸	BR	阿拉丁试剂公司
$Ni（CH_3COO）_2 \cdot 4H_2O$	AR	国药集团化学试剂有限公司

续表

名称	纯度	生产厂家
Co（CH₃COO）₂·4H₂O	AR	国药集团化学试剂有限公司
Zn（CH₃COO）₂·2H₂O	AR	国药集团化学试剂有限公司
Mn（CH₃COO）₂·4H₂O	AR	国药集团化学试剂有限公司
Cu（CH₃COO）₂·H₂O	AR	国药集团化学试剂有限公司
Cd（CH₃COO）₂·2H₂O	AR	国药集团化学试剂有限公司

3.1.2 主要仪器及型号

实验所需主要仪器及型号见表 3-2 所列。

表 3-2 主要仪器及型号

仪器	型号
元素分析仪	Perkin Elmer 2400 型元素分析仪
红外光谱仪	Nicolet 170SX 红外光谱仪
紫外-可见分光光度计	Shimadzu UV 2550 双光束紫外可见光分光光度计
热重分析仪	Perkin-Elmer TGA-7 热重分析仪
荧光光谱仪	F-4600（日本）荧光光谱仪
X 射线单晶衍射仪	Bruker Smart-1000 CCD 型 X 射线单晶衍射仪
高斯 03 计算服务器	英特尔奔腾Ⅳ计算机（Intel Core 2 Duo）

3.1.3 BMFPE 缩 L-丝氨酸席夫碱金属配合物的合成

称取 0.210 g（2 mmol）L-丝氨酸（$C_3H_7NO_3$）和等物质的量的氢氧

化钾（KOH）（0.112 g, 2 mmol）于 100 mL 单口圆底烧瓶中，加入 25 mL
无水甲醇。加热到 50℃，磁力搅拌 2 h，L- 丝氨酸完全溶解，体系呈
无色透明均一溶液。然后缓慢地逐滴向圆底烧瓶中加入含有 0.330 g
（1 mmol）BMFPE 的 25 mL 无水甲醇溶液，控制反应温度为 50℃，加
热回流 6 h，得到配体 [K_2（$C_{24}H_{26}N_2O_{10}$），K_2L_2] 的浅黄色透明溶液。反
应方程式为

将分别溶有 1 mmol 的过渡金属的二价羧酸盐 Ni——（CH_3COO）$_2$
·$4H_2O$（　约 0.248 g）、Co（CH_3COO）$_2$·$4H_2O$（　约 0.249 g）、
Zn（CH_3COO）$_2$·$2H_2O$（约 0.220 g）、Mn（CH_3COO）$_2$·$4H_2O$（约 0.244 g）、
Cu（CH_3COO）$_2$·H_2O（　约 0.199 g）、Cd（CH_3COO）$_2$·$2H_2O$
（约 0.266 g）的 15 mL 无水甲醇溶液，缓慢地滴加到各自对
应的含有席夫碱配体（K_2L_2）的甲醇溶液中，磁力搅拌回流
6 h，同时控制反应的温度为 50℃。反应结束后冷却至室温得到配合物
的甲醇溶液，过滤除去杂质。把滤液转入新的圆口烧瓶，减压蒸馏，得
到各个金属配合物（[NiL_2]、[CoL_2]、[ZnL_2]·CH_3OH、[MnL_2]·CH_3OH、
[CuL_2]·CH_3OH、[CdL_2]·CH_3OH）的固体粉末。用蒸馏水洗涤数次，真
空干燥保存。

分别称取 15 mg 上述金属配合物粉末，并溶于 2 mL 无水甲醇中，
静置 2 h，过滤除去杂质。选用无水甲醇（良性溶剂）- 无水乙醚（不良
溶剂）溶剂体系，利用液液扩散法，大约经过 3 天的时间，在密封的螺
口试管缓冲层附近的玻璃壁及试管底部分别得到了形状较好的镍（Ⅱ）

金属配合物 [NiL$_2$] 晶体（绿色，块状）、钴（Ⅱ）金属配合物 [CoL$_2$] 晶体（红色，块状）。

3.2 结果与讨论

3.2.1 元素分析

对所合成的镍（Ⅱ）、钴（Ⅱ）、锌（Ⅱ）、锰（Ⅱ）、铜（Ⅱ）及镉（Ⅱ）金属配合物（[NiL$_2$]、[CoL$_2$]、[ZnL$_2$]·CH$_3$OH、[MnL$_2$]·CH$_3$OH、[CuL$_2$]·CH$_3$OH、[CdL$_2$]·CH$_3$OH）中的 C、H、N 的含量通过元素分析仪（型号：Perkin Elmer 2400）进行测量，各元素的百分含量见表 3-3 所列。通过比较该表中的数据可得，所合成的金属配合物分子中的 C、H、N 的百分含量的实测值与理论计算值都较为接近。

表 3-3　配合物的元素分析数据

单位：%

配合物	C	H	N
[NiL$_2$]	51.37	4.67	4.99
	（51.40）	（4.60）	（4.95）
[CoL$_2$]	51.34	4.66	4.99
	（51.42）	（4.55）	（4.85）
[ZnL$_2$]·CH$_3$OH	50.05	5.04	4.67
	（50.21）	（4.87）	（4.71）
[MnL$_2$]·CH$_3$OH	50.94	5.13	4.75
	（50.83）	（5.36）	（4.82）
[CuL$_2$]·CH$_3$OH	50.21	5.06	4.68
	（50.10）	（5.21）	（4.52）

续表

配合物	C	H	N
[CdL₂]·CH₃OH	46.41	4.67	4.33
	（46.27）	（5.01）	（4.08）

注：表中括号内的数据为实测值。

3.2.2　红外光谱分析

使用 KBr 压片法，BMFPE 缩 L-丝氨酸镍（Ⅱ）、钴（Ⅱ）、锌（Ⅱ）、锰（Ⅱ）、铜（Ⅱ）、镉（Ⅱ）金属配合物（[NiL₂]、[CoL₂]、[ZnL₂]·CH₃OH、[MnL₂]·CH₃OH、[CuL₂]·CH₃OH、[CdL₂]·CH₃OH）的红外光谱（图 3-1 至图 3-6）由红外光谱仪（型号：Nicolet 170SX）在 4 000 ～ 400 cm⁻¹ 摄谱得到。其中，金属配合物红外谱图中重要的吸收峰数据见表 3-4 所列。

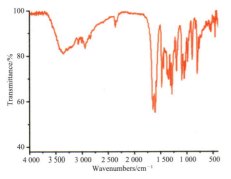

图 3-1　配合物 [NiL₂] 的红外光谱　　图 3-2　配合物 [CoL₂] 的红外光谱

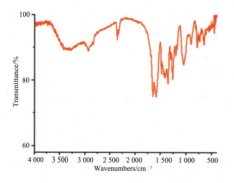

图 3-3　配合物 [ZnL₂]·CH₃OH 的红外光谱　　图 3-4　配合物 [MnL₂]·CH₃OH 的红外光谱

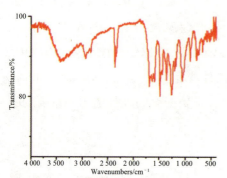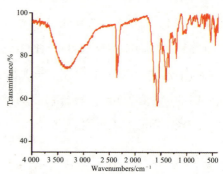

图 3-5　配合物 [CuL₂]·CH₃OH 的红外光谱　　图 3-6　配合物 [CdL₂]·CH₃OH 的红外光谱

表 3-4　配合物的主要红外光谱数据

单位：cm⁻¹

配合物	$v_{C=N}$	$v_{as(COO-)}$	$v_{s(COO-)}$	v_{AR-O}	v_{M-N}	v_{M-O}
[NiL₂]	1 646	1 579	1 372	1 195	558	457
[CoL₂]	1 641	1 578	1 349	1 205	557	454
[ZnL₂]·CH₃OH	1 651	1 581	1 353	1 210	559	453
[MnL₂]·CH₃OH	1 639	1 579	1 367	1 212	558	454
[CuL₂]·CH₃OH	1 642	1 586	1 359	1 207	562	455
[CdL₂]·CH₃OH	1 640	1 582	1 357	1 208	561	457

上述镍（Ⅱ）、钴（Ⅱ）、锌（Ⅱ）、锰（Ⅱ）、铜（Ⅱ）及镉
（Ⅱ）金属配合物（[NiL$_2$]、[CoL$_2$]、[ZnL$_2$]·CH$_3$OH、[MnL$_2$]·CH$_3$OH、
[CuL$_2$]·CH$_3$OH、[CdL$_2$]·CH$_3$OH）的红外吸收光谱分别在 1 646、1
641、1 651、1 639、1 642 及 1 640 cm^{-1} 处均有一个比较强的特征吸收峰，
这些峰均归属于亚氨基（—CH=N—）基团的伸缩振动吸收峰。对比上
述六种金属配合物分子结构中羧基（—COO—）的反对称伸缩振动吸收
峰（1 578 ~ 1 586 cm^{-1}）及对称伸缩振动吸收峰（1 349 ~ 1 372 cm^{-1}），
均有 $\Delta v = v_{as(coo—)} - v_{s(coo—)} > 200$ cm^{-1}，表明结构中的羧基（—COO—）
O 原子以单齿形式与金属离子 M（Ⅱ）配位。上述六种金属配合物在
1 195 ~ 1 212 cm^{-1} 位置处均有一个比较强的特征吸收峰，该峰可归属为芳香
醚基（Ph—O—C$\Big\langle$）上碳氧键伸缩振动吸收峰。558、557、559、558、562、
561 cm^{-1} 及 457、454、453、454、455、457 cm^{-1} 处的吸收峰可分别归属于 N—
M（Ⅱ）配位键的振动峰（v_{M-N}）及 O—M（Ⅱ）配位键的振动峰（v_{M-O}）。

3.2.3　紫外光谱分析

室温下，使用双光束紫外 - 可见分光光度计（Shimadzu UV 2550）
测定配体（K$_2$L$_2$，甲醇母液）及其各种金属配合物甲醇溶液的紫外可见吸
收光谱，测试所得谱图如图 3-7 所示，其主要吸收峰数据见表 3-5 所列。

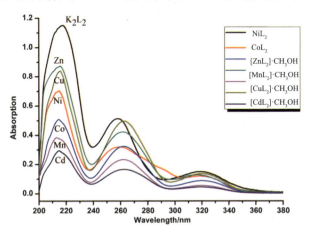

图 3-7　配体及金属配合物的紫外光谱图

表 3-5 配体及配合物的紫外光谱数据

单位：nm

配体及配合物	第一谱带 λ_{max1}	第二谱带 λ_{max2}
K_2L_2	217	260
$[NiL_2]$	215	263
$[CoL_2]$	216	262
$[ZnL_2] \cdot CH_3OH$	216	263
$[MnL_2] \cdot CH_3OH$	215	262
$[CuL_2] \cdot CH_3OH$	216	263
$[CdL_2] \cdot CH_3OH$	216	264

由图 3-7 可知，席夫碱配体（K_2L_2）在 200 ~ 380 nm 区域内有两个比较强的吸收峰（λ_{max1}、λ_{max2}）。其中，第一个最大吸收峰 $\lambda_{max1} = 217$ nm，归属为配体（K_2L_2）分子结构中苯环的 $\pi-\pi^*$ 跃迁；第二个最大吸收峰 $\lambda_{max2} = 260$ nm，归属为配体（K_2L_2）分子结构中亚氨基（—CH=N—）中 N 原子的孤对电子的 $n-\pi^*$ 跃迁。对比配体（K_2L_2）及各种金属配合物（$[NiL_2]$、$[CoL_2]$、$[ZnL_2] \cdot CH_3OH$、$[MnL_2] \cdot CH_3OH$、$[CuL_2] \cdot CH_3OH$、$[CdL_2] \cdot CH_3OH$）的紫外吸收光谱数据发现，金属配合物的吸收峰 λ_{max1} 及 λ_{max2} 的位置相比较配体（K_2L_2）的吸收峰 λ_{max1} 及 λ_{max2} 的位置均发生了一定程度的红移。这是因为金属配合物分子结构中亚氨基（—CH=N—）中的 N 原子与金属离子 M（Ⅱ）之间的配位作用（M—N），导致分子的电子离域程度变大，进而使 ΔE_{gap} 降低。

3.2.4 热重分析

使用 Perkin-Elmer TGA-7 型热重分析仪，在氮气气氛，25 ~ 800 ℃ 温度范围及升温速率为 10 ℃·min^{-1} 的条件下，扫描了镍（Ⅱ）金属配合物 $[NiL_2]$ 的 TG-DTG 曲线，如图 3-8 所示。

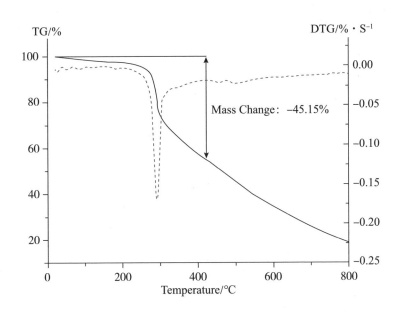

图 3-8　镍（Ⅱ）金属配合物 [NiL$_2$] 的 TG-DTG 曲线

由图 3-8 可知，镍（Ⅱ）金属配合物 [NiL$_2$] 的热分解并不是分步
进行的。TG 曲线显示，在 25 ～ 200 ℃的热分解温度区间内，配合物
分子几乎没有重量的损失，表明分子中不带游离的溶剂分子，该实验结
果与理论分析相一致。在 200 ～ 423 ℃的热分解温度区间内，失重率
为 45.15%，该质量损失可归属为部分配体的逐渐分解，基本上与一半配
体分子的理论失重率（44.77%）相符。423 ～ 800 ℃温度区间为持续的
失重过程，残重率为 19.04%，这一数值高于残余物为 NiO 时的理论值
（13.31%）。这可能是由于在 N$_2$ 氛围中，配合物 [NiL$_2$] 在 800 ℃以内分
解不完全，同时其含有较高碳量，从而产生了积碳效应。

3.2.5　X 射线单晶衍射分析

分别选取 0.25 mm × 0.14 mm × 0.12 mm(绿色，块状)、0.28 mm ×
0.15 mm × 0.12 mm（红色，块状）尺寸的 BMFPE 缩 L- 丝氨酸席夫碱
镍（Ⅱ）及钴（Ⅱ）金属配合物（[NiL$_2$]、[CoL$_2$]）的单晶固定于 X- 射

线单晶衍射仪（Bruker Smart-1000 CCDC 型）的针头上，使用第 2 章 2.2.6 小节的方法，对上述两种金属配合物的单晶结构进行解析及精修。

由于上述两种金属配合物（$[NiL_2]$、$[CoL_2]$）均合成于同一个配件——BMFPE 缩 L- 丝氨酸，因此它们在分子组成、配位模式及空间结构等方面上有着相似性。下面以镍（Ⅱ）金属配合物 $[NiL_2]$ 为例，着重分析它的晶体数据、配位模式及空间结构。对于钴（Ⅱ）金属配合物 $[CoL_2]$，只展示它的分子晶体结构图，并列出其相关晶体学数据。镍（Ⅱ）及钴（Ⅱ）金属配合物（$[NiL_2]$、$[CoL_2]$）的分子晶体结构图、配位模式图及二维空间结构图均使用 Diamond 3.2K 软件根据各个金属配合物的 CIF 文件绘制所得。

1. 镍（Ⅱ）金属配合物 $[NiL_2]$ 的晶体结构分析

镍金属配合物 $[NiL_2]$ 的晶体学数据见表 3-6 至表 3-10 所列。

表 3-6 镍（Ⅱ）金属配合物 $[NiL_2]$ 的晶体学数据和结构修正参数

参数	值
化学式	$C_{24}H_{26}N_2O_{10}Ni$
相对分子质量	561.18
温度 / K	270
波长 / Å	0.710 73
晶系	四方晶系
空间群	$P4_32_12$
a / Å	8.322（2）
b / Å	8.322（2）
c / Å	35.178（9）
α /（°）	90

续表

参数	值
β /（°）	90
γ /（°）	90
体积 / Å³	2 436.0（14）
Z	4
计算密度 /（g · cm⁻³）	1.530
吸收系数 / mm⁻¹	0.858
F（000）	1 168
晶体尺寸 / mm	0.25 × 0.14 × 0.12
θ 数据采集范围 /（°）	2.316 ～ 25.497
极限因子	$-9 \leqslant h \leqslant 10$
	$-10 \leqslant k \leqslant 9$
	$-15 \leqslant l \leqslant 42$
收集的衍射点 / 独立点	7 202 / 2 256 [R_{int} = 0.044 0]
完整度 θ = 25.497	0.996
最大传输率 / 最小传输率	0.745 6 / 0.666 5
数据 / 约束 / 参数	2 256 / 178 / 178
F^2 拟合度	1.166
R_1^a, wR_2^b [$I > 2\sigma$（I）]	R_1 = 0.051 9, wR_2 = 0.123 1
R_1^a, wR_2^b（所有衍射点）	R_1 = 0.055 2, wR_2 = 0.124 4
电子密度峰值和最大洞值 /（e. Å³）	0.323 ，-0.589

注：$w = 1/[\sigma^2（F_0^2）+（0.028\ 3P）^2 + 5.140\ 7P]$, with $P =（F_0^2 + 2F_c^2）/3$。

上述晶体结构解析数据表明，镍（Ⅱ）金属配合物 [NiL$_2$] 属于四方晶系，空间群为 P4$_3$2$_1$2，晶胞参数 a = 8.322（2）Å，b = 8.322（2）Å，c = 35.178（9）Å，$\alpha = \gamma = \beta = 90°$，$V$ = 2 436.0（14）Å^3，ρ_{calcd} = 1.530 g/cm^3，F（000）= 1 168。最终偏差因子 R_1 = 0.051 9，wR_2 = 0.123 1[对 $I > 2\sigma(I)$ 的衍射点] 和 R_1 = 0.055 2，wR_2 = 0.124 4（对所有衍射点）。

表 3-7　镍（Ⅱ）金属配合物 [NiL$_2$] 的键长

单位：Å

键	键长	键	键长
Ni1—O2	2.139（4）	C8—H8	0.94
Ni1—O2^i	2.139（4）	C5—H5A	0.94
Ni1—O3	2.001（4）	C5—C4	1.365（9）
Ni1—O3^i	2.001（4）	C9—H9	0.99
Ni1—N1^i	1.994（4）	C9—C11	1.523（9）
Ni1—N1	1.994（4）	C9—C10	1.539（9）
O2—C7	1.390（6）	C12—C12^i	1.491（11）
O2—C12	1.469（6）	C12—H12A	0.98
O1—C2	1.354（8）	C12—H12B	0.98
O1—C1	1.428（8）	O4—C10	1.360（17）
O3—C10	1.245（8）	C3—H3	0.94
N1—C8	1.262（7）	C3—C4	1.384（10）
N1—C9	1.467（8）	C4—H4	0.94
O5—H5	0.83	C11—H11A	0.98
O5—C11	1.411（8）	C11—H11B	0.98
C7—C2	1.388（8）	C10—O4A	1.270（9）

续表

键	键长	键	键长
C7—C6	1.399（9）	C1—H1A	0.97
C2—C3	1.413（8）	C1—H1B	0.97
C6—C8	1.471（8）	C1—H1C	0.97
C6—C5	1.409（8）	C8^i—NI^i	1.264

表 3-8　镍（Ⅱ）金属配合物 [NiL$_2$] 的键角

单位：（°）

键	键角	键	键角
O2—Ni1—O2^i	78.9（2）	C4—C5—C6	120.3（6）
O3^i—Ni1—O2^i	165.41（18）	C4—C5—H5A	119.9
O3—Ni1—O2^i	92.79（18）	N1—C9—H9	109.6
O3—Ni1—O2	165.41（18）	N1—C9—C11	109.7（5）
O3^i—Ni1—O2	92.79（18）	N1—C9—C10	108.9（5）
O3^i—Ni1—O3	97.6（3）	C11—C9—H9	109.6
N1^i—Ni1—O2^i	85.59（17）	C11—C9—C10	109.3（5）
N1—Ni1—O2	85.59（17）	C10—C9—H9	109.6
N1—Ni1—O2^i	97.38（19）	O2—C12—C12^i	107.7（4）
N1^i—Ni1—O2	97.38（19）	O2—C12—H12A	110.2
N1^i—Ni1—O3	93.9（2）	O2—C12—H12B	110.2
N1—Ni1—O3	83.56（19）	C12^i—C12—H12A	110.2
N1—Ni1—O3^i	93.9（2）	C12^i—C12—H12B	110.2
N1^i—Ni1—O3^i	83.56（19）	H12A—C12—H12B	108.5
N1—Ni1—N1^i	176.2（3）	C2—C3—H3	120.2

续表

键	键角	键	键角
C7—O2—Ni1	117.9（3）	C4—C3—C2	119.6（7）
C7—O2—C12	110.3（4）	C4—C3—H3	120.2
C12—O2—Ni1	110.1（3）	C5—C4—C3	121.6（6）
C2—O1—C1	117.7（5）	C5—C4—H4	119.2
C10—O3—Ni1	114.6（4）	C3—C4—H4	119.2
C8—N1—Ni1	128.3（4）	O5—C11—C9	111.6（5）
C8—N1—C9	119.4（5）	O5—C11—H11A	109.3
C9—N1—Ni1	111.4（4）	O5—C11—H11B	109.3
C11—O5—H5	109.5	C9—C11—H11A	109.3
O2—C7—C6	121.4（5）	C9—C11—H11B	109.3
C2—C7—O2	116.6（6）	H11A—C11—H11B	108.0
C2—C7—C6	122.0（5）	O3—C10—C9	119.0（6）
O1—C2—C7	117.1（5）	O3—C10—O4	123.4（11）
O1—C2—C3	124.3（6）	O3—C10—O4A	123.8（7）
C7—C2—C3	118.5（6）	O4—C10—C9	108.6（11）
C7—C6—C8	124.3（5）	O4A—C10—C9	116.4（7）
C7—C6—C5	118.0（6）	O1—C1—H1A	109.5
C5—C6—C8	117.7（6）	O1—C1—H1B	109.5
N1—C8—C6	124.4（5）	O1—C1—H1C	109.5
N1—C8—H8	117.8	H1A—C1—H1B	109.5
C6—C8—H8	117.8	H1A—C1—H1C	109.5
C6—C5—H5A	119.8	H1B—C1—H1C	109.5

表 3-9　镍（Ⅱ）金属配合物 [NiL₂] 的扭转角

单位：（°）

键	扭转角	键	扭转角
Ni1—O2—C7—C2	141.5（4）	C7—C6—C5—C4	0.4（9）
Ni1—O2—C7—C6	−39.5（7）	C2—C7—C6—C8	−175.7（6）
Ni1—O2—C12—C12ⁱ	−42.2（6）	C2—C7—C6—C5	1.2（9）
Ni1—O3—C10—C9	9.3（9）	C2—C3—C4—C5	0.7（11）
Ni1—O3—C10—O4	152.6（12）	C6—C7—C2—O1	179.8（5）
Ni1—O3—C10—O4A	−160.1（8）	C6—C7—C2—C3	−1.8（9）
Ni1—N1—C8—C6	8.9（9）	C6—C5—C4—C3	−1.3（11）
Ni1—N1—C9—C11	−103.7（5）	C8—N1—C9—C11	86.4（7）
Ni1—N1—C9—C10	16.0（6）	C8—N1—C9—C10	−153.8（6）
O2—C7—C2—O1	−1.2（8）	C8—C6—C5—C4	177.5（6）
O2—C7—C2—C3	177.2（5）	C5—C6—C8—N1	−163.0（6）
O2—C7—C6—C8	5.3（9）	C9—N1—C8—C6	176.8（6）
O2—C7—C6—C5	−177.8（5）	C12—O2—C7—C2	−90.9（6）
O1—C2—C3—C4	179.2（6）	C12—O2—C7—C6	88.1（6）
N1—C9—C11—O5	−69.9（7）	C11—C9—C10—O3	102.9（8）
N1—C9—C10—O3	−17.2（9）	C11—C9—C10—O4	−45.4（12）
N1—C9—C10—O4	−165.4（11）	C11—C9—C10—O4A	−87.0（9）
N1—C9—C10—O4A	153.0（8）	C10—C9—C11—O5	170.5（6）
C7—O2—C12—C12ⁱ	−174.0（6）	C1—O1—C2—C7	−171.1（6）
C7—C2—C3—C4	0.9（10）	C1—O1—C2—C3	10.6（10）
C7—C6—C8—N1	13.9（10）	—	—

表 3-10 镍（Ⅱ）金属配合物 [NiL₂] 的分子间氢键

D—H···A	d（D—H）/Å	d（H···A）/Å	d（D···A）/Å	∠DHA/（°）	对称代码
O5—H5···O4	0.83	2.19	2.908（11）	145	y, −1+x, 1−z

镍（Ⅱ）金属配合物 [NiL₂] 的分子晶体结构如图 3-9 所示。晶体数据表明，中心镍离子（Ⅱ）是六配位的，分别与配体（K₂L₂）分子中的两个醚基 O 原子（O2、O2ⁱ）、两个羧基 O 原子（O3、O3ⁱ）以及两个亚氨基（—CH＝N—）N 原子（N1、N1ⁱ）进行配位，形成 N₂O₄ 型八面体构型的中性单核镍（Ⅱ）配合物。赤道面被 O2、O3、O2ⁱ 及 O3ⁱ 四个 O 原子占据，并且该面上所有原子离开最小二乘平面的平均标准偏差 σ_P＝0.202 5，而轴向被 N1 和 N1ⁱ 两个 N 原子所占据。O2—Ni1—O3 的键角为 165.41°，O2ⁱ—Ni1—O3ⁱ 的键角为 165.41°，并且 N1—Ni1—N1ⁱ 的键角为 176.2°（十分接近 180°），而 N1—Ni1—O2（85.59°）、N1—Ni1—O3（83.56°）、N1—Ni1—O2ⁱ（97.38°）及 N1—Ni1—O3ⁱ（93.9°）的键角均不等于 90°，表明镍（Ⅱ）金属配合物 [NiL₂] 的配位模式为扭曲八面体构型（图 3-10）。其中，Ni—O（2.001、2.001、2.139、−2.139 Å）、Ni—N（1.994、1.994 Å）、C8—N1（1.262 Å）和 C8ⁱ—N1ⁱ（1.264 Å）键的键长与前文提到的镍（Ⅱ）金属配合物对应键的键长相似。同时，配位后镍离子（Ⅱ）周围形成了 3 个五元环及 2 个六元环。其中，羧基 O 原子所在的两个五元环分别定义为 A 环与 B 环，两个五元环上的原子离开最小二乘平面的平均标准偏差分别为 σ_P＝0.072 8、0.072 5，两个面之间的二面角为 81.777°（图 3-11）。其中，中心镍离子（Ⅱ）与羧基 O 原子 O3 及 O3ⁱ 形成的两个 Ni—O 配位键的键长（Ni1—O3, 2.001 Å；Ni1—O3ⁱ, 2.001Å）明显短于镍离子（Ⅱ）与醚基 O 原子 O2 及 O2ⁱ 形成的另

外两个 Ni—O 配位键的键长（Ni1—O2, 2.139 Å；Ni1—O2^i, 2.139 Å），
这间接说明了羧基上的两个 O 原子（O3、O3^i）与中心镍离子（Ⅱ）的
配位能力要强于醚基上的两个 O 原子（O2、O2^i）与中心镍离子 Ni（Ⅱ）
的配位能力。该结论与第 2 章的镍（Ⅱ）金属配合物 [NiL$_1$]·2CH$_3$OH 的
结构分析相吻合。该 Ni（Ⅱ）金属配合物 [NiL$_2$] 通过 O5—H5…O4 分子
间氢键作用（黄色虚线键，2.19 Å，对称代码：y, −1+x, 1−z）形成其二维
面状结构（图 3-12）。

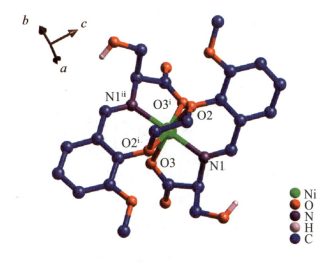

图 3-9　镍（Ⅱ）金属配合物 [NiL$_2$] 的分子晶体结构（除了羟基上的氢原子外，所有
的氢原子均已略去）

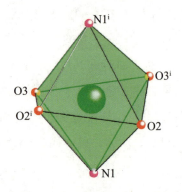

图 3-10　镍（Ⅱ）金属配合物 [NiL$_2$] 的扭曲八面体配位构型

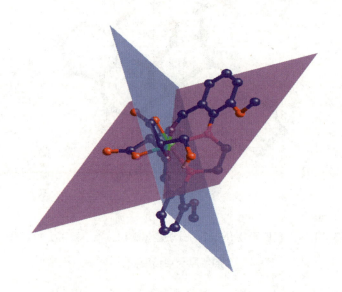

图 3-11　镍（Ⅱ）金属配合物 [NiL$_2$] 中五元环 A 与 B 平面示意图

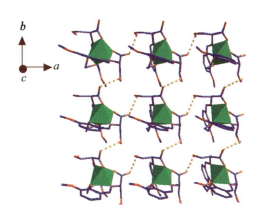

图 3-12　镍（Ⅱ）金属配合物 [NiL₂] 的二维面状结构

2. 钴（Ⅱ）金属配合物 [CoL₂] 的晶体结构分析

BMFPE 缩 L- 丝氨酸席夫碱钴（Ⅱ）金属配合物 [CoL₂] 的部分晶体
数据见表 3-11 至表 3-14 所列，该配合物的分子结构及二维网状结构图
如图 3-13 至图 3-14 所示。

表 3-11　钴（Ⅱ）金属配合物 [CoL₂] 的晶体学数据和结构修正参数

参数	值
化学式	$C_{24}H_{26}N_2O_{10}Co$
相对分子质量	561.40
温度 / K	173
波长 / Å	0.710 73
晶系	四方晶系
空间群	$P4_32_12$
a / Å	8.404 2（12）
b / Å	8.404 2（12）

续表

参数	值
c / Å	34.942（8）
α /（°）	90
β /（°）	90
γ /（°）	90
体积 / Å³	2 468.0（9）
Z	4
计算密度 /（g·cm⁻³）	1.511
吸收系数 / mm⁻¹	0.756
F（000）	1 164
晶体尺寸 / mm	0.28 × 0.15 × 0.12
θ 数据采集范围 /（°）	2.331~ 26.372
极限因子	$-10 \leqslant h \leqslant 8$
极限因子	$-9 \leqslant k \leqslant 10$
	$-43 \leqslant l \leqslant 41$
收集的衍射点 / 独立点	9 645 / 2 531 [R_{int} = 0.065 1]
完整度 θ = 26.372	0.997
最大传输率 / 最小传输率	0.745 4 / 0.662 1
数据 / 约束 / 参数	2 531 / 0 / 170
F^2 拟合度	1.039

续表

参数	值
R_1^a, wR_2^b [$I > 2\sigma(I)$]	$R_1 = 0.056\ 9$, $wR_2 = 0.138\ 8$
R_1^a, wR_2^b（所有衍射点）	$R_1 = 0.080\ 1$, $wR_2 = 0.153\ 2$
电子密度峰值和最大洞值 /（e. Å³）	0.575，−0.529

注：$w = 1/[\sigma^2(F_0^2) + (0.073\ 2P)^2 + 1.288\ 4P]$, with $P = (F_0^2 + 2F_C^2)/3$。

表 3-12　钴（Ⅱ）金属配合物 [CoL₂] 的键长

单位：Å

键	键长	键	键长
Co1—O2^i	2.183（4）	C2—C7	1.384（9）
Co1—O2	2.183（4）	C3—H3	0.95
Co1—O3^i	1.989（5）	C3—C4	1.354（11）
Co1—O3	1.989（5）	C4—H4	0.95
Co1—N1	2.051（5）	C4—C5	1.395（11）
Co1—N1^i	2.051（5）	C5—H5A	0.95
O1—C6	1.374（8）	C5—C6	1.373（9）
O1—C9	1.420（8）	C6—C7	1.408（9）
O2—C7	1.398（6）	C8—C8^i	1.497（10）
O2—C8	1.457（7）	C8—H8A	0.99
O3—C10	1.264（9）	C8—H8B	0.99
O4—C10	1.245（9）	C9—H9A	0.98

续表

键	键长	键	键长
O5—H5	0.84	C9—H9B	0.98
O5—C12	1.416（9）	C9—H9C	0.98
N1—C1	1.281（7）	C10—C11	1.544（10）
N1—C11	1.432（8）	C11—H11	1
C1—H1	0.95	C11—C12	1.514（11）
C1—C2	1.444（9）	C12—H12A	0.99
C2—C3	1.408（7）	C12—H12B	0.99

表 3-13　钴（Ⅱ）金属配合物 [CoL₂] 的键角

单位：（°）

键	键角	键	键角
O2—Co1—O2^i	75.67（19）	C4—C5—H5A	120.3
O3—Co1—O2^i	92.2（2）	C6—C5—C4	119.5（7）
O3^i—Co1—O2^i	159.90（19）	C6—C5—H5A	120.3
O3—Co1—O2	159.90（19）	O1—C6—C7	115.7（5）
O3^i—Co1—O2	92.2（2）	C5—C6—O1	125.3（7）
O3—Co1—O3^i	103.6（3）	C5—C6—C7	119.0（7）
O3—Co1—N1	82.87（19）	O2—C7—C6	116.6（6）
O3^i—Co1—N1^i	82.87（19）	C2—C7—O2	121.7（5）
O3—Co1—N1^i	96.1（2）	C2—C7—C6	121.6（5）
O3^i—Co1—N1	96.1（2）	O2—C8—C8^i	107.2（4）

续表

键	键角	键	键角
N1i—Co1—O2	98.15（19）	O2—C8—H8A	110.3
N1—Co1—O2	83.10（17）	O2—C8—H8B	110.3
N1i—Co1—O2i	83.10（17）	C8i—C8—H8A	110.3
N1—Co1—O2i	98.15（19）	C8i—C8—H8B	110.3
N1—Co1—N1i	178.4（3）	H8A—C8—H8B	108.5
C6—O1—C9	117.4（5）	O1—C9—H9A	109.5
C7—O2—Co1	117.6（3）	O1—C9—H9B	109.5
C7—O2—C8	110.9（4）	O1—C9—H9C	109.5
C8—O2—Co1	112.7（3）	H9A—C9—H9B	109.5
C10—O3—Co1	114.3（4）	H9A—C9—H9C	109.5
C12—O5—H5	109.5	H9B—C9—H9C	109.5
C1—N1—Co1	128.3（5）	O3—C10—C11	118.5（7）
C1—N1—C11	119.4（5）	O4—C10—O3	124.2（8）
C11—N1—Co1	111.3（4）	O4—C10—C11	117.4（7）
N1—C1—H1	117.8	N1—C11—C10	109.3（6）
N1—C1—C2	124.4（6）	N1—C11—H11	110.2
C2—C1—H1	117.8	N1—C11—C12	109.0（6）
C3—C2—C1	117.2（6）	C10—C11—H11	110.2
C7—C2—C1	124.9（5）	C12—C11—C10	107.7（6）
C7—C2—C3	117.8（6）	C12—C11—H11	110.2

续表

键	键角	键	键角
C2—C3—H3	119.7	O5—C12—C11	111.3（5）
C4—C3—C2	120.5（7）	O5—C12—H12A	109.4
C4—C3—H3	119.7	O5—C12—H12B	109.4
C3—C4—H4	119.2	C11—C12—H12A	109.4
C3—C4—C5	121.6（6）	C11—C12—H12B	109.4
C5—C4—H4	119.2	H12A—C12—H12B	108

表 3-14　钴（Ⅱ）金属配合物 [CoL₂] 的氢键

D–H⋯A	d（D—H）/Å	d（H⋯A）/Å	d（D⋯A）/Å	∠DHA /（°）	对称代码
O5—H5⋯O4	0.84	2.16	2.963（12）	159	1+y, x, 1–z

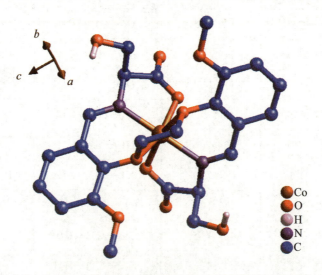

图 3-13　钴（Ⅱ）金属配合物 [CoL₂] 的分子结构（除了羟基上的氢原子外，所有的

氢原子均已略去）

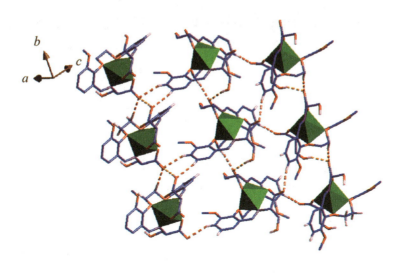

图 3-14　钴（Ⅱ）金属配合物 [CoL₂] 的二维面状结构

　　晶体解析数据表明，与镍（Ⅱ）金属配合物 [NiL₂] 相类似，钴
（Ⅱ）金属配合物 [CoL₂] 也同属四方晶系，空间群为 $P4_32_12$。中心钴
（Ⅱ）离子也同样是六配位的，分别与配体（K₂L₂）分子中的两个醚基
O 原子、两个羧基 O 原子以及两个亚氨基（—CH＝N—）N 原子进行
配位，形成 N_2O_4 型变形八面体构型的中性单核 Co（Ⅱ）金属配合物。
钴（Ⅱ）金属配合物 [CoL₂] 分子中的配位环境赤道面被四个配位 O 原
子占据，并且该面上所有 O 原子离开最小二乘平面的平均标准偏差为
$\sigma_P = 0.276\,7$，而轴向被两个配位 N 原子所占据。经对比发现，镍（Ⅱ）
金属配合物 [NiL₂] 分子中的配位环境赤道面 σ_P 值（$\sigma_P = 0.202\,5$）比钴
（Ⅱ）金属配合物 [CoL₂] 分子中的配位环境赤道面 σ_P 值要小，说明镍
（Ⅱ）金属配合物 [NiL₂] 分子中的配位环境赤道面上的四个 O 原子共面
性较好。同时，上述钴（Ⅱ）金属配合物 [CoL₂] 羧基上的 O 原子与中心
Co（Ⅱ）离子的配位能力也是强于醚基上的 O 原子与中心 Co（Ⅱ）离
子的配位能力。

　　由图 3-14 可知，钴（Ⅱ）金属配合物 [CoL₂] 分子之间通过 C4—H4…O5

分子间作用力（红色虚线键，2.468 Å）、C5—H5A···O4 分子间作用力（红色虚线键，2.550 Å）、C8—H8B···O4 分子间作用力（红色虚线键，2.198 Å）及 O5—H5···O4 分子间氢键作用力（黄色虚线键，2.163 Å）形成其二维面状结构。

3.2.6　配合物 $[M（II）L_2] \cdot nCH_3OH$ 可能的结构式

综合以上表征分析，该系列金属配合物 $[M（II）L_2] \cdot nCH_3OH$ 可能的结构式如图 3-15 所示。其中，M = Ni(II)、Co(II)（$n = 0$），Zn(II)、Mn（II）、Cu（II）、Cd（II）（$n =1$）。

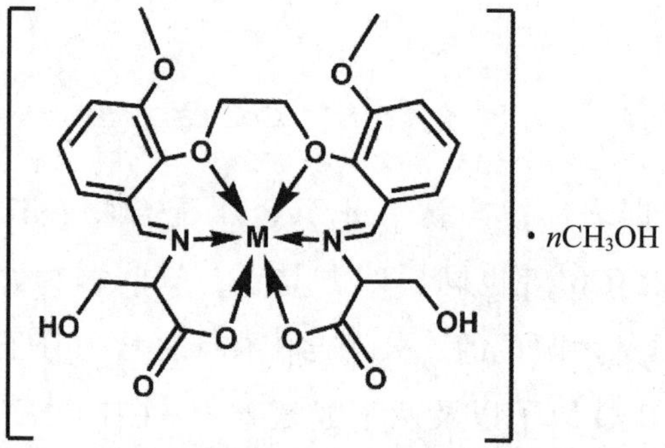

图 3-15　配合物 $[M（II）L_2] \cdot n\,CH_3OH$ 可能的结构式

3.3　金属配合物的量子化学计算研究

3.3.1　配合物的结构优化

以 BMFPE 缩 L-丝氨酸席夫碱镍（II）及钴（II）金属配合物（$[NiL_2]$、$[CoL_2]$）的晶体结构为基础，采用第 2 章 2.3.1 节相同的计算方法对两种金属配合物的结构进行优化。对 Ni 及 Co 原子采用 LANL2DZ 赝势基组，对 C、H、N 及 O 原子采用 6-31G 基组进行结构优化。计算的收敛精度均采用程序内定的默认值。

　　计算结果均满足了默认的收敛标准，说明通过计算优化得到的金属
配合物（[NiL₂]、[CoL₂]）的结构都是稳定的。对上述两种配合物的晶
体结构 [图 3-16（a）] 进行了叠合。经 3.2.5 小节的单晶分析结果表明，
上述两种金属配合物拥有相似的空间结构与配位环境，因此，两种金属
配合物的晶体结构可以非常好地叠合在一起。同时分别对镍（Ⅱ）金属
配合物 [NiL₂] 的晶体结构（绿色）与 DFT 优化结构（红色）及钴（Ⅱ）
金属配合物 [CoL₂] 的晶体结构（绿色）与 DFT 优化结构（红色）进行
了叠合（图 3-17）。由该图可知，在该水平下计算得到的金属配合物的
优化结构（红色）与实验晶体结构（绿色）可以较好地吻合。此外，两
种金属配合物的 DFT 优化结构 [图 3-16（b）] 也可以较好地吻合，间接
证明了金属配合物结构优化的稳定性。

　　以镍（Ⅱ）金属配合物 [NiL₂] 的优化结构（图 3-18）为例，列出了
其优化后的键长、键角数据（表 3-15 和表 3-16）。结合表 3-7 和表 3-8，
镍（Ⅱ）金属配合物 [NiL₂] 在上述计算水平下的优化结果与晶体实际测
试结果比较吻合。其中，Ni1—O2 及 Ni1—O2ⁱ 的优化结构的键长比实测
键长略长，这是因为在晶体场的作用下，分子键长会略微变短所导致的。

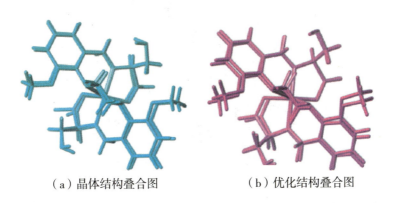

（a）晶体结构叠合图　　　　　　　（b）优化结构叠合图

图 3-16　镍（Ⅱ）及钴（Ⅱ）金属配合物（[NiL₂]、[CoL₂]）的叠合图

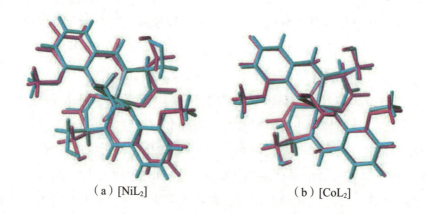

（a）[NiL₂]   （b）[CoL₂]

图 3-17　镍（Ⅱ）及钴（Ⅱ）金属配合物的晶体结构（绿色）与优化结构（红色）

的叠合图

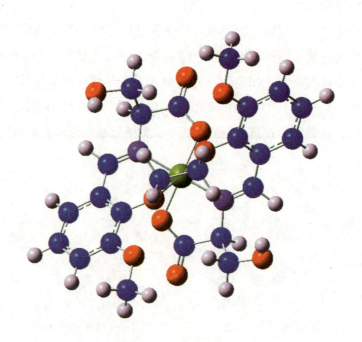

图 3-18　镍（Ⅱ）金属配合物 [NiL₂] 的优化分子模型

表 3-15　镍（Ⅱ）金属配合物 [NiL₂] 主要键长的理论值和实测值

单位：Å

键	键长	
	理论值	实测值
Ni1—O2ⁱ	2.657	2.139（4）
Ni1—O2	2.658	2.139（4）
Ni1—O3ⁱ	1.890	2.001（4）
Ni1—O3	1.889	2.001（4）
Ni1—N1ⁱ	1.909	1.994（5）
Ni1—N1	1.908	1.994（5）
N1ⁱ—C8ⁱ	1.300	1.264（7）
N1—C8	1.300	1.264（7）

表 3-16　镍（Ⅱ）金属配合物 [NiL₂] 主要键角的理论值和实测值

单位：(°)

键	键角	
	理论值	实测值
N1ⁱ—Ni1—O2ⁱ	85.58	85.59（17）
N1—Ni1—O2	85.58	85.59（17）
N1—Ni1—O2ⁱ	97.38	97.38（19）
N1ⁱ—Ni1—O2	97.38	97.38（19）
N1ⁱ—Ni1—O3	93.91	93.9（2）
N1—Ni1—O3	83.57	83.56（19）
N1—Ni1—O3ⁱ	93.91	93.9（2）
N1ⁱ—Ni1—O3ⁱ	83.57	83.56（19）
N1—Ni1—N1ⁱ	176.19	176.2（3）

3.3.2 金属离子及配位原子的自然电荷分布及电子组态

BMFPE 缩 L- 丝氨酸席夫碱镍（Ⅱ）、钴（Ⅱ）金属配合物（[NiL$_2$]、[CoL$_2$]）主要的原子自然电荷分布情况及电子组态见表 3-17 和表 3-18。

表 3-17 镍（Ⅱ）金属配合物 [NiL$_2$] 主要的原子自然电荷分布及电子组态

原子	电荷/e	电子组态	键
Ni1	1.042	[core]4s（0.29）3d（8.64）4p（0.01）5p（0.02）	—
O2	−0.558	[core]2s（1.62）2p（4.93）3p（0.01）	Ni1—O2
O3	−0.747	[core]2s（1.73）2p（5.01）3p（0.01）	Ni1—O3
O2^i	−0.559	[core]2s（1.62）2p（4.93）3p（0.01）	Ni1—O2^i
O3^i	−0.748	[core]2s（1.73）2p（5.01）3p（0.01）	Ni1—O3^i
N1	−0.468	[core]2s（1.34）2p（4.11）3p（0.02）	Ni1—N1
N1^i	−0.467	[core]2s（1.34）2p（4.11）3p（0.02）	Ni1—N1^i

表 3-18 钴（Ⅱ）金属配合物 [CoL$_2$] 主要的原子自然电荷分布及电子组态

原子	电荷/e	电子组态	键
Co1	1.100	4s（0.24）3d（7.36）4p（0.02）5p（0.01）	—
O2	−0.583	2s（1.62）2p（4.96）3p（0.01）	Co1—O2
O3	−0.768	2s（1.73）2p（5.03）3p（0.01）	Co1—O3
O2^i	−0.583	2s（1.62）2p（4.96）3p（0.01）	Co1—O2^i
O3^i	−0.768	2s（1.73）2p（5.03）3p（0.01）	Co1—O3^i

续表

原子	电荷/e	电子组态	键
N1	−0.460	2s（1.34）2p（4.11）3p（0.02）	Co1—N1
N1^i	−0.460	2s（1.34）2p（4.11）3p（0.02）	Co1—N1^i

　　以镍（Ⅱ）金属配合物 [NiL$_2$] 为例，中心离子 Ni（Ⅱ）、配位 N 原
子及 O 原子的电子组态分别为 $4s^{0.29}3d^{8.64}$、$2s^{1.34}2p^{4.11}$ 和 $2s^{1.62~1.73}2p^{4.93~5.01}$。
因此，中心离子 Ni（Ⅱ）与配位 N 原子及 O 原子发生配位作用主要集
中在 3d 及 4s 轨道。两个配位 N 原子通过 2s 及 2p 轨道与中心离子 Ni（Ⅱ）
形成配位键。四个配位 O 原子向中心离子 Ni（Ⅱ）提供 2s 及 2p 轨道上
的电子。因此，中心离子 Ni（Ⅱ）可以从配体中的配位 N 原子及 O 原子
获得电子，中心离子 Ni（Ⅱ）的净电荷为 +1.042 e，配位 N 原子及 O 原
子所带电荷为 −0.467 e、−0.468 e 及 −0.748 e、−0.747 e、−0.558 e、−0.559 e。
根据价键理论，配位 N 原子及 O 原子和中心离子 Ni（Ⅱ）之间存在明
显的共价相互作用。由于配位键作用的存在，中心离子 Ni（Ⅱ）是吸电
子的，使得配位 N 原子及 O 原子周围的电子云密度变大，因此配位原子
外层 2p 轨道中的电子数量会略微增加。而羧基氧原子 O3 及 O3^i 所带电
荷有所升高，这是因为羧基氧原子上积聚着负电荷，与带正电荷的中心
离子 Ni（Ⅱ）配位后，电子流向中心离子 Ni（Ⅱ），从而使羧基氧原子
O3 及 O3^i 的电荷升高。

3.3.3　配合物前线分子轨道能量与组成

　　采用第 2 章 2.3.3 小节相同的计算方法，使用 Gaussian 03 量子化学
计算程序，对 BMFPE 缩 L- 丝氨酸席夫碱镍（Ⅱ）及钴（Ⅱ）金属配合
物（[NiL$_2$]、[CoL$_2$]）的分子结构进行优化，计算所得的部分前线分子轨
道的能量和主要成分在轨道中的组成数据见表 3-19 和表 3-20 所列，部
分前线分子轨道分布情况如图 3-19 和图 3-20 所示。

表 3-19　镍（Ⅱ）金属配合物 [NiL₂] 的部分前线轨道能量和组成

轨道		HOMO-1	HOMO	LUMO	LUMO+1
能量 /a.u.		−0.208	−0.206	−0.080	−0.067
组成 /%	Ni1	73.85	48.18	9.09	3.14
	N1	1.51	0.19	10.17	12.10
	N1^i	1.52	0.20	10.79	11.51
	O2	1.67	0.55	4.92	6.65
	O2^i	1.65	0.56	4.81	5.32
	O3	6.12	14.65	14.51	13.65
	O3^i	6.06	14.72	5.22	6.30
	O4	1.75	8.44	4.74	5.04
	O4^i	1.72	8.50	15.35	12.90

表 3-20　钴（Ⅱ）金属配合物 [CoL₂] 的部分前线轨道能量和组成

轨道		HOMO-1	HOMO	LUMO	LUMO+1
能量 /a.u.		−0.201	−0.188	−0.083	−0.072
组成 /%	Co（1）	50.34	36.17	7.29	2.81
	O（2）	0.76	1.48	10.80	11.61
	O（3）	13.96	19.57	10.82	11.60

续表

轨道		HOMO-1	HOMO	LUMO	LUMO+1
组成 /%	O（2）i	0.75	1.48	3.48	4.68
	O（3）i	13.94	19.65	6.28	7.36
	N（1）	0.34	0.15	5.59	5.90
	N（1）i	0.34	0.15	3.48	4.68
	O（4）	9.01	8.63	6.30	7.35
	O（4）i	9.00	8.62	5.60	5.89

　　以镍（Ⅱ）金属配合物 [NiL₂] 为例，由表 3-19 可知，该配合物
分子的总能量为 -1 960.720 a.u.。相应的 HOMO-1、HOMO、LUMO、
LUMO+1 轨道能量分别为 -0.208、-0.206、-0.080、-0.067 a.u.，HOMO
轨道与 LUMO 轨道之间的能隙差为 -0.206、-0.08 a.u.。分子总能量、
HOMO 轨道、LUMO 轨道及其邻近的分子轨道的能量都为负值，说明该
镍（Ⅱ）金属配合物 [NiL₂] 具有较好的稳定性。

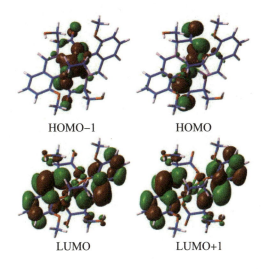

HOMO-1　　　　　HOMO

LUMO　　　　　LUMO+1

图 3-19　镍（Ⅱ）金属配合物 [NiL₂] 的前线轨道分布

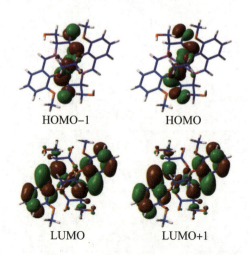

HOMO–1 　　 HOMO

LUMO 　　 LUMO+1

图 3-20　钴（Ⅱ）金属配合物 [CoL₂] 的前线轨道分布

以镍（Ⅱ）金属配合物 [NiL₂] 为例，由图 3-19 可知，该金属配合物分子的 HOMO 及 HOMO-1 轨道主要定域在中心离子 Ni（Ⅱ）、配合物分子结构中的配位 O 原子（O3、O3ⁱ）及羰基氧原子（O4、O4ⁱ）上。LUMO 及 LUMO+1 轨道主要定域在金属配合物分子中的亚氨基（—CH＝N—）基团及甲氧基所在的两个苯环上。

3.3.4　配合物静电势

以优化的 BMFPE 缩 L- 丝氨酸席夫碱镍（Ⅱ）及钴（Ⅱ）金属配合物（[NiL₂]、[CoL₂]）结构为基础，通过计算得到的分子静电势如图 3-21 和图 3-22（b）所示，静电势区间分布图如图 3-23 所示。同时钴（Ⅱ）金属配合物分子 [CoL₂] 的自旋密度分布情况如图 3-22（a）所示。

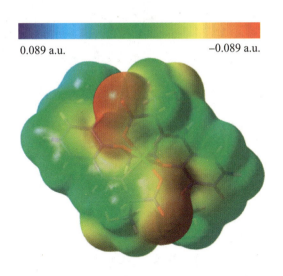

0.089 a.u. 　　　　　　　　 −0.089 a.u.

图 3-21　镍（Ⅱ）金属配合物 [NiL₂] 静电势的电子密度

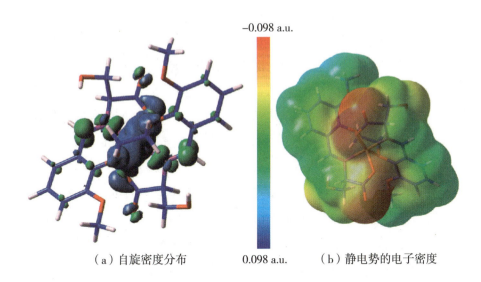

−0.098 a.u.

（a）自旋密度分布　　　0.098 a.u.　　（b）静电势的电子密度

图 3-22　钴（Ⅱ）金属配合物 [CoL₂] 的自旋密度分布及静电势的电子密度

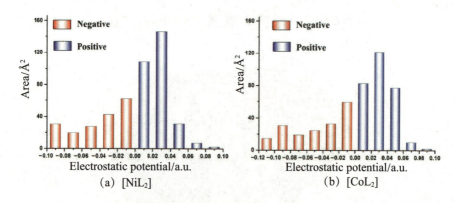

图 3-23　镍（Ⅱ）及钴（Ⅱ）金属配合物的静电势区间分布图

由图 3-21 和图 3-22（b）可知，上述镍（Ⅱ）及钴（Ⅱ）金属配合物（$[NiL_2]$、$[CoL_2]$）分子静电势图上的负静电势区域（红色区域）主要定域在羧基上的 O 原子 O3 及 O3^i 上。这些 O 原子附近的静电势极值分别为 -0.100 和 -0.100 a.u.（$[NiL_2]$），-0.109 a.u. 和 -0.109 a.u.（$[CoL_2]$）。因此，O3、O3^i 原子是上述两个配合物分子中易发生亲核反应的活性位点。当上述金属配合物与生物活性受体相互作用时，上述 O 原子可以提供电子，与受体之间形成分子间氢键等作用力。O3、O3^i 原子周围的静电势为负值，这些羧基 O 原子同样可以与其他分子之间形成氢键或弱相互作用，这与实验结果相一致。其中，镍（Ⅱ）金属配合物 $[NiL_2]$ 通过 O—H⋯O 分子间氢键作用力形成其二维面状结构。钴（Ⅱ）金属配合物 $[CoL_2]$ 通过 C—H⋯O 分子间弱作用力及 O—H⋯O 分子间氢键作用力形成其二维面状结。由图 3-22（a）可知，钴（Ⅱ）金属配合物 $[CoL_2]$ 分子上的未成对电子主要定域于配合物结构中的 Co（Ⅱ）N_2O_4 区域。

由图 3-23 可知，上述两种金属配合物（$[NiL_2]$、$[CoL_2]$）分子不同静电势区间内的表面积分布相对不均匀。负静电势区域呈分散式分布，主要分布在 5 至 6 个区间内，负静电势区域面积分别为 182.222 Å^2（$[NiL_2]$）和 180.341 Å^2（$[CoL_2]$），所占百分比为 38.22%（$[NiL_2]$）和

38.04%（[CoL$_2$]）。正静电势区域呈集中式分布，主要分布在 2 至 3 个
区间内，正静电势区域面积分别为 294.600 Å^2（[NiL$_2$]）和 293.706 Å^2
（[CoL$_2$]），所占百分比为 61.78%（[NiL$_2$]）和 61.96%（[CoL$_2$]）。通过对
比发现，上述两种金属配合物的分子正负静电势区域的总面积占比相对
比较平均。

3.4　本章小结

（1）设计合成了 BMFPE 缩 L- 丝氨酸席夫碱镍（Ⅱ）、钴（Ⅱ）、锌
（Ⅱ）、锰（Ⅱ）、铜（Ⅱ）及镉（Ⅱ）金属配合物，同时培养得到镍（Ⅱ）
及钴（Ⅱ）两种金属配合物的晶体。采用多种分析表征方法对上述合成
得到的六种金属配合物进行表征，上述六种金属配合物的分子组成分别
为 [Ni（C$_{24}$H$_{26}$N$_2$O$_{10}$）]、[Co（C$_{24}$H$_{26}$N$_2$O$_{10}$）]、[Zn（C$_{24}$H$_{26}$N$_2$O$_{10}$）]·CH$_3$OH、
[Mn（C$_{24}$H$_{26}$N$_2$O$_{10}$）]·CH$_3$OH、[Cu（C$_{24}$H$_{26}$N$_2$O$_{10}$）]·CH$_3$OH　及
[Cd（C$_{24}$H$_{26}$N$_2$O$_{10}$）]·CH$_3$OH。X 射线单晶衍射分析表明，中心
Ni（Ⅱ）、Co（Ⅱ）离子是都是六配位的，分别与配体（K$_2$L$_2$）分子中的两
个醚基 O 原子（O2、O2^i）、两个羧基 O 原子（O3、O3^i）以及两个亚氨基
（—CH＝N—）N 原子（N1、N1^i）进行配位，形成了 N$_2$O$_4$ 型变形八面体
构型。赤道面被 O2、O3、O2^i 及 O3^i 四个 O 原子占据，而轴向被 N1 和
N1^i 两个 N 原子所占据。配位后金属离子 M（Ⅱ）周围形成了 3 个五元
环及 2 个六元环。通过对比配位键的键长表明，两种金属配合物羧基上
的 O 原子（O3、O3^i）与中心离子 M（Ⅱ）的配位能力强于醚基上的 O
原子（O2、O2^i）与中心离子 M（Ⅱ）的配位能力。

（2）采用密度泛函理论（DFT）B3LYP 计算方法，以 BMFPE 缩
L- 丝氨酸席夫碱镍（Ⅱ）及钴（Ⅱ）金属配合物（[NiL$_2$]、[CoL$_2$]）的
晶体结构为基础，对两种金属配合物的结构进行优化，在该水平下计算
得到的金属配合物的优化结构与实验晶体结构可以较好地叠合，表明计
算模型具有较好的稳定性。同时计算了镍（Ⅱ）及钴（Ⅱ）金属配合物

（[NiL$_2$]、[CoL$_2$]）主要的原子自然电荷分布及电子组态、前线轨道能量与组成、静电势及区间分布和自旋密度。计算结果表明，上述两种金属配合物分子具有较好的稳定性，同时金属配合物分子上存在着容易发生亲核反应的活性位点（O3、O3^i），同时，该活性位点容易与生物活性受体或其他分子之间形成氢键或弱相互作用。钴（Ⅱ）金属配合物 [CoL$_2$] 分子上的未成对电子主要定域于配合物结构中的 Co（Ⅱ）N$_2$O$_4$ 区域。

第4章 1,2-双（2-甲氧基-6-甲酰基苯氧基）乙烷（BMFPE）缩L-酪氨酸席夫碱金属配合物的合成、表征及量子化学计算

本章选取 BMFPE 为醛类化合物，使其与两分子去质子化的 L-酪氨酸（L-tyrosine）缩合反应得到席夫碱配体 [K$_2$（C$_{36}$H$_{34}$N$_2$O$_{10}$），K$_2$L$_3$]，然后利用该配体 K$_2$L$_3$ 分别与过渡金属的二价羧酸盐 [Ni（Ⅱ）、Co（Ⅱ）、Zn（Ⅱ）、Mn（Ⅱ）、Cu（Ⅱ）、Cd（Ⅱ）] 进行配位反应，得到了一系列的新型 BMFPE 缩 L-酪氨酸席夫碱系列金属配合物，并通过自然挥发法培养得到了铜（Ⅱ）金属配合物晶体，通过液液扩散法培养得到了镍（Ⅱ）、钴（Ⅱ）两种金属配合物的晶体。利用元素分析、IR、UV-Vis、TG-DTG、^{1}H-NMR 及 XRD 多种分析测试方法对合成得到的金属配合物进行结构表征，推测其可能的化学结构。上述六种配合物的分子组成分别为 [Ni（C$_{36}$H$_{34}$N$_2$O$_{10}$）]·2.25CH$_3$OH·0.5C$_4$H$_{10}$O、[Co（C$_{36}$H$_{34}$N$_2$O$_{10}$）]、[Zn（C$_{36}$H$_{34}$N$_2$O$_{10}$）]·2CH$_3$OH、[Mn（C$_{36}$H$_{34}$N$_2$O$_{10}$）]·2CH$_3$OH、[Cu（C$_{36}$H$_{34}$N$_2$O$_{10}$）]·2CH$_3$OH、[Cd（C$_{24}$H$_{26}$N$_2$O$_{10}$）]·2CH$_3$OH。对配体 K$_2$L$_3$、锌（Ⅱ）及镉（Ⅱ）金属配合物（[ZnL$_3$]·2CH$_3$OH、[CdL$_3$]·2CH$_3$OH）的荧光性能进行了研究。运用密度泛函理论，以镍（Ⅱ）、钴（Ⅱ）及

铜（Ⅱ）金属配合物（[NiL$_3$]·2.25CH$_3$OH·0.5C$_4$H$_{10}$O、[CoL$_3$]、[CuL$_3$]·2CH$_3$OH）的晶体学数据为基础，采用 B3LYP 计算方法 6-31G 及 LANL2DZ 混合基组对其进行了几何优化及相关的量子化学计算，研究了其自然原子电荷分布（NPA）及电子组态、前线分子轨道（FMO）能量与组成、分子静电势（MEP）及区间分布情况和自旋密度等。对上述金属配合物的化学结构及理论计算研究将会为下一步的性质研究提供一定的理论支撑。

4.1　实验

4.1.1　化学试剂

实验所需化学试剂见表 4-1 所列。

表 4-1　化学试剂

名称	纯度	生产厂家
邻香草醛	AR	百灵威科技有限公司
1,2- 二溴乙烷	AR	阿拉丁试剂公司
K$_2$CO$_3$	AR	国药集团化学试剂有限公司
KOH	AR	国药集团化学试剂有限公司
KBr	SP	阿拉丁试剂公司
N,N- 二甲基甲酰胺	AR	国药集团化学试剂有限公司
无水甲醇	AR	国药集团化学试剂有限公司
DMSO-d$_6$	GR	百灵威科技有限公司
L- 酪氨酸	BR	阿拉丁试剂公司
Ni（CH$_3$COO）$_2$·4H$_2$O	AR	国药集团化学试剂有限公司
Co（CH$_3$COO）$_2$·4H$_2$O	AR	国药集团化学试剂有限公司
Zn（CH$_3$COO）$_2$·2H$_2$O	AR	国药集团化学试剂有限公司

续表

名称	纯度	生产厂家
Mn（CH$_3$COO）$_2$·4H$_2$O	AR	国药集团化学试剂有限公司
Cu（CH$_3$COO）$_2$·H$_2$O	AR	国药集团化学试剂有限公司
Cd（CH$_3$COO）$_2$·2H$_2$O	AR	国药集团化学试剂有限公司

4.1.2　主要仪器及型号

实验所需主要仪器及型号见表 4-2 所列。

表 4-2　主要仪器及型号

仪器	型号
元素分析仪	Perkin Elmer 2400 型元素分析仪
红外光谱仪	Nicolet 170SX 红外光谱仪
紫外 - 可见分光光度计	Shimadzu UV 2550 双光束紫外可见光分光光度计
核磁共振氢谱仪	Bruker DRX-600 型核磁共振波谱仪
热重分析仪	Perkin-Elmer TGA-7 热重分析仪
荧光光谱仪	F-4600（日本）荧光光谱仪
X 射线单晶衍射仪	Bruker Smart-1000 CCD 型 X 射线单晶衍射仪
高斯 03 计算服务器	英特尔奔腾Ⅳ计算机（Intel Core 2 Duo）

4.1.3　BMFPE 缩 L- 酪氨酸席夫碱金属配合物的合成

称取 0.362 g（2 mmol）L- 酪氨酸（C$_9$H$_{11}$NO$_3$）和等物质的量的氢氧化钾（KOH）（0.112 g, 2 mmol）于 100 mL 单口圆底烧瓶中，加入 25 mL 无水甲醇。加热到 50 ℃，磁力搅拌大约 2 h，L- 酪氨酸完全溶解，体系呈无色透明溶液。然后缓慢地逐滴向圆底烧瓶中加入含有 0.330 g（1 mmol）BMFPE 的 25 mL 无水甲醇溶液，控制反应温度为 50 ℃，加热回流 6 h，得到配体 $[K_2(C_{36}H_{34}N_2O_{10})$，$K_2L_3]$ 的浅黄色透明溶液。反应方程式为

将分别溶有 1 mmol 的过渡金属的二价羧酸盐——Ni(CH$_3$COO)$_2$·4H$_2$O（约 0.248 g）、Co(CH$_3$COO)$_2$·4H$_2$O（约 0.249 g）、Zn(CH$_3$COO)$_2$·2H$_2$O（约 0.220 g）、Mn(CH$_3$COO)$_2$·4H$_2$O（约 0.244 g）、Cu(CH$_3$COO)$_2$·H$_2$O（约 0.199 g）、Cd(CH$_3$COO)$_2$·2H$_2$O（约 0.266 g）的 15 mL 无水甲醇溶液，缓慢地滴加到各自对应的含有席夫碱配体（K$_2$L$_3$）的甲醇溶液中，磁力搅拌回流 6 h，同时控制反应温度为 50 ℃。反应结束后冷却至室温得到配合物的甲醇溶液，过滤除去杂质。

通过自然挥发法，大约经过 5 天时间，得到了蓝色块状的铜（Ⅱ）金属配合物[CuL$_3$]·2CH$_3$OH 晶体。把其余金属配合物的滤液转入新的圆口烧瓶中，减压蒸馏，得到各个金属配合物（[NiL$_3$]·2.25CH$_3$OH·0.5C$_4$H$_{10}$O、[CoL$_3$]、[ZnL$_3$]·2CH$_3$OH、[MnL$_3$]·2CH$_3$OH、[CdL$_3$]·2CH$_3$OH）的固体粉末。用蒸馏水洗涤数次，真空干燥保存。

分别称取上述 6 种金属配合物粉末，并溶于 2 mL 无水甲醇中，静置 2 h，过滤除去杂质。选用无水甲醇（良性溶剂）–无水乙醚（不良溶剂）溶剂体系，利用液液扩散法，大约经过 6 天的时间，在密封的螺口试管缓冲层附近的玻璃壁及试管底部分别得到了形状较好的镍（Ⅱ）金属配合物 [NiL$_3$]·2.25CH$_3$OH·0.5C$_4$H$_{10}$O 晶体（绿色，块状）及钴（Ⅱ）金属配合物 [CoL$_3$] 晶体（红色，块状）。

4.2　结果与讨论

4.2.1　元素分析

对所合成的镍（Ⅱ）、钴（Ⅱ）、锌（Ⅱ）、锰（Ⅱ）、铜（Ⅱ）及镉（Ⅱ）
金属配合物（$[NiL_3] \cdot 2.25CH_3OH \cdot 0.5C_4H_{10}O$、$[CoL_3]$、$[ZnL_3] \cdot 2CH_3OH$、
$[MnL_3] \cdot 2CH_3OH$、$[CuL_3] \cdot 2CH_3OH$、$[CdL_3] \cdot 2CH_3OH$）中的 C、H、N
的含量通过元素分析仪（型号：Perkin Elmer 2400）进行测量，各元素的
百分含量见表 4-3 所列。通过比较该表中的数据可得，所合成的金属配
合物分子中的 C、H、N 百分含量的实测值与理论计算值都较为接近。

表 4-3　金属配合物的元素分析数据

单位：%

配合物	C	H	N
$[NiL_3] \cdot 2.25CH_3OH \cdot 0.5C_4H_{10}O$	58.65	6.02	3.52
	（58.77）	（5.88）	（3.41）
$[CoL_3]$	60.46	4.92	4.03
	（60.59）	（4.80）	（3.93）
$[ZnL_3] \cdot 2CH_3OH$	58.01	5.68	3.63
	（58.20）	（5.40）	（3.57）
$[MnL_3] \cdot 2CH_3OH$	58.76	5.96	3.68
	（58.99）	（5.47）	（3.62）
$[CuL_3] \cdot 2CH_3OH$	58.15	5.69	3.64
	（58.34）	（5.41）	（3.58）

续表

配合物	C	H	N
[CdL$_3$]·2CH$_3$OH	54.62	5.35	3.46
	（54.91）	（5.09）	（3.37）

注：表中括号内的数据为实测值。

4.2.2　红外光谱分析

使用 KBr 压片法，BMFPE 缩 L-酪氨酸镍（Ⅱ）、钴（Ⅱ）、锌（Ⅱ）、锰（Ⅱ）、铜（Ⅱ）、镉（Ⅱ）金属配合物（[NiL$_3$]·2.25CH$_3$OH·0.5C$_4$H$_{10}$O、[CoL$_3$]、[ZnL$_3$]·2CH$_3$OH、[MnL$_3$]·2CH$_3$OH、[CuL$_3$]·2CH$_3$OH、[CdL$_3$]·2CH$_3$OH）的红外光谱（图 4-1 至图 4-6）由红外光谱仪（型号：Nicolet 170SX）在 4 000 ～ 400 cm^{-1} 摄谱得到。其中，金属配合物红外谱图中重要的吸收峰数据见表 4-4 所列。

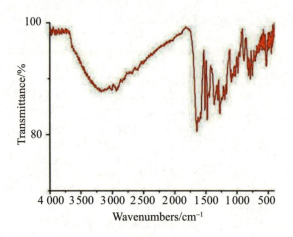

图 4-1　配合物 [NiL$_3$]·2.25CH$_3$OH·0.5C$_4$H$_{10}$O 的红外光谱

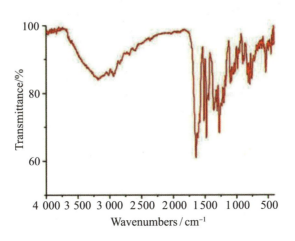

图 4-2　配合物 [CoL₃] 的红外光谱

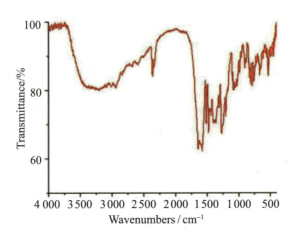

图 4-3　配合物 [ZnL₃]·2CH₃OH 的红外光谱

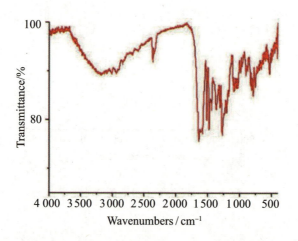

图 4-4　配合物 [MnL₃]·2CH₃OH 的红外光谱

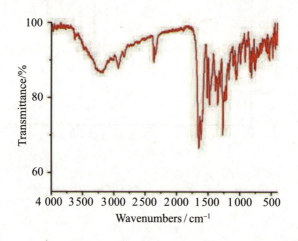

图 4-5　配合物 [CuL₃]·2CH₃OH 的红外光谱

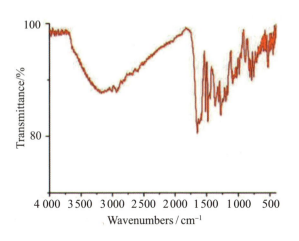

图 4-6　配合物 [CdL₃]·2CH₃OH 的红外光谱

表 4-4　配合物的主要红外光谱数据

单位：cm⁻¹

配合物	$v_{C=N}$	$v_{as(COO^-)}$	$v_{s(COO^-)}$	v_{AR-O}	v_{M-N}	v_{M-O}
[NiL₃]·2.25CH₃OH·0.5C₄H₁₀O	1 647	1 578	1 364	1 197	551	448
[CoL₃]	1 644	1 579	1 362	1 202	557	452
[ZnL₃]·2CH₃OH	1 645	1 580	1 367	1 207	534	456
[MnL₃]·2CH₃OH	1 638	1 577	1 364	1 208	536	453
[CuL₃]·2CH₃OH	1 649	1 581	1 379	1 215	554	459
[CdL₃]·2CH₃OH	1 643	1 579	1 376	1 212	556	458

上述镍（Ⅱ）、钴（Ⅱ）、锌（Ⅱ）、锰（Ⅱ）、铜（Ⅱ）及镉（Ⅱ）
金属配合物（[NiL₃]·2.25CH₃OH·0.5C₄H₁₀O、[CoL₃]、[ZnL₃]·2CH₃OH、
[MnL₃]·2CH₃OH、[CuL₃]·2CH₃OH、[CdL₃]·2CH₃OH）的红外吸收光谱分别

在 1 647、1 644、1 645、1 638、1 649 及 1 643 cm^{-1} 处均有一个比较强的特征吸收峰，这些峰均归属于亚氨基（—CH═N—）基团的伸缩振动吸收峰。对比上述六种金属配合物分子结构中羧基（—COO—）基团的反对称伸缩振动吸收峰（1 577 ~ 1 581 cm^{-1}）及对称伸缩振动吸收峰（1 362 ~ 1379 cm^{-1}），均有 $\Delta v = v_{as(coo-)} - v_{s(coo-)} > 200$ cm^{-1}，表明结构中的羧基（—COO—）O 原子以单齿的形式与金属离子 M（Ⅱ）配位。上述六种金属配合物在 1 197 ~ 1 215 cm^{-1} 位置均有一个比较强的特征吸收峰，该峰可归属为芳香醚基（Ph—O—C〈）上碳氧键伸缩振动吸收峰。551、557、534、536、554、556 及 448、452、456、453、459、458 cm^{-1} 处的吸收峰可分别归属于 N—M（Ⅱ）配位键的振动峰（v_{M-N}）及 O—M（Ⅱ）配位键的振动峰（v_{M-O}）。

4.2.3 紫外光谱分析

室温下，使用双光束紫外 – 可见分光光度计（Shimadzu UV 2550）测定配体（K_2L_3，甲醇母液）及其各种金属配合物甲醇溶液的紫外可见吸收光谱，测试所得谱图如图 4-7 所示，其主要吸收峰数据见表 4-5 所列。

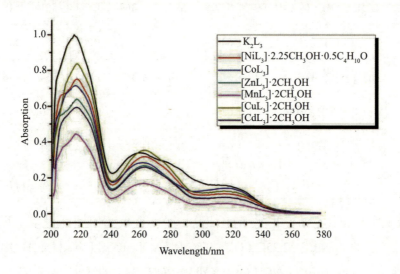

图 4-7　配体及金属配合物的紫外光谱图

表4-5 配体及配合物的紫外光谱数据

单位：nm

配体及配合物	第一谱带λ_{max1}	第二谱带λ_{max2}
K_2L_3	216	260
$[NiL_3] \cdot 2.25CH_3OH \cdot 0.5C_4H_{10}O$	217	263
$[CoL_3]$	216	262
$[ZnL_3] \cdot 2CH_3OH$	217	263
$[MnL_3] \cdot 2CH_3OH$	216	263
$[CuL_3] \cdot 2CH_3OH$	217	263
$[CdL_3] \cdot 2CH_3OH$	217	263

由图4-7可知，席夫碱配体（K_2L_3）在200～380 nm区域内有两个比较强的吸收峰（λ_{max1}、λ_{max2}）。其中，第一个最大吸收峰$\lambda_{max1}=$216 nm，归属为配体（K_2L_3）分子结构中苯环的$\pi-\pi^*$跃迁；第二个最大吸收峰$\lambda_{max2}=260$ nm，归属为配体（K_2L_3）分子结构中亚氨基（—CH＝N—）中N原子上的孤对电子的$n-\pi^*$跃迁。对比配体（K_2L_3）及各种金属配合物（$[NiL_3] \cdot 2.25CH_3OH \cdot 0.5C_4H_{10}O$、$[CoL_3]$、$[ZnL_3] \cdot 2CH_3OH$、$[MnL_3] \cdot 2CH_3OH$、$[CuL_3] \cdot 2CH_3OH$、$[CdL_3] \cdot 2CH_3OH$）的紫外吸收光谱数据发现，金属配合物的吸收峰$\lambda_{max1}$及$\lambda_{max2}$的位置相比较配体（$K_2L_3$）的吸收峰$\lambda_{max1}$及$\lambda_{max2}$的位置均发生了一定程度的红移。这是因为金属配合物分子结构中亚氨基（—CH＝N—）中的N原子与金属离子M（Ⅱ）之间的配位作用（M—N），导致分子的电子离域程度变大（分子共轭程度变大），进而使ΔE_{gap}降低。

4.2.4　核磁共振氢谱分析

采用四甲基硅烷 [TMS, Si（CH₃）₄] 作为标准物，氘代二甲基亚砜（DMSO-d₆，CD₃SOCD₃）为溶剂，使用核磁共振波谱仪（型号：Bruker DRX-600）测定了 BMFPE 缩 L- 酪氨酸席夫碱锌（Ⅱ）金属配合物 [ZnL₃]·2CH₃OH 的核磁共振氢谱，其谱图如图 4-8 所示。

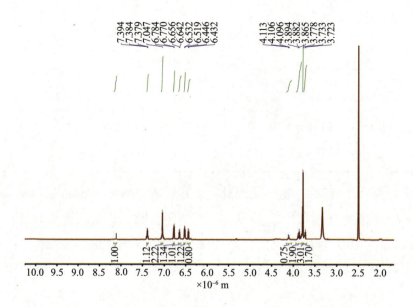

图 4-8　锌（Ⅱ）金属配合物 [ZnL₃]·2CH₃OH 的核磁共振氢谱谱图

由图 4-8 可知，BMFPE 缩 L- 酪氨酸席夫碱锌（Ⅱ）配合物 [ZnL₃]·2CH₃OH 在 δ=8.14×10⁻⁶ m（s, 2H）归属为亚氨基（—CH＝N—）上的 H。δ=（6.43~7.40）×10⁻⁶ m（m, 14H）归属于配合物分子结构中苯环上的 H。δ=4.10×10⁻⁶ m（t, 2H）归属于分子结构中—C≡N—CH＜上的 H。δ=3.88×10⁻⁶ m（d, 4H）归属于分子结构中 Ph—CH₂—上的 H。δ=3.70×10⁻⁶ m（t, 4H）归属于分子结构中—CH₂—CH₂—上的 H。δ=3.77×10⁻⁶ m（s, 6H）归属于甲基上的 H。

4.2.5　热重分析

使用 Perkin-Elmer TGA-7 型热重分析仪，在氮气气氛、25 ～ 800 ℃
温度范围及升温速率为 10 ℃ · min^{-1} 的条件下，扫描了镍（Ⅱ）金属配
合物 [Ni（C$_{36}$H$_{34}$N$_2$O$_{10}$）] · 2.25CH$_3$OH · 0.5C$_4$H$_{10}$O 的 TG-DTG 曲线，如
图 4-9 所示。

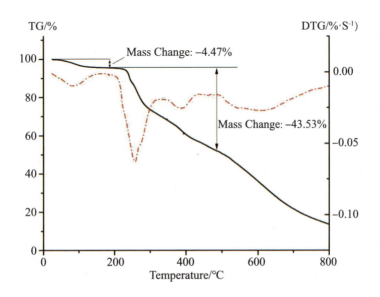

图 4-9　镍（Ⅱ）金属配合物 [Ni（C$_{36}$H$_{34}$N$_2$O$_{10}$）] · 2.25CH$_3$OH · 0.5C$_4$H$_{10}$O 的
TG-DTG 曲线

由图 4-9 可知，镍（Ⅱ）金属配合物 [Ni(C$_{36}$H$_{34}$N$_2$O$_{10}$)] · 2.25CH$_3$OH ·
0.5C$_4$H$_{10}$O 的热分解是分步进行的。TG 曲线显示，第一步热分解的温度
区间为 25 ～ 187 ℃，在该步热分解过程中，配合物的失重率为 4.47%，
其质量损失可归属为游离乙醚分子的丢失，与理论失重率（4.51%）基本
相符；在 187 ～ 485 ℃多步热分解过程温度区间内，失重率为 43.53%，
其质量损失可归属为游离甲醇分子及大约一半配体分子的热分解损失
（理论失重率为 48.52%）。485 ～ 800 ℃温度区间为持续的失重过程，残

重率为 13.61%，这一数值高于残余物为 NiO 时的理论值（9.08%）。这可能是由于在 N_2 氛围中，配合物 [Ni（$C_{36}H_{34}N_2O_{10}$）]·2.25CH$_3$OH·0.5C$_4$H$_{10}$O 在 800 ℃以内分解不完全，同时其含有较高碳量，从而产生了积碳效应。

4.2.6　X 射线单晶衍射分析

分别选取 0.3 mm × 0.22 mm × 0.15 mm（绿色，块状）、0.28 mm × 0.15 mm × 0.12 mm（红色，块状）、0.28 × 0.15 × 0.12 mm（绿色，块状）尺寸的 BMFPE 缩 L- 酪氨酸席夫碱 Ni（Ⅱ）、Co（Ⅱ）及 Cu（Ⅱ）金属配合物（[NiL$_3$]·2.25CH$_3$OH·0.5C$_4$H$_{10}$O、[CoL$_3$]、[CuL$_3$]·2CH$_3$OH）的单晶固定于 X 射线单晶衍射仪（Bruker Smart-1000 CCDC 型）的针头上，使用第 2 章 2.2.6 节的方法，对上述三种金属配合物的单晶结构进行解析及精修。

由于上述三种金属配合物（[NiL$_3$]·2.25CH$_3$OH·0.5C$_4$H$_{10}$O、[CoL$_3$]、[CuL$_3$]·2CH$_3$OH）均合成于同一配体——BMFPE 缩 L- 酪氨酸，因此它们在分子组成、配位模式及空间结构等方面上有着相似性。下面将以镍（Ⅱ）金属配合物 [NiL$_3$]·2.25CH$_3$OH·0.5C$_4$H$_{10}$O 为例，着重分析它的晶体数据、配位模式及空间结构。对于钴（Ⅱ）及铜（Ⅱ）金属配合物（[CoL$_3$]、[CuL$_3$]·2CH$_3$OH），只展示它们的分子晶体结构图，并列出其相关晶体学数据。镍（Ⅱ）、钴（Ⅱ）及铜（Ⅱ）金属配合物（[NiL$_3$]·2.25CH$_3$OH·0.5C$_4$H$_{10}$O、[CoL$_3$]、[CuL$_3$]·2CH$_3$OH）的分子晶体结构图、配位模式图及一维、二维空间结构图均使用 Diamond 3.2K 软件根据各个配合物的 CIF 文件绘制所得。

1. 镍（Ⅱ）金属配合物 [NiL$_3$]·2.25CH$_3$OH·0.5C$_4$H$_{10}$O 的晶体结构分析

镍（Ⅱ）金属配合物 [NiL$_3$]·2.25CH$_3$OH·0.5C$_4$H$_{10}$O 的晶体学数据见表 4-6 至表 4-10 所列。

表 4-6　镍（Ⅱ）金属配合物 $[NiL_3] \cdot 2.25CH_3OH \cdot 0.5C_4H_{10}O$ 的晶体学数据和结构
修正参数

参数	值
化学式	$C_{40.25}H_{48}N_2O_{12.75}Ni$
相对分子质量	822.51
温度 / K	170
波长 / Å	0.710 73
晶体	正交晶系
空间群	$P2_12_12_1$
a / Å	11.236（4）
b / Å	11.621（5）
c / Å	37.220（17）
α /（°）	90
β /（°）	90
γ /（°）	90
体积 / Å³	4 860（4）
Z	1
计算密度 /（g・cm⁻³）	1.124
吸收系数 / mm⁻¹	0.454
F（000）	1 734
晶体尺寸 / mm	0.3 × 0.22 × 0.15
θ 数据收集范围 /（°）	1.836 ～ 27.817
极限因子	$-12 \leqslant h \leqslant 14$
	$-15 \leqslant k \leqslant 15$
	$-46 \leqslant l \leqslant 48$

续表

参数	值
收集的衍射点 / 独立点	25 108 / 11 376 [R_{int} = 0.054 7]
完整度 θ = 25.497	0.990
最大传输率 / 最小传输率	0.745 6 / 0.578 6
数据 / 约束 / 参数	11 376 / 532 / 558
F^2 拟合度	1.094
R_1[a], wR_2[b] [$I > 2\sigma(I)$]	R_1 = 0.079 8, wR_2 = 0.208 0
R_1[a], wR_2[b]（所有衍射点）	R_1 = 0.100 3, wR_2 = 0.220 1
电子密度峰值和最大洞值 /（e. Å³）	0.757，-0.629

注：$w = 1/[\sigma^2(F_0^2) + (0.119\ 6P)^2 + 2.475\ 6P]$, with $P = (F_0^2 + 2F_c^2)/3$。

上述晶体结构解析数据表明，镍（Ⅱ）金属配合物 [NiL₃]·2.25CH₃OH·0.5C₄H₁₀O 属于正交晶系，空间群为 $P2_12_12_1$，晶胞参数 a = 11.236（4）Å，b = 11.621（5）Å，c = 37.220（17）Å，$\alpha = \gamma = \beta$ = 90°，V = 4 860（4）Å³，ρ_{calcd} = 1.124 g/cm³，$F(000)$ = 1 734。最终偏差因子 R_1 = 0.079 8，wR_2 = 0.208 0[对 $I > 2\sigma(I)$ 的衍射点] 和 R_1 = 0.100 3，wR_2 = 0.220 1（对所有衍射点）。

表 4-7　镍（Ⅱ）金属配合物 [NiL₃]·2.25CH₃OH·0.5C₄H₁₀O 的键长

单位：Å

键	键长	键	键长
Ni1—O4	2.012（4）	C35—H35	0.95
Ni1—O7	2.097（3）	C35—C36	1.393（8）

续表

键	键长	键	键长
Ni1—N1	1.985（4）	C35—C34	1.369（9）
Ni1—O6	2.104（4）	C26—H26	0.95
Ni1—N2	1.987（4）	C22—H22	0.95
Ni1—O3	1.993（4）	C22—C21	1.379（8）
O4—C29	1.268（6）	C22—C23	1.343（10）
O7—C18	1.448（7）	C21—C20	1.374（7）
O7—C20	1.404（6）	C18—H18A	0.99
O5—C29	1.217（7）	C18—H18B	0.99
O12—C21	1.343（8）	C18—C17	1.485（8）
O12—C27	1.409（9）	C15—C14	1.383（9）
N1—C8	1.458（6）	C30—H30A	0.99
N1—C10	1.276（7）	C30—H30B	0.99
O1—H1	0.84	C23—H23	0.95
O1—C1	1.341（5）	C14—H14	0.95
O6—C16	1.379（6）	C14—C13	1.367（9）
O6—C17	1.452（7）	C17—H17A	0.99
O11—C15	1.347（7）	C17—H17B	0.99
O11—C19	1.396（9）	C36—H36	0.95
N2—C28	1.472（7）	C10—H10	0.95
N2—C26	1.262（7）	C34—C33	1.376（9）
O3—C9	1.291（6）	O15—H15	0.84
O2—C9	1.210（7）	O15—C0AA	1.279（19）
O8—H8	0.84	C13—H13	0.95

键	键长	键	键长
O8—C34	1.367（8）	C33—H33	0.95
C29—C28	1.534（7）	O14—H14A	0.84
C24—H24	0.95	O14—C38	1.303（19）
C24—C25	1.399（8）	C27—H27A	0.98
C24—C23	1.371（10）	C27—H27B	0.98
C31—C32	1.383（9）	C27—H27C	0.98
C31—C30	1.515（7）	C19—H19A	0.98
C31—C36	1.366（7）	C19—H19B	0.98
C4—C3	1.39	C19—H19C	0.98
C4—C5	1.39	C37—H37A	0.98
C4—C7	1.527（6）	C37—H37B	0.98
C3—H3	0.95	C37—H37C	0.98
C3—C2	1.39	O10—C42	1.37（2）
C2—H2	0.95	O10—C41	1.34（2）
C2—C1	1.39	C0AA—H0AA	0.98
C1—C6	1.39	C0AA—H0AB	0.98
C6—H6	0.95	C0AA—H0AC	0.98
C6—C5	1.39	C38—H38A	0.98
C5—H5	0.95	C38—H38B	0.98
C32—H32	0.95	C38—H38C	0.98
C32—C33	1.373（9）	C40—H40A	0.98
C25—C26	1.460（8）	C40—H40B	0.98
C25—C20	1.389（8）	C40—H40C	0.98

续表

键	键长	键	键长
C28—H28	1	C40—C41	1.37（3）
C28—C30	1.543（8）	C42—H42A	0.99
O13—H13A	0.84	C42—H42B	0.99
O13—C37	1.391（12）	C42—C43	1.49（2）
C8—H8A	1	C43—H43A	0.98
C8—C7	1.521（8）	C43—H43B	0.98
C8—C9	1.516（8）	C43—H43C	0.98
C16—C11	1.392（7）	C41—H41A	0.99
C16—C15	1.387（8）	C41—H41B	0.99
C12—H12	0.95	O9—H9	0.84
C12—C11	1.406（8）	O9—C39	1.25（4）
C12—C13	1.374（9）	C39—H39A	0.98
C7—H7A	0.99	C39—H39B	0.98
C7—H7B	0.99	C39—H39C	0.98
C11—C10	1.449（8）	—	—

表 4-8　镍（Ⅱ）金属配合物 [NiL$_3$]·2.25CH$_3$OH·0.5C$_4$H$_{10}$O 的键角

单位：（°）

键	键角	键	键角
O4—Ni1—O7	164.79（14）	H18A—C18—H18B	108.7
O4—Ni1—O6	94.48（15）	C17—C18—H18A	110.5
O7—Ni1—O6	78.01（14）	C17—C18—H18B	110.5

续表

键	键角	键	键角
N1—Ni1—O4	94.68(15)	O11—C15—C16	115.2(5)
N1—Ni1—O7	97.88(16)	O11—C15—C14	126.0(6)
N1—Ni1—O6	85.65(16)	C14—C15—C16	118.7(5)
N1—Ni1—N2	174.48(18)	C31—C30—C28	111.0(5)
N1—Ni1—O3	83.11(16)	C31—C30—H30A	109.4
N2—Ni1—O4	82.23(16)	C31—C30—H30B	109.4
N2—Ni1—O7	85.90(16)	C28—C30—H30A	109.4
N2—Ni1—O6	99.12(16)	C28—C30—H30B	109.4
N2—Ni1—O3	92.54(16)	H30A—C30—H30B	108
O3—Ni1—O4	94.36(17)	C24—C23—H23	119.7
O3—Ni1—O7	95.63(16)	C22—C23—C24	120.6(6)
O3—Ni1—O6	166.22(14)	C22—C23—H23	119.7
C29—O4—Ni1	115.5(3)	O3—C9—C8	115.7(5)
C18—O7—Ni1	112.3(3)	O2—C9—O3	124.4(5)
C20—O7—Ni1	117.7(3)	O2—C9—C8	119.9(4)
C20—O7—C18	111.9(4)	C25—C20—O7	120.3(4)
C21—O12—C27	117.9(6)	C21—C20—O7	117.2(5)
C8—N1—Ni1	111.2(3)	C21—C20—C25	122.5(5)
C10—N1—Ni1	126.4(3)	C15—C14—H14	119.6

续表

键	键角	键	键角
C10—N1—C8	120.9（4）	C13—C14—C15	120.8（6）
C1—O1—H1	109.5	C13—C14—H14	119.6
C16—O6—Ni1	117.0（3）	O6—C17—C18	107.1（5）
C16—O6—C17	112.5（4）	O6—C17—H17A	110.3
C17—O6—Ni1	111.0（3）	O6—C17—H17B	110.3
C15—O11—C19	116.6（6）	C18—C17—H17A	110.3
C28—N2—Ni1	112.1（3）	C18—C17—H17B	110.3
C26—N2—Ni1	126.8（4）	H17A—C17—H17B	108.6
C26—N2—C28	119.7（4）	C31—C36—C35	119.9（6）
C9—O3—Ni1	115.5（4）	C31—C36—H36	120
C34—O8—H8	109.5	C35—C36—H36	120
O4—C29—C28	115.6（5）	N1—C10—C11	124.3（5）
O5—C29—O4	124.5（5）	N1—C10—H10	117.9
O5—C29—C28	119.8（4）	C11—C10—H10	117.9
C25—C24—H24	119.5	O8—C34—C35	122.3（5）
C23—C24—H24	119.5	O8—C34—C33	116.7（6）
C23—C24—C25	121.1（6）	C35—C34—C33	121.0（6）
C32—C31—C30	120.4（5）	C0AA—O15—H15	109.5
C36—C31—C32	119.3（5）	C12—C13—H13	119.6

键	键角	键	键角
C36—C31—C30	120.3（5）	C14—C13—C12	120.8（6）
C3—C4—C5	120	C14—C13—H13	119.6
C3—C4—C7	121.2（3）	C32—C33—C34	118.6（6）
C5—C4—C7	118.6（3）	C32—C33—H33	120.7
C4—C3—H3	120	C34—C33—H33	120.7
C2—C3—C4	120	C38—O14—H14A	109.5
C2—C3—H3	120	O12—C27—H27A	109.5
C3—C2—H2	120	O12—C27—H27B	109.5
C3—C2—C1	120	O12—C27—H27C	109.5
C1—C2—H2	120	H27A—C27—H27B	109.5
O1—C1—C2	118.1（3）	H27A—C27—H27C	109.5
O1—C1—C6	121.9（3）	H27B—C27—H27C	109.5
C6—C1—C2	120	O11—C19—H19A	109.5
C1—C6—H6	120	O11—C19—H19B	109.5
C5—C6—C1	120	O11—C19—H19C	109.5
C5—C6—H6	120	H19A—C19—H19B	109.5
C4—C5—H5	120	H19A—C19—H19C	109.5
C6—C5—C4	120	H19B—C19—H19C	109.5
C6—C5—H5	120	O13—C37—H37A	109.5

续表

键	键角	键	键角
C31—C32—H32	119.3	O13—C37—H37B	109.5
C33—C32—C31	121.4（6）	O13—C37—H37C	109.5
C33—C32—H32	119.3	H37A—C37—H37B	109.5
C24—C25—C26	118.5（5）	H37A—C37—H37C	109.5
C20—C25—C24	116.4（5）	H37B—C37—H37C	109.5
C20—C25—C26	125.0（5）	C41—O10—C42	122.3（15）
N2—C28—C29	108.3（4）	O15—C0AA—H0AA	109.5
N2—C28—H28	110.3	O15—C0AA—H0AB	109.5
N2—C28—C30	110.8（4）	O15—C0AA—H0AC	109.5
C29—C28—H28	110.3	H0AA—C0AA—H0AB	109.5
C29—C28—C30	106.6（4）	H0AA—C0AA—H0AC	109.5
C30—C28—H28	110.3	H0AB—C0AA—H0AC	109.5
C37—O13—H13A	109.5	O14—C38—H38A	109.5
N1—C8—H8A	109.6	O14—C38—H38B	109.5
N1—C8—C7	110.3（4）	O14—C38—H38C	109.5
N1—C8—C9	110.7（4）	H38A—C38—H38B	109.5
C7—C8—H8A	109.6	H38A—C38—H38C	109.5
C9—C8—H8A	109.6	H38B—C38—H38C	109.5
C9—C8—C7	107.1（4）	H40A—C40—H40B	109.5

续表

键	键角	键	键角
O6—C16—C11	120.9（4）	H40A—C40—H40C	109.5
O6—C16—C15	117.7（5）	H40B—C40—H40C	109.5
C15—C16—C11	121.5（5）	C41—C40—H40A	109.5
C11—C12—H12	120	C41—C40—H40B	109.5
C13—C12—H12	120	C41—C40—H40C	109.5
C13—C12—C11	120.0（5）	O10—C42—H42A	109.4
C4—C7—H7A	109	O10—C42—H42B	109.4
C4—C7—H7B	109	O10—C42—C43	111.1（15）
C8—C7—C4	113.0（4）	H42A—C42—H42B	108
C8—C7—H7A	109	C43—C42—H42A	109.4
C8—C7—H7B	109	C43—C42—H42B	109.4
H7A—C7—H7B	107.8	C42—C43—H43A	109.5
C16—C11—C12	118.1（5）	C42—C43—H43B	109.5
C16—C11—C10	124.6（5）	C42—C43—H43C	109.5
C12—C11—C10	117.2（5）	H43A—C43—H43B	109.5
C36—C35—H35	120.1	H43A—C43—H43C	109.5
C34—C35—H35	120.1	H43B—C43—H43C	109.5
C34—C35—C36	119.7（5）	O10—C41—C40	121.6（19）
N2—C26—C25	124.3（5）	O10—C41—H41A	106.9

续表

键	键角	键	键角
N2—C26—H26	117.9	O10—C41—H41B	106.9
C25—C26—H26	117.9	C40—C41—H41A	106.9
C21—C22—H22	119.5	C40—C41—H41B	106.9
C23—C22—H22	119.5	H41A—C41—H41B	106.7
C23—C22—C21	120.9（6）	C39—O9—H9	109.5
O12—C21—C22	126.5（5）	O9—C39—H39A	109.5
O12—C21—C20	115.0（5）	O9—C39—H39B	109.5
C20—C21—C22	118.4（6）	O9—C39—H39C	109.5
O7—C18—H18A	110.5	H39A—C39—H39B	109.5
O7—C18—H18B	110.5	H39A—C39—H39C	109.5
O7—C18—C17	106.1（5）	H39B—C39—H39C	109.5

表 4-9　镍（Ⅱ）金属配合物 [NiL$_3$]·2.25CH$_3$OH·0.5C$_4$H$_{10}$O 的扭转角

单位：(°)

键	扭转角	键	扭转角
Ni1—O4—C29—O5	−164.0（5）	C8—N1—C10—C11	175.1（5）
Ni1—O4—C29—C28	19.8（6）	C16—O6—C17—C18	−176.5（5）
Ni1—O7—C18—C17	−41.8（5）	C16—C11—C10—N1	13.8（9）
Ni1—O7—C20—C25	−39.8（6）	C16—C15—C14—C13	−3.2（10）
Ni1—O7—C20—C21	139.5（4）	C12—C11—C10—N1	−162.3（5）

续表

键	扭转角	键	扭转角
Ni1—N1—C8—C7	−98.5（4）	C7—C4—C3—C2	−175.4（3）
Ni1—N1—C8—C9	19.9（5）	C7—C4—C5—C6	175.5（3）
Ni1—N1—C10—C11	10.5（8）	C7—C8—C9—O3	99.3（5）
Ni1—O6—C16—C11	−42.6（6）	C7—C8—C9—O2	−78.0（7）
Ni1—O6—C16—C15	139.3（4）	C11—C16—C15—O11	−179.3（5）
Ni1—O6—C17—C18	−43.3（5）	C11—C16—C15—C14	1.4（9）
Ni1—N2—C28—C29	22.4（5）	C11—C12—C13—C14	−1.9（10）
Ni1—N2—C28—C30	−94.2（4）	C35—C34—C33—C32	1.3（11）
Ni1—N2—C26—C25	11.3（8）	C26—N2—C28—C29	−145.1（5）
Ni1—O3—C9—O2	−171.3（5）	C26—N2—C28—C30	98.3（6）
Ni1—O3—C9—C8	11.5（6）	C26—C25—C20—O7	3.8（8）
O4—C29—C28—N2	−27.9（6）	C26—C25—C20—C21	−175.5（5）
O4—C29—C28—C30	91.4（5）	C22—C21—C20—O7	179.8（5）
O7—C18—C17—O6	54.9（6）	C22—C21—C20—C25	−0.9（9）
O5—C29—C28—N2	155.8（5）	C21—C22—C23—C24	1.5（11）
O5—C29—C28—C30	−84.9（6）	C18—O7—C20—C25	92.5（6）
O12—C21—C20—O7	0.8（8）	C18—O7—C20—C21	−88.2（6）
O12—C21—C20—C25	−179.9（5）	C15—C16—C11—C12	0.1（8）
N1—C8—C7—C4	−65.5（5）	C15—C16—C11—C10	−176.0（5）
N1—C8—C9—O3	−20.9（7）	C15—C14—C13—C12	3.5（10）

续表

键	扭转角	键	扭转角
N1—C8—C9—O2	161.7（5）	C30—C31—C32—C33	−176.1（6）
O1—C1—C6—C5	179.4（4）	C30—C31—C36—C35	176.8（5）
O6—C16—C11—C12	−177.9（5）	C23—C24—C25—C26	176.5（6）
O6—C16—C11—C10	6.0（8）	C23—C24—C25—C20	−0.8（10）
O6—C16—C15—O11	−1.2（8）	C23—C22—C21—O12	178.1（7）
O6—C16—C15—C14	179.5（5）	C23—C22—C21—C20	−0.7（10）
O11—C15—C14—C13	177.6（6）	C9—C8—C7—C4	174.0（4）
N2—C28—C30—C31	−60.1（6）	C20—O7—C18—C17	−176.7（4）
O8—C34—C33—C32	−179.1（7）	C20—C25—C26—N2	13.9（9）
C29—C28—C30—C31	−177.8（4）	C17—O6—C16—C11	87.7（6）
C24—C25—C26—N2	−163.1（6）	C17—O6—C16—C15	−90.4（6）
C24—C25—C20—O7	−179.1（5）	C36—C31—C32—C33	1.9（10）
C24—C25—C20—C21	1.6（8）	C36—C31—C30—C28	−73.1（6）
C31—C32—C33—C34	−1.9（11）	C36—C35—C34—O8	179.8（6）
C4—C3—C2—C1	0	C36—C35—C34—C33	−0.7（10）
C3—C4—C5—C6	0	C10—N1—C8—C7	94.8（6）
C3—C4—C7—C8	99.5（4）	C10—N1—C8—C9	−146.9（5）
C3—C2—C1—O1	−179.4（3）	C34—C35—C36—C31	0.6（9）
C3—C2—C1—C6	0	C13—C12—C11—C16	0.2（8）
C2—C1—C6—C5	0	C13—C12—C11—C10	176.5（5）

续表

键	扭转角	键	扭转角
C1—C6—C5—C4	0	C27—O12—C21—C22	12.6（10）
C5—C4—C3—C2	0	C27—O12—C21—C20	−168.5（7）
C5—C4—C7—C8	−75.9（4）	C19—O11—C15—C16	−179.0（6）
C32—C31—C30—C28	104.9（6）	C19—O11—C15—C14	0.3（10）
C32—C31—C36—C35	−1.2（9）	C42—O10—C41—C40	173（2）
C25—C24—C23—C22	−0.8（12）	C41—O10—C42—C43	172（2）
C28—N2—C26—C25	176.8（5）	—	—

表 4-10　镍（Ⅱ）金属配合物 $[NiL_3] \cdot 2.25CH_3OH \cdot 0.5C_4H_{10}O$ 的分子间氢键

D—H⋯A	d（D—H）/Å	d（H⋯A）/Å	d（D⋯A）/Å	∠DHA /（°）	对称代码
O1—H1⋯O4	0.84	1.82	2.661（5）	174	x−1/2, −y+3/2, −z+1
O8—H8⋯O5	0.84	1.81	2.646（6）	170	−x+1, y−1/2, −z+1/2
O13—H13A⋯O2	0.84	1.91	2.729（8）	163	—

　　镍（Ⅱ）金属配合物 $[NiL_3] \cdot 2.25CH_3OH \cdot 0.5C_4H_{10}O$ 的分子晶体结构如图 4-10 所示。晶体数据表明，中心镍离子（Ⅱ）是六配位的，分别与配体（K_2L_3）分子中的两个醚基 O 原子（O6、O7）、两个羧基 O 原子（O3、O4）以及两个亚氨基（—CH=N—）N 原子（N1、N2）进行配位，形成 N_2O_4 型八面体构型的中性单核镍（Ⅱ）配合物。镍（Ⅱ）金属配合物 $[NiL_3] \cdot 2.25CH_3OH \cdot 0.5C_4H_{10}O$ 分子中的配位环境赤道面被 O3、O4、O6 及 O7 四个 O 原子占据，并且该面上所有原子离开最小二乘平

面的平均标准偏差 $\sigma_P = 0.213\ 4$，而轴向被 N1 和 N2 两个 N 原子所占据。O3—Ni1—O6 的键角为 166.22°，O4—Ni1—O7 的键角为 164.79°，并且 N1—Ni1—N2 的键角为 174.48°（十分接近 180°），而 N1—Ni1—O3（83.11°）、N1—Ni1—O4（94.68°）、N1—Ni1—O6（85.65°）　及 N1—Ni1—O7（97.88°）的键角均不等于 90°，表明镍（Ⅱ）金属配合物 [NiL$_3$]·2.25CH$_3$OH·0.5C$_4$H$_{10}$O 的配位模式为扭曲八面体构型（图 4-11）。其中，Ni—O（1.993、2.012、2.104、2.097 Å）、Ni—N（1.985、1.987 Å）、C10—N1（1.276 Å）和 C26—N2（1.262 Å）键的键长与前文中报道的镍（Ⅱ）金属配合物对应键的键长相似。同时，配位后镍离子（Ⅱ）周围形成了 3 个五元环及 2 个六元环。其中，羧基 O 原子（O3、O4）所在的两个五元环分别定义为 A 环与 B 环，两个五元环上的原子离开最小二乘平面的平均标准偏差分别为 σ_P=0.086 9、0.103 6，两个面之间的二面角为 86.440°（图 4-12）。其中，中心镍离子（Ⅱ）与羧基 O 原子 O3 及 O4 形成的两个 Ni—O 配位键的键长（Ni1—O3, 1.993 Å；Ni1—O4, 2.012 Å）短于镍离子（Ⅱ）与醚基 O 原子 O6 及 O7 形成的另外两个 Ni—O 配位键的键长（Ni1—O6, 2.104 Å；Ni1—O7, 2.097 Å），这间接说明了羧基上的两个 O 原子（O3、O4）与中心镍离子（Ⅱ）的配位能力要强于醚基上的两个 O 原子（O6、O7）与中心镍离子（Ⅱ）的配位能力。该结论与第 2 章及第 3 章的镍（Ⅱ）金属配合物（[NiL$_1$]·2CH$_3$OH、[NiL$_2$]）的结构分析相吻合。Ni（Ⅱ）金属配合物 [NiL$_3$]·2.25CH$_3$OH·0.5C$_4$H$_{10}$O 通过 C27—H27A···O1 分子间弱作用力（红色虚线键，2.56 Å）及 O1—H1···O4 分子间氢键作用（黄色虚线键，1.82 Å，对称代码：x-1/2，-y+3/2，-z+1）形成其二维面状结构（图 4-13）。

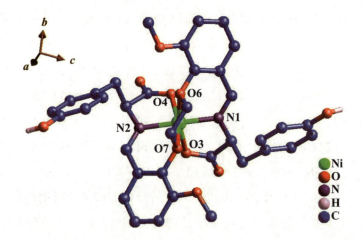

图 4-10 镍（Ⅱ）金属配合物 [NiL$_3$]·2.25CH$_3$OH·0.5C$_4$H$_{10}$O 的分子晶体结构

（除了羟基上的氢原子，所有的氢原子及游离溶剂分子均已略去）

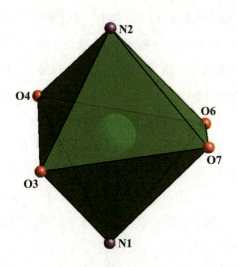

图 4-11 镍（Ⅱ）金属配合物 [NiL$_3$]·2.25CH$_3$OH·0.5C$_4$H$_{10}$O 的

扭曲八面体配位构型

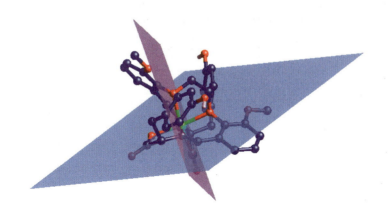

图 4-12　镍（Ⅱ）金属配合物 [NiL$_3$]·2.25CH$_3$OH·0.5C$_4$H$_{10}$O 中

五元环 A 与 B 平面示意图

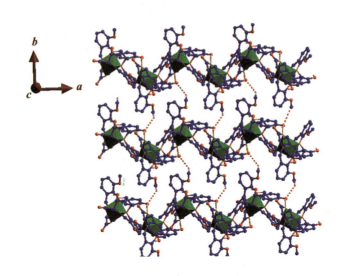

图 4-13　镍（Ⅱ）金属配合物 [NiL$_3$]·2.25CH$_3$OH·0.5C$_4$H$_{10}$O 的二维面状结构

　　2.钴（Ⅱ）及铜（Ⅱ）金属配合物（[CoL$_3$]、[CuL$_3$]·2CH$_3$OH）的晶体
结构分析

　　BMFPE 缩 L- 酪氨酸席夫碱钴（Ⅱ）及铜（Ⅱ）金属配合物（[CoL$_3$]、
[CuL$_3$]·2CH$_3$OH）部分晶体数据见表 4-11 至表 4-16 所列，两种配合物

的分子结构及二维网状结构图如图 4-14 和图 4-15 所示。

表 4-11　钴（Ⅱ）及铜（Ⅱ）金属配合物（[CoL₃]、[CuL₃]·2CH₃OH）的晶体学数据和结构修正参数

参数	值	
	[CoL₃]	[CuL₃]·2CH₃OH
化学式	$C_{36}H_{34}N_2O_{10}Co$	$C_{38}H_{42}N_2O_{12}Cu$
相对分子质量	713.58	782.27
温度 / K	173	205
波长 / Å	0.710 73	0.710 73
晶系	正交晶系	正交晶系
空间群	$P2_12_12_1$	$P2_12_12_1$
a / Å	11.145（4）	12.647（3）
b / Å	11.625（5）	16.476（3）
c / Å	38.061（15）	8.891 8（18）
α /（°）	90	90
β /（°）	90	90
γ /（°）	90	90
体积 / Å³	4 931（3）	1 852.7（6）
Z	4	2
计算密度 /（g·cm⁻³）	0.961	1.402
吸收系数 / mm⁻¹	0.390	0.656
F（000）	1 484	818
晶体尺寸 / mm	0.28 × 0.15 × 0.12	0.28 × 0.15 × 0.12
θ 数据收集范围 /（°）	1.070 ～ 25.007	2.030 ～ 27.586

续表

参数	值	
	[CoL₃]	[CuL₃]·2CH₃OH
极限因子	$-11 \leqslant h \leqslant 13$	$-16 \leqslant h \leqslant 16$
	$-13 \leqslant k \leqslant 13$	$-19 \leqslant k \leqslant 21$
	$-45 \leqslant l \leqslant 43$	$-11 \leqslant l \leqslant 11$
收集的衍射点 / 独立点	31 961 / 8 678 [R_{int} = 0.126 3]	15 413 / 4 263 [R_{int} = 0.064]
完整度 θ = 26.372	0.998	0.994
最大传输率 / 最小传输率	0.745 2 / 0.567 1	0.745 6 / 0.618 4
数据 / 约束 / 参数	8 678 / 480 / 411	4 263 / 0 / 244
F^2 拟合度	0.975	1.019
R_1[a], wR_2[b] [$I > 2\sigma(I)$]	R_1 = 0.095 5, wR_2 = 0.243 7	R_1 = 0.047 7, wR_2 = 0.102 6
R_1[a], wR_2[b]（所有衍射点）	R_1 = 0.139 8, wR_2 = 0.263 0	R_1 = 0.067 1, wR_2 = 0.112 0
电子密度峰值和最大洞值 / e. Å³	0.806，-0.512	0.566，-0.530

注：[a]$R = \sum (|F_0| - |F_c|) / \sum |F_0|$, [b]$wR = [\sum w(|F_0|^2 - |F_c|^2)^2 / \sum w(F_0^2)]^{1/2}$。

表 4-12　钴（Ⅱ）金属配合物 [CoL₃] 的键长

单位：Å

键	键长	键	键长
Co1—O2	2.012（7）	C27—H27	0.95
Co1—O6	2.121（7）	C27—C26	1.463（12）
Co1—O1	2.151（7）	C16—H16	0.95

续表

键	键长	键	键长
Co1—N2	2.021（8）	C16—C17	1.391（16）
Co1—N1	2.060（9）	C18—H18A	0.99
Co1—O4	1.988（7）	C18—H18B	0.99
O2—C28	1.288（12）	C18—C19	1.479（17）
O6—C19	1.494（14）	C19—H19A	0.99
O6—C20	1.361（8）	C19—H19B	0.99
O3—C28	1.201（12）	C26—C20	1.39
O1—C18	1.411（13）	C26—C25	1.39
O1—C7	1.390（8）	C20—C21	1.39
N2—C27	1.310（13）	C21—C23	1.39
N2—C29	1.482（13）	C23—H23	0.95
N1—C9	1.515（14）	C23—C24	1.39
N1—C8	1.277（14）	C24—H24	0.95
O9—C2	1.397（10）	C24—C25	1.39
O9—C1	1.350（17）	C25—H25	0.95
O4—C10	1.343（13）	C12—C17	1.315（16）
O5—C10	1.214（13）	C12—C13	1.452（16）
O7—C21	1.326（11）	C29—H29	1
O7—C22	1.481（18）	C29—C30	1.617（15）

续表

键	键长	键	键长
O8—H8	0.84	C14—H14	0.95
O8—C15	1.380（14）	C14—C13	1.353（16）
C28—C29	1.525（14）	C17—H17	0.95
C9—H9	1	C30—H30A	0.99
C9—C11	1.491（17）	C30—H30B	0.99
C9—C10	1.429（16）	C8—H8A	0.95
C15—C16	1.334（15）	C8—C6	1.456（13）
C15—C14	1.426（17）	C7—C6	1.39
C35—H35	0.95	C7—C2	1.39
C35—C36	1.39	C6—C5	1.39
C35—C34	1.39	C5—H5	0.95
C36—H36	0.95	C5—C4	1.39
C36—C31	1.39	C4—H4	0.95
C31—C32	1.39	C4—C3	1.39
C31—C30	1.512（12）	C3—H3	0.95
C32—H32	0.95	C3—C2	1.39
C32—C33	1.39	C1—H1A	0.98
C33—H33	0.95	C1—H1B	0.98
C33—C34	1.39	C1—H1C	0.98

续表

键	键长	键	键长
C34—O10	1.405（10）	C13—H13	0.95
C11—H11A	0.99	C22—H22A	0.98
C11—H11B	0.99	C22—H22B	0.98
C11—C12	1.459（17）	C22—H22C	0.98
O10—H10	0.84	—	—

表 4-13　钴（Ⅱ）金属配合物 [CoL₃] 的键角

单位：（°）

键	键角	键	键角
O2—Co1—O6	158.2（3）	C18—C19—O6	104.9（10）
O2—Co1—O1	93.3（3）	C18—C19—H19A	110.8
O2—Co1—N2	80.9（3）	C18—C19—H19B	110.8
O2—Co1—N1	97.5（3）	H19A—C19—H19B	108.8
O6—Co1—O1	75.3（3）	C20—C26—C27	123.7（6）
N2—Co1—O6	82.7（3）	C20—C26—C25	120
N2—Co1—O1	99.5（3）	C25—C26—C27	116.2（6）
N2—Co1—N1	176.5（4）	O6—C20—C26	121.9（5）
N1—Co1—O6	99.6（3）	O6—C20—C21	118.1（5）
N1—Co1—O1	83.7（3）	C26—C20—C21	120
O4—Co1—O2	101.3（3）	O7—C21—C20	113.3（6）

续表

键	键角	键	键角
O4—Co1—O6	94.4（3）	O7—C21—C23	126.7（6）
O4—Co1—O1	161.1（3）	C20—C21—C23	120
O4—Co1—N2	94.7（3）	C21—C23—H23	120
O4—Co1—N1	82.6（3）	C24—C23—C21	120
C28—O2—Co1	116.6（6）	C24—C23—H23	120
C19—O6—Co1	116.3（7）	C23—C24—H24	120
C20—O6—Co1	118.9（5）	C25—C24—C23	120
C20—O6—C19	113.0（7）	C25—C24—H24	120
C18—O1—Co1	113.7（6）	C26—C25—H25	120
C7—O1—Co1	115.8（5）	C24—C25—C26	120
C7—O1—C18	112.6（7）	C24—C25—H25	120
C27—N2—Co1	129.2（7）	C17—C12—C11	124.8（11）
C27—N2—C29	117.1（8）	C17—C12—C13	113.9（11）
C29—N2—Co1	112.9（6）	C13—C12—C11	121.0（11）
C9—N1—Co1	108.4（6）	N2—C29—C28	108.0（7）
C8—N1—Co1	127.1（8）	N2—C29—H29	110.7
C8—N1—C9	122.3（9）	N2—C29—C30	111.3（9）
C1—O9—C2	113.8（11）	C28—C29—H29	110.7
C10—O4—Co1	116.2（7）	C28—C29—C30	105.4（8）

续表

键	键角	键	键角
C21—O7—C22	115.2（11）	C30—C29—H29	110.7
C15—O8—H8	109.5	C15—C14—H14	122.1
O2—C28—C29	114.9（9）	C13—C14—C15	115.8（11）
O3—C28—O2	125.3（9）	C13—C14—H14	122.1
O3—C28—C29	119.7（9）	C16—C17—H17	117.1
N1—C9—H9	109.6	C12—C17—C16	125.7（10）
C11—C9—N1	106.3（9）	C12—C17—H17	117.1
C11—C9—H9	109.6	C31—C30—C29	110.0（8）
C10—C9—N1	113.6（8）	C31—C30—H30A	109.7
C10—C9—H9	109.6	C31—C30—H30B	109.7
C10—C9—C11	108.0（9）	C29—C30—H30A	109.7
O8—C15—C14	116.8（9）	C29—C30—H30B	109.7
C16—C15—O8	121.2（11）	H30A—C30—H30B	108.2
C16—C15—C14	122.0（12）	O4—C10—C9	116.4（10）
C36—C35—H35	120	O5—C10—O4	123.1（11）
C36—C35—C34	120	O5—C10—C9	120.4（10）
C34—C35—H35	120	N1—C8—H8A	118.5
C35—C36—H36	120	N1—C8—C6	123.0（9）
C35—C36—C31	120	C6—C8—H8A	118.5

续表

键	键角	键	键角
C31—C36—H36	120	O1—C7—C6	123.1（5）
C36—C31—C32	120	O1—C7—C2	116.9（5）
C36—C31—C30	120.4（7）	C6—C7—C2	120
C32—C31—C30	119.6（7）	C7—C6—C8	124.6（6）
C31—C32—H32	120	C5—C6—C8	115.2（6）
C31—C32—C33	120	C5—C6—C7	120
C33—C32—H32	120	C6—C5—H5	120
C32—C33—H33	120	C4—C5—C6	120
C34—C33—C32	120	C4—C5—H5	120
C34—C33—H33	120	C5—C4—H4	120
C35—C34—O10	123.5（6）	C5—C4—C3	120
C33—C34—C35	120	C3—C4—H4	120
C33—C34—O10	116.5（6）	C4—C3—H3	120
C9—C11—H11A	108.1	C4—C3—C2	120
C9—C11—H11B	108.1	C2—C3—H3	120
H11A—C11—H11B	107.3	C7—C2—O9	114.6（6）
C12—C11—C9	116.9（11）	C3—C2—O9	125.3（6）
C12—C11—H11A	108.1	C3—C2—C7	120
C12—C11—H11B	108.1	O9—C1—H1A	109.5

续表

键	键角	键	键角
C34—O10—H10	109.5	O9—C1—H1B	109.5
N2—C27—H27	119.1	O9—C1—H1C	109.5
N2—C27—C26	121.7（9）	H1A—C1—H1B	109.5
C26—C27—H27	119.1	H1A—C1—H1C	109.5
C15—C16—H16	121	H1B—C1—H1C	109.5
C15—C16—C17	118.1（12）	C12—C13—H13	118
C17—C16—H16	121	C14—C13—C12	124.0（11）
O1—C18—H18A	109.5	C14—C13—H13	118
O1—C18—H18B	109.5	O7—C22—H22A	109.5
O1—C18—C19	110.5（9）	O7—C22—H22B	109.5
H18A—C18—H18B	108.1	O7—C22—H22C	109.5
C19—C18—H18A	109.5	H22A—C22—H22B	109.5
C19—C18—H18B	109.5	H22A—C22—H22C	109.5
O6—C19—H19A	110.8	H22B—C22—H22C	109.5
O6—C19—H19B	110.8	—	—

表 4-14　铜（Ⅱ）金属配合物 [CuL3]·2CH3OH 的键长

单位：Å

键	键长	键	键长
Cu1—O2	1.988（3）	C2—H2B	0.98
Cu1—O2^i	1.989（3）	C2—C3	1.552（6）
Cu1—O1^i	2.421（3）	C15—C16	1.395（6）
Cu1—O1	2.421（3）	C15—C14	1.363（6）
Cu1—N1^i	1.954（3）	C1—C3	1.526（6）
Cu1—N1	1.954（3）	C3—H3	0.99
O2—C1	1.278（5）	C8—H8	0.94
O4—C15	1.360（6）	C8—C7	1.392（6）
O4—C18	1.418（6）	C7—C6	1.380（7）
O1—C16	1.364（5）	C10—H10	0.94
O1—C17	1.433（6）	C14—H14	0.94
O3—C1	1.236（5）	C14—C13	1.388（8）
N1—C3	1.478（5）	C6—H6	0.94
N1—C10	1.266（5）	C6—C5	1.376（7）
O5—H5	0.83	C5—H5A	0.94
O5—C7	1.354（6）	C12—H12	0.94
O6—H6A	0.83	C12—C13	1.375（7）
O6—C00O	1.405（7）	C00O—H00A	0.97

键	键长	键	键长
C11—C16	1.400（6）	C00O—H00B	0.97
C11—C10	1.466（6）	C00O—H00C	0.97
C11—C12	1.383（6）	C18—H18A	0.97
C4—C9	1.379（6）	C18—H18B	0.97
C4—C2	1.516（6）	C18—H18C	0.97
C4—C5	1.382（7）	C13—H13	0.94
C9—H9	0.94	C17—C17^i	1.390（12）
C9—C8	1.380（7）	C17—H17A	0.98
C2—H2A	0.98	C17—H17B	0.98

表 4-15　铜（Ⅱ）金属配合物 [CuL₃]·2CH₃OH 的键角

单位：（°）

键	键角	键	键角
O2—Cu1—O2^i	137.5（2）	C2—C3—H3	110.3
O2^i—Cu1—O1	79.06（13）	C1—C3—C2	108.3（3）
O2^i—Cu1—O1^i	141.78（14）	C1—C3—H3	110.3
O2—Cu1—O1	141.78（14）	O1—C16—C11	121.2（4）
O2—Cu1—O1^i	79.06（13）	O1—C16—C15	118.6（4）
O1^i—Cu1—O1	69.32（15）	C15—C16—C11	120.1（4）
N1—Cu1—O2^i	94.48（13）	C9—C8—H8	119.9

续表

键	键角	键	键角
N1^i—Cu1—O2	94.47（13）	C9—C8—C7	120.2（4）
N1^i—Cu1—O2^i	83.32（13）	C7—C8—H8	119.9
N1—Cu1—O2	83.32（13）	O5—C7—C8	122.6（4）
N1^i—Cu1—O1^i	82.92（13）	O5—C7—C6	118.5（4）
N1^i—Cu1—O1	102.13（13）	C6—C7—C8	118.9（4）
N1—Cu1—O1^i	102.13（13）	N1—C10—C11	127.9（4）
N1—Cu1—O1	82.92（13）	N1—C10—H10	116.1
N1^i—Cu1—N1	173.9（2）	C11—C10—H10	116.1
C1—O2—Cu1	113.7（3）	C15—C14—H14	119.9
C15—O4—C18	118.5（4）	C15—C14—C13	120.2（5）
C16—O1—Cu1	121.9（3）	C13—C14—H14	119.9
C16—O1—C17	117.3（4）	C7—C6—H6	120.2
C17—O1—Cu1	111.4（3）	C5—C6—C7	119.7（5）
C3—N1—Cu1	108.0（2）	C5—C6—H6	120.2
C10—N1—Cu1	134.1（3）	C4—C5—H5A	118.8
C10—N1—C3	117.6（3）	C6—C5—C4	122.5（5）
C7—O5—H5	109.5	C6—C5—H5A	118.8
C00O—O6—H6A	109.5	C11—C12—H12	119.6
C16—C11—C10	126.0（4）	C13—C12—C11	120.8（5）

键	键角	键	键角
C12—C11—C16	118.6（4）	C13—C12—H12	119.6
C12—C11—C10	115.4（4）	O6—C00O—H00A	109.5
C9—C4—C2	121.9（4）	O6—C00O—H00B	109.5
C9—C4—C5	117.2（4）	O6—C00O—H00C	109.5
C5—C4—C2	120.8（4）	H00A—C00O—H00B	109.5
C4—C9—H9	119.3	H00A—C00O—H00C	109.5
C4—C9—C8	121.5（5）	H00B—C00O—H00C	109.5
C8—C9—H9	119.3	O4—C18—H18A	109.5
C4—C2—H2A	108.9	O4—C18—H18B	109.5
C4—C2—H2B	108.9	O4—C18—H18C	109.5
C4—C2—C3	113.3（4）	H18A—C18—H18B	109.5
H2A—C2—H2B	107.7	H18A—C18—H18C	109.5
C3—C2—H2A	108.9	H18B—C18—H18C	109.5
C3—C2—H2B	108.9	C14—C13—H13	120
O4—C15—C16	115.2（4）	C12—C13—C14	120.1（5）
O4—C15—C14	124.9（4）	C12—C13—H13	120
C14—C15—C16	119.9（5）	O1—C17—H17A	109.4
O2—C1—C3	116.2（3）	O1—C17—H17B	109.4
O3—C1—O2	124.4（4）	C17^{i}—C17—O1	111.1（5）

续表

键	键角	键	键角
O3—C1—C3	119.3（4）	C17^i—C17—H17A	109.4
N1—C3—C2	109.8（3）	C17^i—C17—H17B	109.4
N1—C3—C1	107.9（3）	H17A—C17—H17B	108
N1—C3—H3	110.3	—	—

表 4-16　钴（Ⅱ）及铜（Ⅱ）金属配合物（[CoL₃]、[CuL₃]·2CH₃OH）的氢键

配合物	D—H···A	d（D—H）/Å	d（H···A）/Å	d（D···A）/Å	∠DHA/（°）	对称代码
[CoL$_3$]	O8—H8···O2	0.842	1.921	2.664（10）	147	1/2+x, 1/2-y, 1-z
	O10—H10···O3	0.842	1.782	2.624（11）	179	1-x, 1/2+y, 1/2-z
[CuL$_3$]·2CH$_3$OH	O5—H5···O6	0.830	1.880	2.686	163.31	x-1, y, z
	O6—H6A···O3	0.830	1.867	2.694	174.00	—

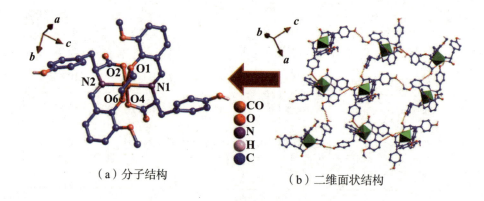

（a）分子结构　　　　　　（b）二维面状结构

图 4-14　钴（Ⅱ）金属配合物 [CoL₃] 的结构

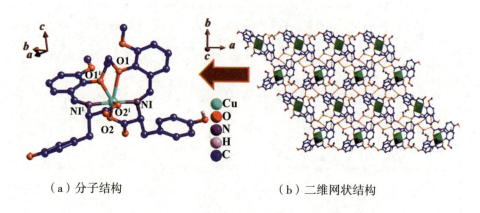

（a）分子结构　　　　　　（b）二维网状结构

图 4-15　铜（Ⅱ）金属配合物 [CuL₃]·2CH₃OH 的结构

晶体解析数据表明，与镍（Ⅱ）金属配合物 [NiL₃]·2.25CH₃OH·0.5C₄H₁₀O 相类似，上述两种金属配合物也同属正交晶系，空间群为 $P2_12_12_1$。中心离子 M（Ⅱ）均是六配位的，分别与配体（K₂L₃）分子中的两个醚基 O 原子、两个羧基 O 原子以及两个亚氨基（—CH＝N—）N 原子进行配位，形成 N₂O₄ 型变形八面体构型的中性单核 M（Ⅱ）金属配合物。

钴（Ⅱ）及铜（Ⅱ）金属配合物（[CoL₃]、[CuL₃]·2CH₃OH）分子的配位环境赤道面被四个配位 O 原子占据，并且面上所有 O 原子

离开最小二乘平面的平均标准偏差分别为 σ_P = 0.278 4、0.312 9，而
轴向被两个配位 N 原子所占据。经对比发现，镍（Ⅱ）金属配合物
$[NiL_3] \cdot 2.25CH_3OH \cdot 0.5C_4H_{10}O$ 分子中的配位环境赤道面 σ_P 值（σ_P =
0.213 4）比钴（Ⅱ）及铜（Ⅱ）金属配合物（$[CoL_3]$、$[CuL_3] \cdot 2CH_3OH$）
分子中的配位环境赤道面 σ_P 值要小，说明镍（Ⅱ）金属配合物分子中
的配位环境赤道面上的四个 O 原子共面性较好。在相同的配体（K_2L_3）
及相同的配位原子（2 个 N 原子 + 4 个 O 原子）情况下，随着中心离
子 M（Ⅱ）半径的增大，金属配合物分子中的配位环境赤道面上的四个
O 原子的共面性先变强后变弱（σ_P 值先变小后变大），同时也可以间接
说明，中心离子 M（Ⅱ）的半径对最终形成金属配合物的配位环境会造
成一定程度的影响。同时，钴（Ⅱ）及铜（Ⅱ）金属配合物（$[CoL_3]$、
$[CuL_3] \cdot 2CH_3OH$）羧基上的 O 原子与中心离子 M（Ⅱ）的配位能力也
是强于醚基上的 O 原子与中心离子 M（Ⅱ）的配位能力。

　　由图 4-14 可知，钴（Ⅱ）金属配合物 $[CoL_3]$ 分子之间通过 C5—
H5…O5 分子间作用力（红色虚线键，2.411 Å）、C1—H1C…O10 分子
间作用力（红色虚线键，2.463 Å）及 O10—H10…O3 分子间氢键作用力
（黄色虚线键，1.782 Å, 对称代码：1-x, 1/2+y, 1/2-z）形成其二维面状结
构。由图 4-15 可知，铜（Ⅱ）金属配合物 $[CuL_3] \cdot 2CH_3OH$ 分子之间通
过 C12—H12…O3 分子间作用力（红色键，2.286 Å）及 O5—H5…O6（黄
色虚线键，1.880 Å, 对称代码：x-1, y, z）及 O6—H6A…O3 分子间氢键
作用力（黄色虚线键，1.867 Å）形成其二维面状结构。

4.2.7　配合物 $[M（Ⅱ）L_3] \cdot nCH_3OH \cdot mC_4H_{10}O$ 可能的结构式

　　综合以上表征分析，该系列金属配合物 $[M（Ⅱ）L_3] \cdot nCH_3OH \cdot$
$mC_4H_{10}O$ 可能的结构式如图 4-16 所示。其中，M = Ni（Ⅱ）（n = 2.25,
m = 0.5），Co（Ⅱ）（$n = m = 0$），Zn（Ⅱ）、Mn（Ⅱ）、Cu（Ⅱ）、Cd（Ⅱ）
（$n = 2, m = 0$）。

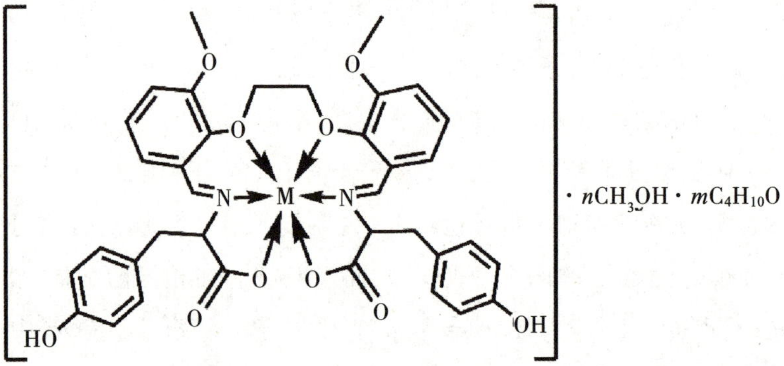

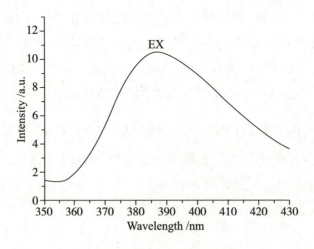

图 4-16　配合物 [M（Ⅱ）L₃]·nCH₃OH·mC₄H₁₀O 可能的结构式

4.2.8　配体、锌（Ⅱ）及镉（Ⅱ）金属配合物的荧光光谱分析

配置 1×10^{-4} mol/L 浓 度 的 配 体（K₂L₃）、锌（Ⅱ）金 属 配 合 物（[ZnL₃]·2CH₃OH）及镉（Ⅱ）金属配合物（[CdL₃]·2CH₃OH）的 DMF 溶液。室温下的激发光谱及发射光谱由荧光光谱仪（型号：F-4600）在 200 ～ 800 nm 范围摄谱得到。EX/EM 狭缝宽度为 2.5 nm/2.5nm，光电倍增管电压为 700 V，扫描速度为 1 200 nm/min。测试所得谱图如图 4-17 至图 4-22 所示，其主要荧光数据见表 4-17 所列。

图 4-17　配体 K₂L₃ 的激发光谱

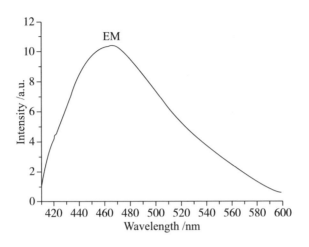

图 4-18　配体 K₂L₃ 的发射光谱

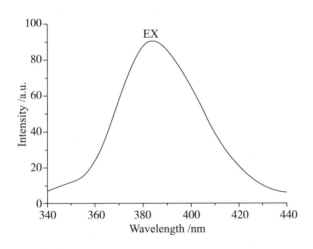

图 4-19　锌（Ⅱ）金属配合物的激发光谱

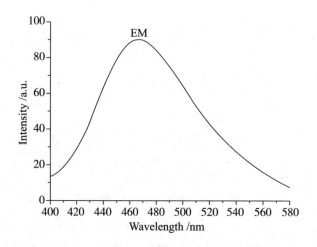

图 4-20　锌（Ⅱ）金属配合物的发射光谱

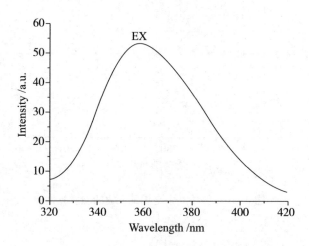

图 4-21　镉（Ⅱ）金属配合物的激发光谱

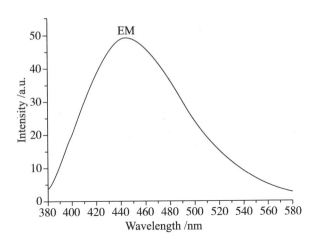

图 4-22　镉（Ⅱ）金属配合物的发射光谱

由以上的荧光谱图可知，配体 K_2L_3 在 $\lambda_{ex} = 392$ nm 处有较强的激发峰，在 $\lambda_{em} = 466$ nm 处有较强的发射峰；锌（Ⅱ）金属配合物（$[ZnL_3] \cdot 2CH_3OH$）在 $\lambda_{ex} = 381$ nm 处有较强的激发峰，在 $\lambda_{em} = 469$ nm 处有较强的发射峰；镉（Ⅱ）金属配合物（$[CdL_3] \cdot 2CH_3OH$）在 $\lambda_{ex} = 358$ nm 处有较强的激发峰，在 $\lambda_{em} = 443$ nm 处有较强的发射峰。与配体相比，锌（Ⅱ）金属配合物（$[ZnL_3] \cdot 2CH_3OH$）及镉（Ⅱ）金属配合物（$[CdL_3] \cdot 2CH_3OH$）的荧光性能增强，尤其是锌（Ⅱ）金属配合物的荧光性能增强最显著。其原因可能为锌离子（Ⅱ）及镉离子（Ⅱ）与配体 K_2L_3 配位后，导致亚氨基（—CH=N—）的轨道能级发生了改变，亚氨基中 N 原子的孤对电子无法向荧光团的 HOMO 轨道发生转移，光诱导转移过程（PET）被阻断，荧光团的荧光恢复。

**表 4-17　室温下配体、锌（Ⅱ）及镉（Ⅱ）金属配合物的最大激发
及最大发射波长**

配体/配合物	K_2L_3	$[ZnL_3] \cdot 2CH_3OH$	$[CdL_3] \cdot 2CH_3OH$
λ_{ex}/nm	392	381	358
λ_{em}/nm	466	469	443

4.3 金属配合物的量子化学计算研究

4.3.1 配合物的结构优化

以 BMFPE 缩 L- 酪氨酸席夫碱镍（Ⅱ）、钴（Ⅱ）及铜（Ⅱ）金属配合物（[NiL$_3$]·2.25CH$_3$OH·0.5C$_4$H$_{10}$O、[CoL$_3$]、[CuL$_3$]·2CH$_3$OH）的晶体结构为基础，采用第 2 章 2.3.1 小节相同的计算方法对上述三种金属配合物的结构进行优化。对 Ni、Co 及 Cu 原子采用 LANL2DZ 赝势基组，对 C、H、N 及 O 原子采用 6-31G 基组进行结构优化。

计算结果均满足了默认的收敛标准，说明通过计算优化得到的金属配合物（[NiL$_3$]·2.25CH$_3$OH·0.5C$_4$H$_{10}$O、[CoL$_3$]、[CuL$_3$]·2CH$_3$OH）的结构都是稳定的。对上述镍（Ⅱ）及钴（Ⅱ）两种金属配合物的晶体结构 [图 4-23（a）] 进行了叠合。经 4.2.6 小节的单晶分析结果表明，上述两种金属配合物拥有相似的空间结构与配位环境，因此，两种金属配合物的晶体结构可以非常好地叠合在一起。但是铜（Ⅱ）金属配合物 [CuL$_3$]·2CH$_3$OH 的晶体结构与镍（Ⅱ）及钴（Ⅱ）两种金属配合物的晶体结构在空间结构上有略微的不同，不能较好地叠合在一起。通过对比表 4-7 和表 4-12，发现两个醚基 O 与中心 Cu（Ⅱ）离子形成的 Cu—O 配位键的键长明显变大，配体 K$_2$L$_3$ 具有一定的柔性，所以在铜（Ⅱ）金属配合物中配体的扭转方式发生了改变，最终导致了铜（Ⅱ）金属配合物的晶体结构与镍（Ⅱ）及钴（Ⅱ）两个金属配合物的晶体结构在空间结构上有略微的不同（图 4-24）。同时分别对镍（Ⅱ）金属配合物 [NiL$_3$]·2.25CH$_3$OH·0.5C$_4$H$_{10}$O 的晶体结构（绿色）与 DFT 优化结构（红色）、钴（Ⅱ）金属配合物 [CoL$_3$] 的晶体结构（绿色）与 DFT 优化结构（红色）及铜（Ⅱ）金属配合物 [CuL$_3$]·2CH$_3$OH 的晶体结构（绿色）与 DFT 优化结构（红色）进行了叠合（图 4-25）。由该图可知，在该水平下计算得到的金属配合物的优化结构（红色）与实验晶体结构（绿色）

可以较好地吻合。此外，镍（Ⅱ）及钴（Ⅱ）两种金属配合物的 DFT 优化结构 [图 4-23（b）] 也可以较好地吻合，间接证明了金属配合物结构优化的稳定性。

以镍（Ⅱ）金属配合物 [NiL$_3$]·2.25CH$_3$OH·0.5C$_4$H$_{10}$O 的优化结构（图 4-26）为例，列出了其优化后键长、键角数据见表 4-18 和表 4-19 所列。结合表 4-6 和表 4-7，镍（Ⅱ）金属配合物 [NiL$_3$]·2.25CH$_3$OH·0.5C$_4$H$_{10}$O 在上述计算水平下的优化结果与晶体实际测试结果比较吻合。其中，Ni1—O6 及 Ni1—O7 的优化结构的键长比实测键长略长，这是因为在晶体场的作用下，分子键长会略微变短所导致的。

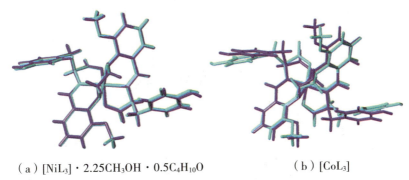

（a）[NiL$_3$]·2.25CH$_3$OH·0.5C$_4$H$_{10}$O　　　　　（b）[CoL$_3$]

图 4-23　镍（Ⅱ）及钴（Ⅱ）金属配合物的晶体结构（绿色）与优化结构（紫色）的叠合图

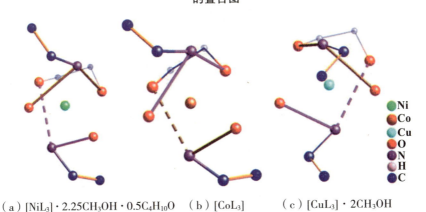

（a）[NiL$_3$]·2.25CH$_3$OH·0.5C$_4$H$_{10}$O　（b）[CoL$_3$]　　（c）[CuL$_3$]·2CH$_3$OH

图 4-24　镍（Ⅱ）、钴（Ⅱ）及铜（Ⅱ）金属配合物中配体的扭转方式

（a）[NiL₃]·2.25CH₃OH·0.5C₄H₁₀O　（b）[CoL₃]　　（c）[CuL₃]·2CH₃OH

图 4-25　镍（Ⅱ）、钴（Ⅱ）及铜（Ⅱ）金属配合物的晶体结构（绿色）与优化结构（红色）的叠合图

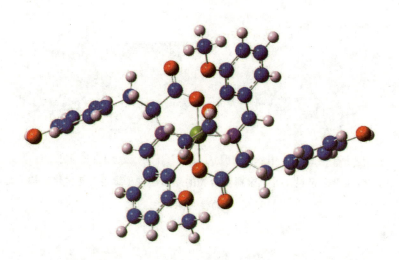

图 4-26　镍（Ⅱ）金属配合物 [NiL₃]·2.25CH₃OH·0.5C₄H₁₀O 的优化分子模型

表 4-18　镍（Ⅱ）金属配合物 $[NiL_3] \cdot 2.25CH_3OH \cdot 0.5C_4H_{10}O$ 主要键长的理论值
和实测值

单位：Å

键	键长	
	理论值	实测值
Ni1—O3	1.882	1.993（4）
Ni1—O4	1.879	2.012（4）
Ni1—O6	2.767	2.104（4）
Ni1—O7	2.766	2.097（3）
Ni1—N1	1.909	1.985（4）
Ni1—N2	1.910	1.987（4）
N1—C10	1.295	1.276（7）
N2—C26	1.295	1.262（7）

表 4-19　镍（Ⅱ）金属配合物 $[NiL_3] \cdot 2.25CH_3OH \cdot 0.5C_4H_{10}O$ 主要键角的理论值和
实测值

单位：（°）

键	键角	
	理论值	实测值
N1—Ni1—O4	94.25	94.68（15）
N1—Ni1—O7	102.42	97.88（16）
N1—Ni1—O6	77.56	85.65（16）
N1—Ni1—N2	179.90	174.48（18）
N1—Ni1—O3	85.79	83.11（16）

续表

键	键角	
	理论值	实测值
N2—Ni1—O4	85.77	82.23（16）
N2—Ni1—O7	77.48	85.90（16）
N2—Ni1—O6	102.35	99.12（16）
N2—Ni1—O3	94.23	92.54（16）

4.3.2 金属离子及配位原子的自然电荷分布及电子组态

BMFPE 缩 L- 酪氨酸席夫碱镍（Ⅱ）、钴（Ⅱ）及铜（Ⅱ）金属配合物（$[NiL_3] \cdot 2.25CH_3OH \cdot 0.5C_4H_{10}O$、$[CoL_3]$、$[CuL_3] \cdot 2CH_3OH$）主要的自然原子电荷分布情况及电子组态见表 4-20 至表 4-22 所列。

表 4-20　镍（Ⅱ）金属配合物 $[NiL_3] \cdot 2.25CH_3OH \cdot 0.5C_4H_{10}O$ 主要的自然原子电荷分布及电子组态

原子	电荷/e	电子组态	键
Ni1	1.022	[core] 4s（0.31）3d（8.64）4p（0.01）4d（0.01）5p（0.02）	—
O3	-0.728	[core] 2s（1.73）2p（5.00）3p（0.01）	Ni1—O3
O4	-0.729	[core] 2s（1.73）2p（5.00）3p（0.01）	Ni1—O4
O6	-0.552	[core] 2s（1.61）2p（4.93）3p（0.01）	Ni1—O6
O7	-0.552	[core] 2s（1.61）2p（4.93）3p（0.01）	Ni1—O7
N1	-0.469	[core] 2s（1.35）2p（4.11）3p（0.02）	Ni1—N1
N2	-0.469	[core] 2s（1.35）2p（4.11）3p（0.02）	Ni1—N2

表 4-21　钴（Ⅱ）金属配合物 [CoL$_3$] 主要的自然原子电荷分布及电子组态

原子	电荷/e	电子组态	键
Co1	1.122	[core] 4s(0.23)3d(7.61)4p(0.02)4d(0.01)5p(0.01)	—
O1	-0.582	[core] 2s（1.62）2p（4.95）3p（0.01）	Co1—O1
O2	-0.766	[core] 2s（1.73）2p（5.03）3p（0.01）	Co1—O2
O4	-0.765	[core] 2s（1.73）2p（5.03）3p（0.01）	Co1—O4
O6	-0.582	[core] 2s（1.62）2p（4.95）3p（0.01）	Co1—O6
N1	-0.446	[core] 2s（1.34）2p（4.09）3p（0.02）	Co1—N1
N2	-0.446	[core] 2s（1.35）2p（4.09）3p（0.02）	Co1—N2

表 4-22　铜（Ⅱ）金属配合物 [CuL$_3$]·2CH$_3$OH 主要的自然原子电荷分布
及电子组态

原子	电荷/e	电子组态	键
Cu1	1.342	[core] 4s(0.29)3d(9.34)4p(0.02)5p(0.01)	—
O1	-0.561	[core] 2s（1.60）2p（4.95）3p（0.01）	Cu1—O1
O1^i	-0.561	[core] 2s（1.60）2p（4.95）3p（0.01）	Cu1—O1^i
O2	-0.816	[core] 2s（1.74）2p（5.07）	Cu1—O2
O2^i	-0.816	[core] 2s（1.74）2p（5.07）	Cu1—O2^i
N1	-0.538	[core] 2s（1.36）2p（4.16）3p（0.02）	Cu1—N1
N1^i	-0.538	[core] 2s（1.36）2p（4.16）3p（0.02）	Cu1—N1^i

　　以镍（Ⅱ）金属配合物 [NiL$_3$]·2.25CH$_3$OH·0.5C$_4$H$_{10}$O 为例，中心离子 Ni（Ⅱ）、配位 N 原子及 O 原子的电子组态分别为 4s$^{0.31}$3d$^{8.64}$、2s$^{1.35}$2p$^{4.11}$ 和 2s$^{1.61\sim1.73}$2p$^{4.93\sim5.00}$。因此，中心离子 Ni（Ⅱ）与配位 N 原子及

O 原子发生配位作用主要集中在 3d 及 4s 轨道。两个配位 N 原子通过 2s 及 2p 轨道与中心离子 Ni（Ⅱ）形成配位键。四个配位 O 原子向中心离子 Ni（Ⅱ）提供 2s 及 2p 轨道上的电子。因此，中心离子 Ni（Ⅱ）可以从配体中的配位 N 原子及 O 原子获得电子，中心离子 Ni（Ⅱ）的净电荷为 +1.022 e，配位 N 原子及 O 原子所带电荷为 −0.469 e、−0.469 e 及 −0.728 e、−0.729 e、−0.552 e、−0.552 e。根据价键理论，配位 N 原子及 O 原子和中心离子 Ni（Ⅱ）之间存在明显的共价相互作用。由于配位键作用的存在，中心离子 Ni（Ⅱ）是吸电子的，使得配位 N 原子及 O 原子周围的电子云密度变大，因此配位原子外层 2p 轨道中的电子数量会略微增加。而羧基氧原子 O3 及 O4 所带电荷有所升高，这是因为羧基氧原子上积聚着负电荷，与带正电荷的中心离子 Ni（Ⅱ）配位后，电子流向中心离子 Ni（Ⅱ），从而羧基氧原子 O3 及 O4 的电荷升高。

4.3.3　配合物前线分子轨道能量与组成

采用第 2 章相同的计算方法，使用 Gaussian 03 量子化学计算程序，对 BMFPE 缩 L- 酪氨酸席夫碱镍（Ⅱ）、钴（Ⅱ）及铜（Ⅱ）金属配合物（[NiL$_3$] · 2.25CH$_3$OH · 0.5C$_4$H$_{10}$O、[CoL$_3$]、[CuL$_3$] · 2CH$_3$OH）的分子结构进行优化，计算所得的部分前线分子轨道的能量和主要成分在轨道中的组成数据见表 4-23 至表 4-25 所列，部分前线分子轨道分布情况如图 4-27 至图 4-29 所示。

表 4-23　镍（Ⅱ）金属配合物 [NiL$_3$] · 2.25CH$_3$OH · 0.5C$_4$H$_{10}$O 的部分前线轨道能量和组成

轨道	HOMO−1	HOMO	LUMO	LUMO+1
能量 /a.u.	−0.202	−0.201	−0.069	−0.058

续表

轨道		HOMO-1	HOMO	LUMO	LUMO+1
组成 /%	Ni（1）	52.24	74.30	6.17	3.33
	N（1）	0.178	1.53	10.99	12.13
	N（2）	0.160	1.55	11.26	11.71
	O（3）	13.11	6.27	15.44	13.87
	O（4）	14.54	4.00	3.02	3.31
	O（6）	0.06	1.65	4.51	4.97
	O（7）	0.597	1.14	4.66	4.82
	O（2）	6.50	2.70	3.12	3.21
	O（5）	8.54	0.31	15.93	13.48

表 4-24　钴（Ⅱ）金属配合物 [CoL$_3$] 的部分前线轨道能量和组成

轨道		HOMO-1	HOMO	LUMO	LUMO+1
能量 /a.u.		−0.193	−0.178	−0.075	−0.064
组成 /%	Co（1）	50.00	37.59	7.26	2.76
	N（1）	0.43	0.13	10.49	11.63
	N（2）	0.42	0.16	10.87	11.17
	O（1）	0.73	1.56	6.20	7.55
	O（2）	13.77	19.29	5.49	6.00
	O（4）	13.68	18.68	12.40	10.93
	O（6）	0.73	1.59	5.71	5.78
	O（3）	9.32	8.96	6.45	7.26
	O（5）	9.11	8.18	12.94	10.51

表4-25　铜（Ⅱ）金属配合物[CuL$_3$]·2CH$_3$OH的部分前线轨道能量和组成

轨道		HOMO-1	HOMO	LUMO	LUMO+1
能量 /a.u.		−0.212	−0.209	−0.066	−0.063
组成 /%	O（3）	15.19	21.72	11.08	11.95
	N（1）	0.19	2.20	13.83	13.82
	C（4）	5.37	2.13	3.26	3.61
	C（7）	3.99	1.58	6.40	7.06
	O（5）	4.23	1.57	5.36	5.55
	O（3）[i]	21.61	27.27	11.70	11.35
	N（1）[i]	0.29	2.25	14.59	13.11
	C（4）[i]	5.62	3.12	3.44	3.43
	C（7）[i]	4.18	2.32	6.75	6.70
	O（5）[i]	4.38	2.33	5.63	5.24

　　以镍（Ⅱ）金属配合物 [NiL$_3$]·2.25CH$_3$OH·0.5C$_4$H$_{10}$O 为例，由表 4-23 可知，该配合物分子的总能量为 −2422.738 a.u.。相应的 HOMO-1、HOMO、LUMO、LUMO+1 轨道能量分别为 −0.202、−0.201、−0.069、−0.058 a.u.，HOMO 轨道与 LUMO 轨道之间的能隙差为 0.132 a.u.。分子总能量、HOMO 轨道、LUMO 轨道及其邻近的分子轨道的能量都为负值，说明该镍（Ⅱ）金属配合物 [NiL$_3$]·2.25CH$_3$OH·0.5C$_4$H$_{10}$O 具有较好的稳定性。

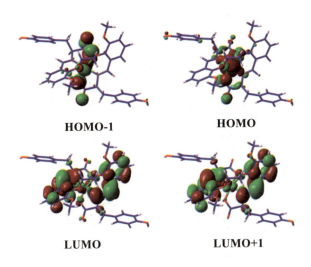

图 4-27　镍（Ⅱ）金属配合物 [NiL$_3$]·2.25CH$_3$OH·0.5C$_4$H$_{10}$O 的前线轨道分布

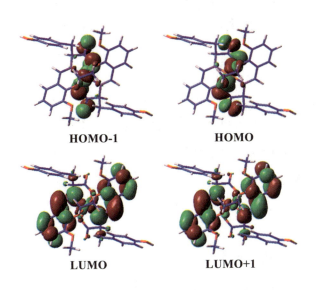

图 4-28　钴（Ⅱ）金属配合物 [CoL$_3$] 的前线轨道分布

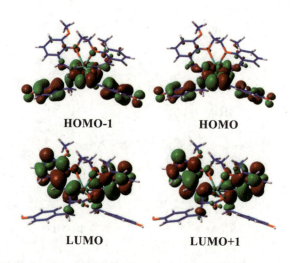

HOMO-1   HOMO
LUMO   LUMO+1

图 4-29　铜（Ⅱ）金属配合物 [CuL₃]·2CH₃OH 的前线轨道分布

以镍（Ⅱ）金属配合物 [NiL₃]·2.25CH₃OH·0.5C₄H₁₀O 为例，由图 4-27 可知，该金属配合物分子的 HOMO 及 HOMO-1 轨道主要定域在中心离子 Ni（Ⅱ）及配合物分子结构中的配位 O 原子（O3、O4）上，LUMO 及 LUMO+1 轨道主要定域在配合物分子中的亚氨基（—CH＝N—）基团及甲氧基所在的两个苯环上。然而，铜（Ⅱ）金属配合物 [CuL₃]·2CH₃OH 的 HOMO 及 HOMO-1 轨道主要定域在配合物分子结构中的羧基氧原子（O3、O3ⁱ）及酚羟基上的两个苯环上，LUMO 及 LUMO+1 轨道主要定域在配合物分子中的亚氨基（—CH＝N—）基团及甲氧基所在的两个苯环上。

4.3.4　配合物静电势

以优化的 BMFPE 缩 L- 酪氨酸席夫碱镍（Ⅱ）、钴（Ⅱ）及（Ⅱ）铜金属配合物（[NiL₃]·2.25CH₃OH·0.5C₄H₁₀O、[CoL₃]、[CuL₃]·2CH₃OH）结构为基础，通过计算得到的分子静电势如图 4-30 至图 4-32 所示，静电势区间分布图如图 4-33 所示。同时钴（Ⅱ）、铜（Ⅱ）金属配合物分子的自旋密度分布情况如图 4-34 所示。

−0.110 a.u.   0.090 a.u.

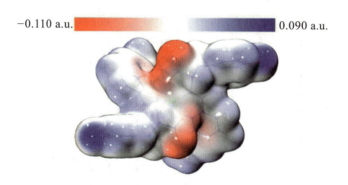

图 4-30　镍（Ⅱ）金属配合物 [NiL₃]·2.25CH₃OH·0.5C₄H₁₀O 静电势的电子密度

−0.120 a.u.   0.090 a.u.

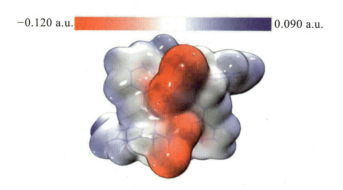

图 4-31　钴（Ⅱ）金属配合物 [CoL₃] 静电势的电子密度

−0.100 a.u.   0.080 a.u.

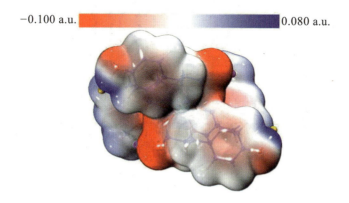

图 4-32　铜（Ⅱ）金属配合物 [CuL₃]·2CH₃OH 静电势的电子密度

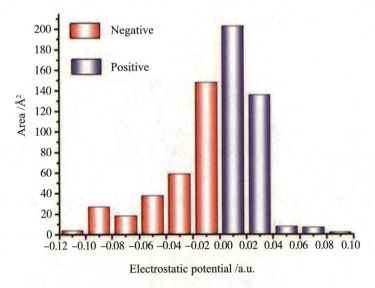

（a）[NiL$_3$] · 2.25CH$_3$OH · 0.5C$_4$H$_{10}$O

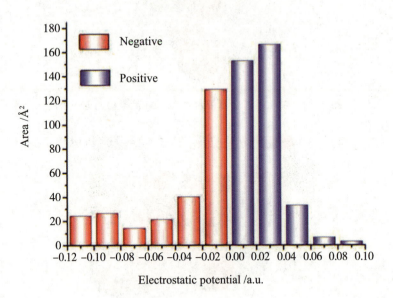

（b）[CoL$_3$]

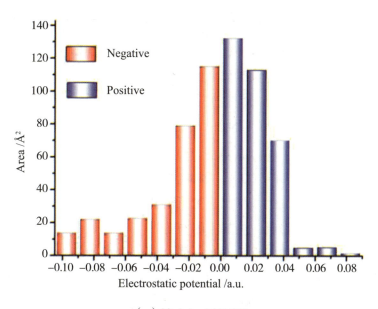

（c）[CuL$_3$]·2CH$_3$OH

图 4-33　镍（Ⅱ）、钴（Ⅱ）及铜（Ⅱ）金属配合物的静电势区间分布图

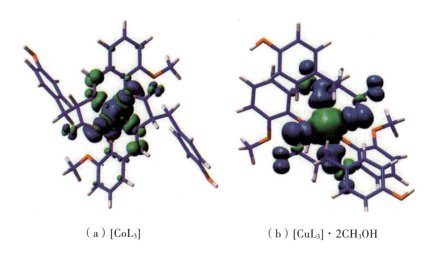

（a）[CoL$_3$]　　　　　　　　　　（b）[CuL$_3$]·2CH$_3$OH

图 4-34　钴（Ⅱ）及铜（Ⅱ）金属配合物的自旋密度分布

由图 4-30 至图 4-32 可知，镍（Ⅱ）、钴（Ⅱ）及铜（Ⅱ）金属配合物（$[NiL_3] \cdot 2.25CH_3OH \cdot 0.5C_4H_{10}O$、$[CoL_3]$、$[CuL_3] \cdot 2CH_3OH$）分子静电势图上的负静电势区域（红色区域）主要定域在这三种金属配合物分子中羧基上的 O 原子上。这些 O 原子附近的静电势极值分别为 -0.104 和 -0.104 a.u.（$[NiL_3] \cdot 2.25CH_3OH \cdot 0.5C_4H_{10}O$：O2、O5）；$-0.114$ a.u. 和 -0.114 a.u.（$[CoL_3]$：O3、O5）；-0.097 a.u. 和 -0.097 a.u.（$[CuL_3] \cdot 2CH_3OH$：O3、O3i）。因此，羧基上的 O 原子是上述三种金属配合物分子中易发生亲核反应的活性位点。当上述金属配合物与生物活性受体相互作用时，羧基上的 O 原子可以提供电子，与受体之间形成分子间氢键等作用力。羧基上的 O 原子周围的静电势为负值，这些羧基 O 原子同样可以与其他分子之间形成氢键或弱相互作用，这与实验结果相一致。其中，镍（Ⅱ）、钴（Ⅱ）及铜（Ⅱ）金属配合物（$[NiL_3] \cdot 2.25CH_3OH \cdot 0.5C_4H_{10}O$、$[CoL_3]$、$[CuL_3] \cdot 2CH_3OH$）通过 C—H⋯O 分子间弱作用力及 O—H⋯O 分子间氢键作用力形成其二维面状结构。由图 4-34 可知，钴（Ⅱ）及铜（Ⅱ）金属配合物（$[CoL_3]$、$[CuL_3] \cdot 2CH_3OH$）分子上的未成对电子主要定域于配合物结构中的 M（Ⅱ）N_2O_4 区域。

由图 4-33 可知，上述三种金属配合物（$[NiL_3] \cdot 2.25CH_3OH \cdot 0.5C_4H_{10}O$、$[CoL_3]$、$[CuL_3] \cdot 2CH_3OH$）分子不同静电势区间内的表面积分布相对不均匀。负静电势区域呈分散式分布，主要分布在 5 至 7 个区间内，负静电势区域面积分别为 293.563 Å^2（$[NiL_3] \cdot 2.25CH_3OH \cdot 0.5C_4H_{10}O$）、256.166 Å^2（$[CoL_3]$）和 297.320 Å^2（$[CuL_3] \cdot 2CH_3OH$），所占百分比为 45.28%（$[NiL_3] \cdot 2.25CH_3OH \cdot 0.5C_4H_{10}O$）、41.49%（$[CoL_3]$）和 47.64%（$[CuL_3] \cdot 2CH_3OH$）。正静电势区域呈集中式分布，主要分布在 2 至 3 个区间内，正静电势区域面积分别为 354.822 Å^2（$[NiL_3] \cdot 2.25CH_3OH \cdot 0.5C_4H_{10}O$）、361.319 Å^2（$[CoL_3]$）和 326.713 Å^2（$[CuL_3] \cdot 2CH_3OH$），所占百分比为 54.72%（$[NiL_3] \cdot 2.25CH_3OH \cdot 0.5C_4H_{10}O$）、58.51%（$[CoL_3]$）和 52.36%

（[CuL₃]·2CH₃OH）。通过对比发现，上述三种金属配合物的分子正负静
电势区域的总面积占比相对比较平均。

4.4　本章小结

（1）设计合成了 BMFPE 缩 L- 酪氨酸席夫碱镍（Ⅱ）、钴（Ⅱ）、
锌（Ⅱ）、锰（Ⅱ）、铜（Ⅱ）及镉（Ⅱ）金属配合物，同时培养得到
镍（Ⅱ）、钴（Ⅱ）及铜（Ⅱ）三个金属配合物的晶体。采用多种分析
表征方法对上述合成得到的六种金属配合物进行表征，上述六种金属配
合物的分子组成分别为 $[Ni（C_{36}H_{34}N_2O_{10}）]·2.25CH_3OH·0.5C_4H_{10}O$、
$[Co（C_{36}H_{34}N_2O_{10}）]$、$[Zn（C_{36}H_{34}N_2O_{10}）]·2CH_3OH$、$[Mn$
$（C_{36}H_{34}N_2O_{10}）]·2CH_3OH$、$[Cu（C_{36}H_{34}N_2O_{10}）]·2CH_3OH$ 以 及 $[Cd$
$（C_{24}H_{26}N_2O_{10}）]·2CH_3OH$。X 射线单晶衍射分析表明，中心 Ni（Ⅱ）、
Co（Ⅱ）、Cu（Ⅱ）离子是都是六配位的，分别与配体（K₂L₃）分子中
的两个醚基 O 原子、两个羧基 O 原子以及两个亚氨基（—CH＝N—）N
原子进行配位，形成了 N_2O_4 型变形八面体构型。赤道面被两个醚基 O
原子及两个羧基 O 原子所占据，而轴向被两个亚氨基（—CH＝N—）上
的 N 原子所占据。配位后金属离子 M（Ⅱ）周围形成了 3 个五元环及 2
个六元环。通过对比配位键的键长表明，三种金属配合物羧基上的 O 原
子与中心离子 M（Ⅱ）的配位能力强于醚基上的 O 原子与中心离子 M（Ⅱ）
的配位能力。

（2）采用密度泛函理论（DFT）B3LYP 计算方法，以 BMFPE
缩 L- 酪氨酸席夫碱镍（Ⅱ）、钴（Ⅱ）及铜（Ⅱ）金属配合物
（[NiL₃]·2.25CH₃OH·0.5C₄H₁₀O、[CoL₃]、[CuL₃]·2CH₃OH）的晶体
结构为基础，对三种金属配合物的结构进行优化，在该水平下计算得到
的金属配合物的优化结构与实验晶体结构可以较好地叠合，表明计算模
型具有较好的稳定性。同时计算了镍（Ⅱ）、钴（Ⅱ）及铜（Ⅱ）金属

配合物（$[NiL_3] \cdot 2.25CH_3OH \cdot 0.5C_4H_{10}O$、$[CoL_3]$、$[CuL_3] \cdot 2CH_3OH$）主要的自然原子电荷分布及电子组态、前线轨道能量与组成、静电势及区间分布和自旋密度。计算结果表明，上述三种金属配合物分子具有较好的稳定性，同时金属配合物分子上存在着容易发生亲核反应的活性位点，同时，该活性位点容易与生物活性受体或其他分子之间形成氢键或弱相互作用。钴（Ⅱ）及铜（Ⅱ）金属配合物（$[CoL_3]$、$[CuL_3] \cdot 2CH_3OH$）分子上的未成对电子主要定域于配合物结构中的 M（Ⅱ）N_2O_4 区域。

第 5 章 1,2-双（2-甲氧基-6-甲酰基苯氧基）乙烷（BMFPE）缩 L-4-氯苯丙氨酸席夫碱金属配合物的合成、表征及量子化学计算

本章选取 BMFPE 为醛类化合物，使其与两分子的去质子化的 L-4-氯苯丙氨酸（L-4-chlorophenylalanine）缩合反应得到席夫碱配体 [K$_2$（C$_{36}$H$_{32}$N$_2$O$_8$Cl$_2$）、K$_2$L$_4$]，然后利用该配体 K$_2$L$_4$ 分别与过渡金属的二价羧酸盐 [Ni（Ⅱ）、Co（Ⅱ）、Zn（Ⅱ）、Mn（Ⅱ）、Cu（Ⅱ）、Cd（Ⅱ）] 进行配位反应，得到了一系列的新型 BMFPE 缩 L-4-氯苯丙氨酸席夫碱系列金属配合物，并通过自然挥发法培养得到了铜（Ⅱ）金属配合物晶体，通过液液扩散法培养得到了镍（Ⅱ）、钴（Ⅱ）两种金属配合物的晶体。

利用元素分析、IR、UV-Vis、TG-DTG 及 XRD 等分析测试方法对合成得到的金属配合物进行结构表征，推测其可能的化学结构。上述六种金属配合物的分子组成分别为 [Ni（C$_{36}$H$_{32}$N$_2$O$_8$Cl$_2$）]·2CH$_3$OH、[Co（C$_{36}$H$_{32}$N$_2$O$_8$Cl$_2$）]·4CH$_3$OH、[Zn（C$_{36}$H$_{32}$N$_2$O$_8$Cl$_2$）]·2CH$_3$OH、[Mn（C$_{36}$H$_{32}$N$_2$O$_8$Cl$_2$）]·2CH$_3$OH、[Cu（C$_{36}$H$_{32}$N$_2$O$_8$Cl$_2$）]·2CH$_3$OH 以

及 [Cd（$C_{36}H_{32}N_2O_8Cl_2$）]·$2CH_3OH$。对配体 K_2L_4、锌（Ⅱ）及镉（Ⅱ）金属配合物（[ZnL_4]·$2CH_3OH$、[CdL_4]·$2CH_3OH$）的荧光性能进行了研究。运用密度泛函理论，以镍（Ⅱ）、钴（Ⅱ）及铜（Ⅱ）金属配合物（[NiL_4]·$2CH_3OH$、[CoL_4]·$4CH_3OH$、[CuL_4]·$2CH_3OH$）的晶体学数据为基础，采用 B3LYP 计算方法 6-31G 及 LANL2DZ 混合基组对其进行了几何优化及相关的量子化学计算，研究了其自然原子电荷分布（NPA）及电子组态、前线分子轨道（FMO）能量与组成、分子静电势（MEP）及区间分布情况和自旋密度等。对上述金属配合物的化学结构及理论计算研究将会为下一步的性质研究提供一定的理论支撑。

5.1 实验

5.1.1 化学试剂

实验所需的化学试剂见表 5-1 所列。

表 5-1 化学试剂

名称	纯度	生产厂家
邻香草醛	AR	百灵威科技有限公司
1,2- 二溴乙烷	AR	阿拉丁试剂公司
K_2CO_3	AR	国药集团化学试剂有限公司
KOH	AR	国药集团化学试剂有限公司
KBr	SP	阿拉丁试剂公司
N,N- 二甲基甲酰胺	AR	国药集团化学试剂有限公司
无水甲醇	AR	国药集团化学试剂有限公司
DMSO-d_6	GR	百灵威科技有限公司

续表

名称	纯度	生产厂家
L-4- 氯苯丙氨酸	BR	阿拉丁试剂公司
Ni（CH₃COO）₂·4H₂O	AR	国药集团化学试剂有限公司
Co（CH₃COO）₂·4H₂O	AR	国药集团化学试剂有限公司
Zn（CH₃COO）₂·2H₂O	AR	国药集团化学试剂有限公司
Mn（CH₃COO）₂·4H₂O	AR	国药集团化学试剂有限公司
Cu（CH₃COO）₂·H₂O	AR	国药集团化学试剂有限公司
Cd（CH₃COO）₂·2H₂O	AR	国药集团化学试剂有限公司

5.1.2　主要仪器及型号

实验所需主要仪器及型号见表 5-2 所列。

表 5-2　主要仪器及型号

仪器	型号
元素分析仪	Perkin Elmer 2400 型元素分析仪
红外光谱仪	Nicolet 170SX 红外光谱仪
紫外 - 可见分光光度计	Shimadzu UV 2550 双光束紫外可见光分光光度计
热重分析仪	Perkin-Elmer TGA-7 热重分析仪
荧光光谱仪	F-4600（日本）荧光光谱仪
X 射线单晶衍射仪	Bruker Smart-1000 CCD 型 X 射线单晶衍射仪
高斯 03 计算服务器	英特尔奔腾Ⅳ计算机（Intel Core 2 Duo）

5.1.3　BMFPE 缩 L-4- 氯苯丙氨酸席夫碱金属配合物的合成

称取 0.399 g（2 mmol）L-4- 氯苯丙氨酸（$C_9H_{10}ClNO_2$）和等物质

的量的氢氧化钾（KOH）（0.112 g, 2 mmol）于 100 mL 单口圆底烧瓶中，加入 25 mL 无水甲醇，加热到 50 ℃，磁力搅拌大约 2 h，L-4-氯苯丙氨酸完全溶解，体系呈无色透明溶液。然后缓慢地逐滴向圆底烧瓶中加入含有 0.330 g（1 mmol）BMFPE 的 25 mL 无水甲醇溶液，控制反应温度为 50 ℃，加热回流 6 h，得到配体 [K_2（$C_{36}H_{32}N_2O_8Cl_2$），K_2L_4] 的浅黄色透明溶液。反应方程式为

将分别溶有 1 mmol 的过渡金属的二价羧酸盐——Ni（CH_3COO）$_2$·$4H_2O$（约 0.248 g）、Co（CH_3COO）$_2$·$4H_2O$（约 0.249 g）、Zn（CH_3COO）$_2$·$2H_2O$（约 0.220 g）、Mn（CH_3COO）$_2$·$4H_2O$（约 0.244 g）、Cu（CH_3COO）$_2$·H_2O（约 0.199 g）、Cd（CH_3COO）$_2$·$2H_2O$（约 0.266 g）的 15 mL 无水甲醇溶液，缓慢地滴加到各自对应的含有席夫碱配体（K_2L_4）的甲醇溶液中，磁力搅拌回流 6 h，同时控制反应温度为 50℃。反应结束后冷却至室温得到配合物的甲醇溶液，过滤除去杂质。

通过自然挥发法，大约经过 5 天时间，得到了蓝色块状的铜（Ⅱ）金属配合物 [CuL_4]·$2CH_3OH$ 晶体。把其余配合物的滤液转入新的圆口烧瓶中，减压蒸馏，得到各个金属配合物（[NiL_4]·$2CH_3OH$、[CoL_4]·$4CH_3OH$、[ZnL_4]·$2CH_3OH$、[MnL_4]·$2CH_3OH$、[CdL_4]·$2CH_3OH$）的固体粉末。用蒸馏水洗涤数次，真空干燥保存。

分别称取 15 mg 的上述 6 种金属配合物粉末，并溶于 2 mL 无水甲醇中，静置 2 h，过滤除去杂质。选用无水甲醇（良性溶剂）-无水乙醚（不良溶剂）溶剂体系，利用液液扩散法，大约经过 3 天的时间，在密

封的螺口试管缓冲层附近的玻璃壁及试管底部分别得到了形状较好的镍
（Ⅱ）金属配合物 [NiL$_4$]·2CH$_3$OH 晶体（绿色，块状）及钴（Ⅱ）金属
配合物 [CoL$_4$]·4CH$_3$OH 晶体（红色，块状）。

5.2　结果与讨论

5.2.1　元素分析

对所合成的镍（Ⅱ）、钴（Ⅱ）、锌（Ⅱ）、锰（Ⅱ）、铜（Ⅱ）
及镉（Ⅱ）金属配合物（[NiL$_4$]·2CH$_3$OH、[CoL$_4$]·4CH$_3$OH、[ZnL$_4$]·
2CH$_3$OH、[MnL$_4$]·2CH$_3$OH、[CuL$_4$]·2CH$_3$OH、[CdL$_4$]·2CH$_3$OH）　中
的 C、H、N 的含量通过元素分析仪（型号：Perkin Elmer 2400）进行测量，
各元素的百分含量见表 5-3 所列。通过比较该表中的数据可得，所合成
的金属配合物分子中的 C、H、N 百分含量的实测值与理论计算值都较为
接近。

表 5-3　配合物的元素分析数据

单位：%

配合物	C	H	N
[NiL$_4$]·2CH$_3$OH	55.91	5.08	3.50
	（56.05）	（4.95）	（3.44）
[CoL$_4$]·4CH$_3$OH	54.57	5.61	3.25
	（54.68）	（5.51）	（3.19）
[ZnL$_4$]·2CH$_3$OH	55.65	4.81	3.48
	（55.59）	（4.91）	（3.41）
[MnL$_4$]·2CH$_3$OH	56.42	5.09	3.32
	（56.31）	（4.97）	（3.46）

续表

配合物	C	H	N
[CuL₄]·2CH₃OH	55.59	5.12	3.53
	（55.71）	（4.92）	（3.42）
[CdL₄]·2CH₃OH	52.89	4.73	3.12
	（52.78）	（4.64）	（3.23）

注：表中括号内的数据为实测值。

5.2.2　红外光谱分析

使用 KBr 压片法，BMFPE 缩 L-4- 氯苯丙氨酸镍（Ⅱ）、钴（Ⅱ）、锌（Ⅱ）、锰（Ⅱ）、铜（Ⅱ）、镉（Ⅱ）金属配合物（[NiL₄]·2CH₃OH、[CoL₄]·4CH₃OH、[ZnL₄]·2CH₃OH、[MnL₄]·2CH₃OH、[CuL₄]·2CH₃OH、[CdL₄]·2CH₃OH）的红外光谱（图 5-1 至图 5-6）由红外光谱仪（型号：Nicolet 170SX）在 4 000～400 cm⁻¹ 摄谱得到。其中，金属配合物红外谱图中重要的吸收峰数据见表 5-4 所列。

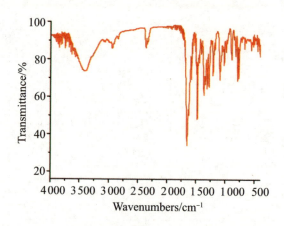

图 5-1　配合物 [NiL₄]·2CH₃OH 的红外光谱

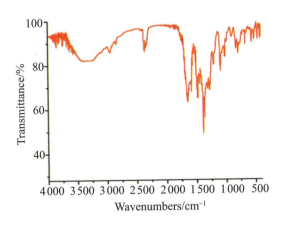

图 5-2　配合物 [CoL₄]·4CH₃OH 的红外光谱

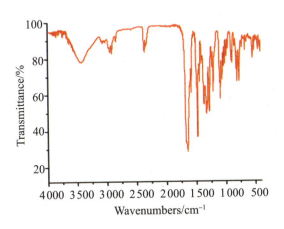

图 5-3　配合物 [ZnL₄]·2CH₃OH 的红外光谱

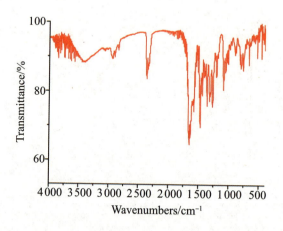

图 5-4　配合物 [MnL₄]·2CH₃OH 的红外光谱

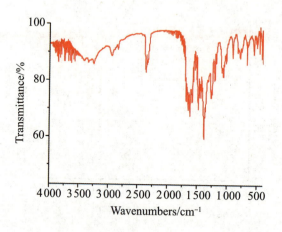

图 5-5　配合物 [CuL₄]·2CH₃OH 的红外光谱

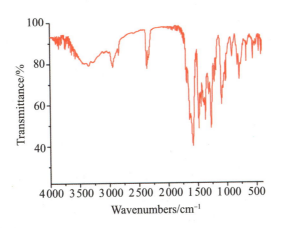

图 5-6　配合物 [CdL₄]·2CH₃OH 的红外光谱

表 5-4　配合物的主要红外光谱数据

单位：cm⁻¹

配合物	$\upsilon_{C=N}$	$\upsilon_{as}(COO-)$	$\upsilon_s(COO-)$	υ_{AR-O}	υ_{M-N}	υ_{M-O}
[NiL₄]·2CH₃OH	1 654	1 575	1 356	1 206	550	456
[CoL₄]·4CH₃OH	1 648	1 577	1 363	1 210	546	459
[ZnL₄]·2CH₃OH	1 642	1 578	1 372	1 212	538	450
[MnL₄]·2CH₃OH	1 650	1 582	1 365	1 207	532	454
[CuL₄]·2CH₃OH	1 653	1 580	1 379	1 209	561	457
[CdL₄]·2CH₃OH	1 640	1 585	1 366	1 211	560	455

上述镍（Ⅱ）、钴（Ⅱ）、锌（Ⅱ）、锰（Ⅱ）、铜（Ⅱ）及镉（Ⅱ）金属配合物（[NiL$_4$]·2CH$_3$OH、[CoL$_4$]·4CH$_3$OH、[ZnL$_4$]·2CH$_3$OH、[MnL$_4$]·2CH$_3$OH、[CuL$_4$]·2CH$_3$OH、[CdL$_4$]·2CH$_3$OH）的红外吸收光谱分别在 1 654、1 648、1 642、1 650、1 653 及 1 640 cm^{-1} 处均有一个比较强的特征吸收峰，这些峰均归属于亚氨基（—CH═N—）基团的伸缩振动吸收峰。对比上述六种金属配合物分子结构中羧基（—COO—）的反对称伸缩振动吸收峰（1 575～1 585 cm^{-1}）及对称伸缩振动吸收峰（1 356 cm^{-1}～1 379 cm^{-1}），均有 $\Delta v = v_{as(coo-)} - v_{s(coo-)} > 200$ cm^{-1}，表明结构中的羧基（—COO—）O 原子以单齿的形式与金属离子 M（Ⅱ）配位。上述六种金属配合物在 1 206～1 212 cm^{-1} 位置处均有一个比较强的特征吸收峰，该峰可归属为芳香醚基（Ph—O—C＜）上碳氧键伸缩振动吸收峰。550、546、538、532、561、560 cm^{-1} 及 456、459、450、454、457、455 cm^{-1} 处的吸收峰可分别归属于 N—M（Ⅱ）配位键的振动峰（v_{M-N}）及 O—M（Ⅱ）配位键的振动峰（v_{M-O}）。

5.2.3 紫外光谱分析

室温下，使用双光束紫外－可见分光光度计（Shimadzu UV 2550）测定配体（K$_2$L$_4$，甲醇母液）及其各种金属配合物甲醇溶液的紫外可见吸收光谱，测试所得谱图如图 5-7 所示，其主要吸收峰数据见表 5-5 所列。

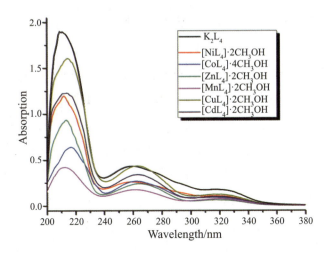

图 5-7　配体及金属配合物的紫外光谱图

表 5-5　配体及配合物的紫外光谱数据

单位：nm

配体及配合物	第一谱带λ_{max1}	第二谱带λ_{max2}
K_2L_4	211	259
$[NiL_4] \cdot 2CH_3OH$	212	262
$[CoL_4] \cdot 4CH_3OH$	215	264
$[ZnL_4] \cdot 2CH_3OH$	213	264
$[MnL_4] \cdot 2CH_3OH$	213	263
$[CuL_4] \cdot 2CH_3OH$	215	264
$[CdL_4] \cdot 2CH_3OH$	214	263

由图 5-7 可知，席夫碱配体（K_2L_4）在 200 ～ 380 nm 区域内有两个
比较强的吸收峰（λ_{max1}、λ_{max2}）。其中，第一个最大吸收峰 $\lambda_{max1} = 211$ nm，
归属为配体（K_2L_4）分子结构中苯环的 π-π^* 跃迁；第二个最大吸收峰
$\lambda_{max2} = 259$ nm，归属为配体（K_2L_4）分子结构中亚氨基（—CH＝N—）

氮原子上的孤对电子的 n-π* 跃迁。对比配体（K_2L_4）及各种金属配合物（$[NiL_4] \cdot 2CH_3OH$、$[CoL_4] \cdot 4CH_3OH$、$[ZnL_4] \cdot 2CH_3OH$、$[MnL_4] \cdot 2CH_3OH$、$[CuL_4] \cdot 2CH_3OH$、$[CdL_4] \cdot 2CH_3OH$）的紫外吸收光谱数据发现，金属配合物的吸收峰 λ_{max1} 及 λ_{max2} 的位置相比较配体（K_2L_4）的吸收峰 λ_{max1} 及 λ_{max2} 的位置均发生了一定程度的红移。这是因为金属配合物分子结构中亚氨基（$>C{=}N{-}$）中的氮原子与金属离子 M（Ⅱ）之间的配位作用（M—N），导致分子的电子离域程度变大（分子共轭程度变大），进而使 ΔE_{gap} 降低。

5.2.4　热重分析

使用 Perkin-Elmer TGA-7 型热重分析仪，在氮气气氛、25~800 ℃ 温度范围及升温速率为 10 ℃·min^{-1} 的条件下，扫描了镍（Ⅱ）金属配合物 $[NiL_4] \cdot 2CH_3OH$ 的 TG-DTG 曲线，如图 5-8 所示。

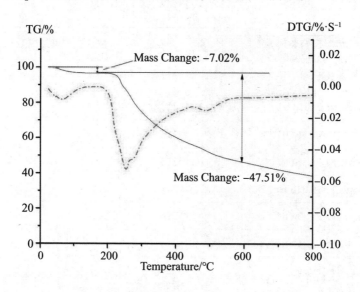

图 5-8　镍（Ⅱ）金属配合物 $[NiL_4] \cdot 2CH_3OH$ 的 TG-DTG 曲线

由图 5-8 可知，镍（Ⅱ）金属配合物 $[NiL_4] \cdot 2CH_3OH$ 的热分解是分步进行的。TG 曲线显示，第一步热分解的温度区间为 25 ～ 168 ℃，

在该步热分解过程中，配合物的失重率为 7.02%，其质量损失可归属
为两个游离甲醇分子的丢失，与理论失重率（7.87%）基本上相符；在
168～592 ℃多步热分解过程温度区间内，失重率为 47.51%，其质量损
失可归属为部分配体的逐渐分解，基本上与一半配体分子的理论失重率
（46.40%）相符。592～800 ℃温度区间为持续的失重过程，残重率为
38.71%，这一数值远远高于残余物为 NiO 时的理论值（9.17%）。这可能
是在 N_2 氛围中，配合物 $[NiL_4] \cdot 2CH_3OH$ 在 800 ℃以内分解不完全，同
时其含有较高碳量，从而产生了明显的积碳效应。

5.2.5　X 射线单晶衍射分析

分别选取 0.28 mm × 0.15 mm × 0.12 mm（绿色，块状）、0.19 mm
× 0.15 mm × 0.12 mm（红色，块状）、0.19 mm × 0.15 mm × 0.12 mm
（蓝色，块状）尺寸的 BMFPE 缩 L-4- 氯苯丙氨酸席夫碱 Ni（Ⅱ）、Co
（Ⅱ）、Cu（Ⅱ）金属配合物（$[NiL_4] \cdot 2CH_3OH$、$[CoL_4] \cdot 4CH_3OH$、
$[CuL_4] \cdot 2CH_3OH$）的单晶固定于 X 射线单晶衍射仪（Bruker Smart-1000
CCDC 型）的针头上，使用第 2 章 2.2.6 小节的方法，对上述三种金属配
合物的单晶结构进行解析及精修。

由于上述三种金属配合物（$[NiL_4] \cdot 2CH_3OH$、$[CoL_4] \cdot 4CH_3OH$、
$[CuL_4] \cdot 2CH_3OH$）均合成于同一配体——BMFPE 缩 L-4- 氯苯丙氨酸，
因此它们在分子组成、配位模式及空间结构等方面上有着相似性。下
面将以镍（Ⅱ）金属配合物 $[NiL_4] \cdot 2CH_3OH$ 为例，着重分析它的晶
体数据、配位模式及空间结构。对于钴（Ⅱ）及铜（Ⅱ）金属配合物
（$[CoL_4] \cdot 4CH_3OH$、$[CuL_4] \cdot 2CH_3OH$），只展示它们的分子晶体结构图，
并列出其相关晶体学数据。镍（Ⅱ）、钴（Ⅱ）及铜（Ⅱ）金属配合物
（$[NiL_4] \cdot 2CH_3OH$、$[CoL_4] \cdot 4CH_3OH$、$[CuL_4] \cdot 2CH_3OH$）的分子晶体结
构图、配位模式图及一维、二维空间结构均使用 Diamond 3.2K 软件根据
各个配合物的 CIF 文件绘制所得。

1.镍（Ⅱ）金属配合物 [NiL₄]·2CH₃OH 的晶体结构分析

镍（Ⅱ）金属配合物 [NiL₄·2CH₃OH] 的晶体数据见表 5-6 至表 5-9 所列。

表 5-6　镍（Ⅱ）金属配合物 [NiL₄]·2CH₃OH 的晶体学数据和结构修正参数

参数	值
化学式	$C_{38}H_{40}N_2O_{10}Cl_2Ni$
相对分子质量	814.33
温度 / K	173
波长 / Å	0.710 73
晶系	正交晶系
空间群	$P2_12_12_1$
a / Å	14.347（5）
b / Å	16.728（5）
c / Å	16.853（6）
α / (°)	90
β / (°)	90
γ / (°)	90
体积 / Å³	4 045（2）
Z	4
计算密度 / (g · cm⁻³)	1.337
吸收系数 / mm⁻¹	0.668
F（000）	1 696
晶体尺寸 / mm	0.28 × 0.15 × 0.12
θ 数据收集范围 / (°)	1.715 ～ 26.407

续表

参数	值
极限因子	$-14 \leqslant h \leqslant 17$
	$-20 \leqslant k \leqslant 20$
	$-21 \leqslant l \leqslant 21$
收集的衍射点 / 独立点	33 211 / 8 284 [$R_{int} = 0.087\ 4$]
完整度 $\theta = 25.497$	0.998
最大传输率 / 最小传输率	0.745 4 / 0.660 2
数据 / 约束 / 参数	8 284 / 0 / 485
F^2 拟合度	0.988
$R_1{}^a$, $wR_2{}^b$ [$I > 2\sigma(I)$]	$R_1 = 0.046\ 6$, $wR_2 = 0.093\ 1$
$R_1{}^a$, $wR_2{}^b$（所有衍射点）	$R_1 = 0.075\ 2$, $wR_2 = 0.104\ 7$
电子密度峰值和最大洞值 /（e.Å³）	0.437，-0.424

注：$^a R = \sum (|F_0|-|F_c|) / \sum |F_0|, {}^b wR = [\sum w(|F_0|^2-|F_c|^2)^2/ \sum w(F_0{}^2)]^{1/2}$。

上述晶体结构解析数据表明，镍（Ⅱ）金属配合物 [NiL₄]·2CH₃OH
属于正交晶系，空间群为 $P2_12_12_1$，晶胞参数 $a = 14.347（5）$Å，$b =$
$16.728（5）$Å，$c = 16.853（6）$Å，$\alpha = \gamma = \beta = 90°$，$V = 4\ 045（2）$Å³，$\rho_{calcd} =$
1.337 g/cm³，$F(000) = 1\ 696$。最终偏差因子 $R_1 = 0.046\ 6$，$wR_2 = 0.0931$[对
$I > 2\sigma(I)$ 的衍射点] 和 $R_1 = 0.075\ 2$，$wR_2 = 0.104\ 7$（对所有衍射点）。

表 5-7 镍（Ⅱ）金属配合物 [NiL₄]·2CH₃OH 的键长

单位：Å

键	键长	键	键长
Ni1—O1	2.121（3）	C4—C8	1.530（7）
Ni1—O2	2.148（3）	C5—C11	1.402（7）
Ni1—O3	1.999（3）	C5—C24	1.512（7）
Ni1—O5	2.008（3）	C5—C27	1.396（7）
Ni1—N1	2.004（4）	C6—C13	1.500（8）
Ni1—N2	1.999（4）	C6—C19	1.399（7）
C10—N1	1.283（6）	C6—C30	1.397（8）
C16—N1	1.281（6）	C7—C28	1.414（6）
O1—C14	1.462（6）	C7—C29	1.385（7）
O1—C28	1.389（6）	C8—C13	1.536（7）
O2—C2	1.387（5）	C9—C22	1.377（7）
O2—C20	1.470（5）	C11—C21	1.373（7）
O3—C12	1.278（6）	C14—C20	1.485（7）
O4—C7	1.370（6）	C15—C23	1.384（7）
O4—C25	1.433（6）	C16—C17	1.463（7）
O5—C4	1.281（6）	C17—C18	1.403（7）
O6—C15	1.373（6）	C17—C28	1.390（7）
O6—C37	1.427（6）	C18—C33	1.379（8）
O7—C12	1.231（6）	C19—C31	1.385（8）
O8—C4	1.250（5）	C21—C26	1.389（8）

续表

键	键长	键	键长
N1—C3	1.473（6）	C22—C23	1.385（8）
N1—C10	1.283（6）	C26—C34	1.371（8）
N2—C8	1.466（6）	C27—C34	1.387（8）
N2—C16	1.281（6）	C29—C33	1.381（8）
C1—C2	1.393（7）	C30—C35	1.386（8）
C1—C9	1.395（7）	C31—C32	1.386（9）
C1—C10	1.475（7）	C32—C35	1.383（8）
C2—C15	1.407（7）	O10—C38	1.391（7）
C3—C12	1.536（7）	O11—C36	1.400（7）
C3—C24	1.539（7）	—	—

表 5-8　镍（Ⅱ）金属配合物 [NiL₄]·2CH₃OH 的键角

单位:（°）

键	键角	键	键角
O1—Ni1—O2	80.06（12）	C30—C6—C13	120.0（5）
O3—Ni1—O1	94.23（13）	C30—C6—C19	117.7（5）
O3—Ni1—O2	168.00（14）	O4—C7—C28	114.8（4）
O3—Ni1—O5	92.00（14）	O4—C7—C29	126.5（4）
O3—Ni1—N1	83.23（15）	C29—C7—C28	118.7（5）
O3—Ni1—N2	95.11（15）	N2—C8—C4	108.8（4）
O5—Ni1—O1	168.90（13）	N2—C8—C13	110.9（4）

键	键角	键	键角
O5—Ni1—O2	95.41（13）	C4—C8—C13	108.1（4）
N1—Ni1—O1	93.71（14）	C22—C9—C1	120.7（6）
N1—Ni1—O2	86.59（13）	N1—C10—C1	125.1（4）
N1—Ni1—O5	96.15（15）	C21—C11—C5	122.2（5）
N2—Ni1—O1	86.97（14）	O3—C12—C3	117.0（4）
N2—Ni1—O2	95.12（14）	O7—C12—O3	124.8（5）
N2—Ni1—O5	83.33（15）	O7—C12—C3	118.1（5）
N2—Ni1—N1	178.25（16）	C6—C13—C8	112.7（4）
C14—O1—Ni1	109.8（3）	O1—C14—C20	108.7（4）
C28—O1—Ni1	122.6（3）	O6—C15—C2	116.0（5）
C28—O1—C14	116.7（4）	O6—C15—C23	124.3（5）
C2—O2—Ni1	122.8（3）	C23—C15—C2	119.6（5）
C2—O2—C20	116.5（4）	N2—C16—C17	124.8（5）
C20—O2—Ni1	108.5（3）	C18—C17—C16	116.0（5）
C12—O3—Ni1	115.1（3）	C28—C17—C16	125.6（4）
C7—O4—C25	116.8（4）	C28—C17—C18	118.4（4）
C4—O5—Ni1	113.7（3）	C33—C18—C17	120.8（5）
C15—O6—C37	117.1（4）	C31—C19—C6	121.1（6）

续表

键	键角	键	键角
C3—N1—Ni1	111.3（3）	O2—C20—C14	108.7（4）
C10—N1—Ni1	128.4（3）	C11—C21—C26	118.7（5）
C10—N1—C3	119.5（4）	C9—C22—C23	120.3（5）
C8—N2—Ni1	111.7（3）	C15—C23—C22	120.1（5）
C16—N2—Ni1	128.3（3）	C5—C24—C3	115.5（4）
C16—N2—C8	118.6（4）	C21—C26—Cl1	119.4（5）
C2—C1—C9	119.1（5）	C34—C26—Cl1	119.9（4）
C2—C1—C10	125.1（4）	C34—C26—C21	120.6（5）
C9—C1—C10	115.7（5）	C34—C27—C5	120.5（5）
O2—C2—C1	122.4（4）	O1—C28—C7	117.0（4）
O2—C2—C15	117.5（5）	O1—C28—C17	122.0（4）
C1—C2—C15	120.0（5）	C17—C28—C7	121.0（4）
N1—C3—C12	109.1（4）	C33—C29—C7	120.7（5）
N1—C3—C24	110.8（4）	C35—C30—C6	121.7（5）
C12—C3—C24	106.0（4）	C19—C31—C32	119.6（6）
O5—C4—C8	117.3（4）	C31—C32—Cl2	120.7（5）
O8—C4—O5	124.5（5）	C35—C32—Cl2	118.6（6）
O8—C4—C8	118.2（5）	C35—C32—C31	120.7（6）

续表

键	键角	键	键角
C11—C5—C24	121.7（5）	C18—C33—C29	120.3（5）
C27—C5—C11	117.5（5）	C26—C34—C27	120.4（5）
C27—C5—C24	120.8（5）	C32—C35—C30	119.1（6）
C19—C6—C13	122.2（5）	—	—

表 5-9 镍（Ⅱ）金属配合物 [NiL$_4$]·2CH$_3$OH 的扭转角

单位:（°）

键	扭转角	键	扭转角
Ni1—O1—C14—C20	41.1（5）	C9—C1—C2—C15	0.3（8）
Ni1—O1—C28—C7	151.5（3）	C9—C1—C10—N1	−171.2（5）
Ni1—O1—C28—C17	−26.4（6）	C9—C22—C23—C15	−1.0（9）
Ni1—O2—C2—C1	−23.0（6）	C10—N1—C3—C12	−151.5（4）
Ni1—O2—C2—C15	155.6（4）	C10—N1—C3—C24	92.1（5）
Ni1—O2—C20—C14	41.3（5）	C10—C1—C2—O2	−3.4（8）
Ni1—O3—C12—O7	−169.5（4）	C10—C1—C2—C15	178.0（5）
Ni1—O3—C12—C3	14.8（5）	C10—C1—C9—C22	−178.1（5）
Ni1—O5—C4—O8	−162.3（4）	C11—C5—C24—C3	−59.3（7）
Ni1—O5—C4—C8	20.4（5）	C11—C5—C27—C34	−2.2（8）
Ni1—N1—C3—C12	19.4（5）	C11—C21—C26—C11	176.6（4）
Ni1—N1—C3—C24	−96.9（4）	C11—C21—C26—C34	−0.2（9）

续表

键	扭转角	键	扭转角
Ni1—N1—C10—C1	12.1（7）	C12—C3—C24—C5	175.1（4）
Ni1—N2—C8—C4	18.5（5）	C13—C6—C19—C31	−174.5（5）
Ni1—N2—C8—C13	−100.3（4）	C13—C6—C30—C35	174.2（5）
Ni1—N2—C16—C17	12.4（7）	C14—O1—C28—C7	−68.2（5）
Cl1—C26—C34—C27	−176.6（5）	C14—O1—C28—C17	114.0（5）
Cl2—C32—C35—C30	−178.2（4）	C16—N2—C8—C4	−149.5（4）
O1—C14—C20—O2	−55.3（6）	C16—N2—C8—C13	91.6（5）
O2—C2—C15—O6	0.3（7）	C16—C17—C18—C33	179.1（5）
O2—C2—C15—C23	−179.3（4）	C16—C17—C28—O1	1.2（8）
O4—C7—C28—O1	−0.4（6）	C16—C17—C28—C7	−176.6（5）
O4—C7—C28—C17	177.5（4）	C17—C18—C33—C29	−1.8（9）
O4—C7—C29—C33	−180.0（5）	C18—C17—C28—O1	−179.1（4）
O5—C4—C8—N2	−26.1（6）	C18—C17—C28—C7	3.1（7）
O5—C4—C8—C13	94.4（5）	C19—C6—C13—C8	111.2（5）
O6—C15—C23—C22	−178.6（5）	C19—C6—C30—C35	−1.9（8）
O8—C4—C8—N2	156.4（4）	C19—C31—C32—Cl2	177.8（4）
O8—C4—C8—C13	−83.1（6）	C19—C31—C32—C35	−2.0（9）
N1—C3—C12—O3	−22.9（6）	C20—O2—C2—C1	115.1（5）
N1—C3—C12—O7	161.1（5）	C20—O2—C2—C15	−66.3（6）
N1—C3—C24—C5	−66.6（6）	C21—C26—C34—C27	0.3（9）

键	扭转角	键	扭转角
N2—C8—C13—C6	−68.1（6）	C24—C3—C12—O3	96.5（5）
N2—C16—C17—C18	−171.9（5）	C24—C3—C12—O7	−79.5（6）
N2—C16—C17—C28	7.8（8）	C24—C5—C11—C21	−177.3（5）
C1—C2—C15—O6	178.9（4）	C24—C5—C27—C34	177.3（5）
C1—C2—C15—C23	−0.7（8）	C25—O4—C7—C28	−174.6（4）
C1—C9—C22—C23	0.6（9）	C25—O4—C7—C29	6.2（7）
C2—O2—C20—C14	−102.4（5）	C27—C5—C11—C21	2.2（8）
C2—C1—C9—C22	−0.2（8）	C27—C5—C24—C3	121.2（5）
C2—C1—C10—N1	11.0（8）	C28—O1—C14—C20	−104.1（5）
C2—C15—C23—C22	1.0（9）	C28—C7—C29—C33	0.8（8）
C3—N1—C10—C1	−178.6（4）	C28—C17—C18—C33	−0.6（8）
C4—C8—C13—C6	172.7（4）	C29—C7—C28—O1	178.9（4）
C5—C11—C21—C26	−1.0（8）	C29—C7—C28—C17	−3.2（7）
C5—C27—C34—C26	1.0（9）	C30—C6—C13—C8	−64.7（6）
C6—C19—C31—C32	0.4（8）	C30—C6—C19—C31	1.5（8）
C6—C30—C35—C32	0.4（9）	C31—C32—C35—C30	1.6（9）
C7—C29—C33—C18	1.7（9）	C37—O6—C15—C2	155.9（5）
C8—N2—C16—C17	178.1（4）	C37—O6—C15—C23	−24.5（8）
C9—C1—C2—O2	178.9（5）	—	—

镍（Ⅱ）金属配合物 [NiL₄]·2CH₃OH 的分子晶体结构如图 5-9 所示。晶体数据表明，中心镍离子（Ⅱ）是六配位的，分别与配体（K₂L₄）分子

中的两个醚基 O 原子（O1、O2）、两个羧基 O 原子（O3、O5）以及两个亚氨基（—CH=N—）N 原子（N1、N2）进行配位，形成 N_2O_4 型八面体构型的中性单核镍（Ⅱ）配合物。镍金属配合物 $[NiL_4] \cdot 2CH_3OH$ 分子中的配位环境赤道面被 O1、O2、O3 及 O5 四个 O 原子占据，并且该面上所有原子离开最小二乘平面的平均标准偏差 σ_P = 0.177 8，而轴向被 N1 和 N2 两个 N 原子所占据。O1—Ni1—O5 的键角为 168.90°，O2—Ni1—O3 的键角为 168.00°，并且 N1—Ni1—N2 的键角为 178.25°（十分接近 180°），而 N1—Ni1—O1（93.71°）、N1—Ni1—O2（86.59°）、N1—Ni1—O3（83.23°）及 N1—Ni1—O5（96.15°）的键角均不等于 90°，表明镍（Ⅱ）金属配合物 $[NiL_4] \cdot 2CH_3OH$ 的配位模式为扭曲八面体构型（图 5-10）。其中，Ni—O（2.121、2.148、1.999、2.008 Å）、Ni—N（2.004、1.999 Å）、C10—N1（1.283 Å）和 C16—N1（1.281 Å）键的键长与第 2 章 2.2.6.1 中对 $[NiL_1] \cdot 2CH_3OH$ 金属配合物中的键长的分析中报道的镍（Ⅱ）金属配合物对应的键键长相似。同时，配位后镍离子（Ⅱ）周围形成了 3 个五元环及 2 个六元环。其中，羧基 O 原子（O3、O5）所在的两个五元环分别定义为 A 环与 B 环，两个五元环上的原子离开最小二乘平面的平均标准偏差分别为 σ_P=0.101 0、0.104 3，两个面之间的二面角为 89.565°（图 5-11）。其中，中心镍离子（Ⅱ）与羧基氧原子 O3 及 O5 形成的两个 Ni—O 配位键的键长（Ni1—O3, 1.999 Å；Ni1—O5, 2.008 Å）短于镍离子（Ⅱ）与醚基氧原子 O1 及 O2 形成的另外两个 Ni—O 配位键的键长（Ni1—O1, 2.121 Å；Ni1—O2, 2.148 Å），这间接说明了羧基上的两个 O 原子（O3、O5）与中心镍离子（Ⅱ）的配位能力要强于醚基上的两个氧原子（O1、O2）与中心镍离子（Ⅱ）的配位能力。该结论与第 2、3 及 4 章的镍（Ⅱ）金属配合物（$[NiL_1] \cdot 2CH_3OH$、$[NiL_2]$、$[NiL_3] \cdot 2.25CH_3OH \cdot 0.5C_4H_{10}O$）的结构分析相吻合。镍（Ⅱ）金属配合物 $[NiL_4] \cdot 2CH_3OH$ 通过 C10—H10···O11、C14—H14B···O8、C20—H20B···O8 及 C35—H35···O11 分子间弱作用力（红色虚线键，2.375、2.455、2.568、2.488 Å）形成其二维面状结构（图 5-12）。

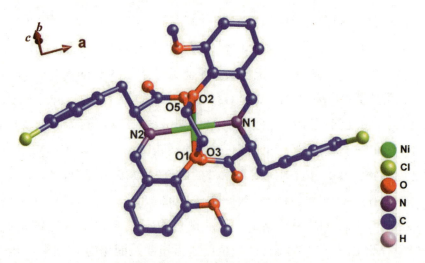

图 5-9　镍（Ⅱ）金属配合物 [NiL₄]·2CH₃OH 的分子晶体结构（所有的氢原子及
游离溶剂分子均已略去）

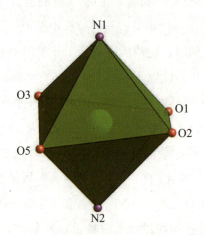

图 5-10　镍（Ⅱ）金属配合物 [NiL₄]·2CH₃OH 的扭曲八面体配位构型

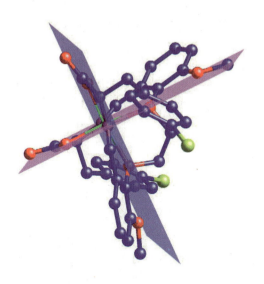

图 5-11　镍（Ⅱ）金属配合物 [NiL₄]·2CH₃OH 中五元环 A 与 B 平面示意图

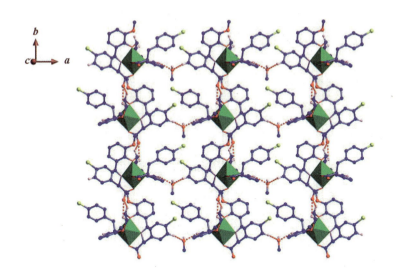

图 5-12　镍（Ⅱ）金属配合物 [NiL₄]·2CH₃OH 的二维面状结构

2.钴（Ⅱ）及铜（Ⅱ）金属配合物（[CoL₄]·4CH₃OH、[CuL₄]·2CH₃OH）的晶体结构分析

BMFPE 缩 L-4- 氯苯丙氨酸席夫碱钴（Ⅱ）及铜（Ⅱ）金属配合物（[CoL₄]·4CH₃OH、[CuL₄]·2CH₃OH）部分晶体数据见表5-10至表5-15所列，两种配合物的分子结构及二维网状结构图如图5-13和图5-14所示。

表5-10 钴（Ⅱ）及铜（Ⅱ）金属配合物（[CoL₄]·4CH₃OH、[CuL₄]·2CH₃OH）的晶体学数据和结构修正参数

参数	值	
	[CoL₄]·4CH₃OH	[CuL₄]·2CH₃OH
化学式	$C_{40}H_{48}N_2O_{12}Cl_2Co$	$C_{38}H_{40}N_2O_{10}Cl_2Cu$
相对分子质量	878.63	819.16
温度 / K	173	173
波长 / Å	0.710 73	0.710 73
晶系	单斜晶系	正交晶系
空间群	$C2/c$	$P2_12_12$
a / Å	19.967（4）	13.437（2）
b / Å	10.568 5（18）	15.501（3）
c / Å	20.021（4）	9.037 3（14）
α /（°）	90	90
β /（°）	90	90
γ /（°）	90	90
体积 / Å³	4 143.1（13）	1 882.4（5）

续表

参数	值	
	$[CoL_4] \cdot 4CH_3OH$	$[CuL_4] \cdot 2CH_3OH$
Z	4	2
计算密度 /（g·cm⁻³）	1.409	1.445
吸收系数 / mm⁻¹	0.607	0.782
F（000）	1 836	850
晶体尺寸 / mm	0.19 × 0.15 × 0.12	0.19 × 0.15 × 0.12
θ 数据收集范围 /（°）	2.075～25.008	2.006～26.363
极限因子	$-23 \leqslant h \leqslant 23$	$-15 \leqslant h \leqslant 16$
	$-12 \leqslant k \leqslant 12$	$-19 \leqslant k \leqslant 19$
	$-23 \leqslant l \leqslant 22$	$-10 \leqslant l \leqslant 11$
收集衍射点 / 独立点	15 267 / 3 667 [$R_{int} = 0.107\ 0$]	8 026 / 3 657 [$R_{int} = 0.089\ 7$]
完整度 $\theta = 26.372$	0.999	0.965
最大传输率 / 最小传输率	0.745 5 / 0.617 4	0.714 0 / 0.469 9
数据 / 约束 / 参数	3 667 / 0 / 263	3 657 / 0 / 243
F^2 拟合度	0.982	0.988
R_1[a], wR_2[b] [$I > 2\sigma(I)$]	$R_1 = 0.057\ 1$, $wR_2 = 0.121\ 3$	$R_1 = 0.062\ 7$, $wR_2 = 0.109\ 3$
R_1[a], wR_2[b]（所有衍射点）	$R_1 = 0.100\ 5$, $wR_2 = 0.138\ 7$	$R_1 = 0.108\ 3$, $wR_2 = 0.131\ 9$
电子密度峰值和最大洞值 /（e.Å³）	0.689，-0.439	0.427，-0.314

注：[a]$R = \sum (|F_0| - |F_C|) / \sum |F_0|$，[b]$wR = [\sum w(|F_0|^2 - |F_C|^2)^2 / \sum w(F_0^2)]^{1/2}$。

表 5-11　钴（Ⅱ）金属配合物 $[CoL_4]\cdot 4CH_3OH$ 的键长

单位：Å

键	键长	键	键长
Co1—O2	2.012（2）	C8—H8	1
Co1—O2^i	2.012（2）	C8—C9	1.531（5）
Co1—O3	2.157（2）	C10—H10	0.95
Co1—O3^i	2.157（2）	C10—C11	1.465（5）
Co1—N1^i	2.067（3）	C11—C12	1.385（5）
Co1—N1	2.067（3）	C11—C16	1.401（5）
Cl1—C3	1.743（4）	C12—H12	0.95
O1—C9	1.244（4）	C12—C13	1.385（5）
O2—C9	1.263（5）	C13—H13	0.95
O3—C16	1.402（4）	C13—C14	1.370（6）
O3—C17	1.448（4）	C14—H14	0.95
O4—C15	1.350（5）	C14—C15	1.391（6）
O4—C18	1.441（5）	C15—C16	1.393（5）
N1—C8	1.457（4）	C17—C17^i	1.494（8）
N1—C10	1.273（5）	C17—H17A	0.99
C1—H1	0.95	C17—H17B	0.99
C1—C2	1.381（6）	C18—H18A	0.98
C1—C6	1.377（6）	C18—H18B	0.98

续表

键	键长	键	键长
C2—H2	0.95	C18—H18C	0.98
C2—C3	1.380（6）	O6—H6	0.84
C3—C4	1.366（6）	O6—C20	1.410（5）
C4—H4	0.95	C20—H20A	0.98
C4—C5	1.380（6）	C20—H20B	0.98
C5—H5	0.95	C20—H20C	0.98
C5—C6	1.378（5）	O5—H5A	0.84
C6—C7	1.514（5）	O5—C19	1.389（6）
C7—H7A	0.99	C19—H19A	0.98
C7—H7B	0.99	C19—H19B	0.98
C7—C8	1.549（5）	C19—H19C	0.98

表 5-12　钴（Ⅱ）金属配合物 [CoL$_4$]·4CH$_3$OH 的键角

单位：（°）

键	键角	键	键角
O2—Co1—O2^i	105.56（15）	C9—C8—H8	110.5
O2^i—Co1—O3	92.01（10）	O1—C9—O2	124.8（4）
O2—Co1—O3^i	92.01（10）	O1—C9—C8	118.8（4）
O2—Co1—O3	157.11（10）	O2—C9—C8	116.4（3）
O2^i—Co1—O3^i	157.11（10）	N1—C10—H10	118.2
O2—Co1—N1	80.81（11）	N1—C10—C11	123.7（4）

键	键角	键	键角
O2^i—Co1—N1^i	80.81（11）	C11—C10—H10	118.2
O2—Co1—N1^i	96.86（11）	C12—C11—C10	117.8（4）
O2^i—Co1—N1	96.87（11）	C12—C11—C16	118.3（4）
O3—Co1—O3^i	75.52（13）	C16—C11—C10	123.8（3）
N1—Co1—O3^i	100.39（10）	C11—C12—H12	119.7
N1—Co1—O3	82.66（10）	C13—C12—C11	120.5（4）
N1^i—Co1—O3	100.39（11）	C13—C12—H12	119.7
N1^i—Co1—O3^i	82.66（10）	C12—C13—H13	119.8
N1—Co1—N1^i	176.20（16）	C14—C13—C12	120.5（4）
C9—O2—Co1	114.6（2）	C14—C13—H13	119.8
C16—O3—Co1	117.3（2）	C13—C14—H14	119.5
C16—O3—C17	114.4（3）	C13—C14—C15	120.9（4）
C17—O3—Co1	112.8（2）	C15—C14—H14	119.5
C15—O4—C18	117.5（3）	O4—C15—C14	125.7（4）
C8—N1—Co1	111.3（2）	O4—C15—C16	116.1（4）
C10—N1—Co1	127.7（3）	C14—C15—C16	118.2（4）
C10—N1—C8	120.3（3）	C11—C16—O3	121.4（3）
C2—C1—H1	119.2	C15—C16—O3	117.0（3）
C6—C1—H1	119.2	C15—C16—C11	121.6（3）
C6—C1—C2	121.6（4）	O3—C17—C17^i	106.2（3）

键	键角	键	键角
C1—C2—H2	120.7	O3—C17—H17A	110.5
C3—C2—C1	118.6（4）	O3—C17—H17B	110.5
C3—C2—H2	120.7	C17i—C17—H17A	110.5
C2—C3—Cl1	118.9（4）	C17i—C17—H17B	110.5
C4—C3—Cl1	120.2（4）	H17A—C17—H17B	108.7
C4—C3—C2	120.9（4）	O4—C18—H18A	109.5
C3—C4—H4	120.3	O4—C18—H18B	109.5
C3—C4—C5	119.5（5）	O4—C18—H18C	109.5
C5—C4—H4	120.3	H18A—C18—H18B	109.5
C4—C5—H5	119.4	H18A—C18—H18C	109.5
C6—C5—C4	121.1（4）	H18B—C18—H18C	109.5
C6—C5—H5	119.4	C20—O6—H6	109.5
C1—C6—C5	118.2（4）	O6—C20—H20A	109.5
C1—C6—C7	120.5（4）	O6—C20—H20B	109.5
C5—C6—C7	121.2（4）	O6—C20—H20C	109.5
C6—C7—H7A	108.7	H20A—C20—H20B	109.5
C6—C7—H7B	108.7	H20A—C20—H20C	109.5
C6—C7—C8	114.3（3）	H20B—C20—H20C	109.5
H7A—C7—H7B	107.6	C19—O5—H5A	109.5
C8—C7—H7A	108.7	O5—C19—H19A	109.5

键	键角	键	键角
C8—C7—H7B	108.7	O5—C19—H19B	109.5
N1—C8—C7	107.6（3）	O5—C19—H19C	109.5
N1—C8—H8	110.5	H19A—C19—H19B	109.5
N1—C8—C9	106.8（3）	H19A—C19—H19C	109.5
C7—C8—H8	110.5	H19B—C19—H19C	109.5
C9—C8—C7	110.9（3）	—	—

表 5–13　铜（Ⅱ）金属配合物 [CuL₄]·2CH₃OH 的键长

单位：Å

键	键长	键	键长
Cu1—O1	1.960（5）	C3—H3A	0.99
Cu1—O1^i	1.960（5）	C3—H3B	0.99
Cu1—N1^i	1.979（6）	C3—C4	1.516（11）
Cu1—N1	1.979（6）	C4—C5	1.379（10）
Cl1—C7	1.741（9）	C4—C9	1.398（11）
O4—C12	1.381（8）	C17—C17^i	1.477（14）
O4—C17	1.443（9）	C17—H17A	0.99
O1—C1	1.286（8）	C17—H17B	0.99
O5—C13	1.360（9）	C14—H14	0.95
O5—C18	1.439（10）	C14—C15	1.383（11）
O2—C1	1.230（9）	C5—H5	0.95

续表

键	键长	键	键长
N1—C2	1.459（9）	C5—C6	1.375（12）
N1—C10	1.272（9）	C6—H6	0.95
O3—H3	0.84	C9—H9	0.95
O3—C19	1.378（10）	C9—C8	1.393（13）
C2—H2	1	C16—H16	0.95
C2—C1	1.542（11）	C16—C15	1.379（12）
C2—C3	1.542（10）	C8—H8	0.95
C13—C12	1.407（10）	C15—H15	0.95
C13—C14	1.379（11）	C18—H18A	0.98
C11—C10	1.468（11）	C18—H18B	0.98
C11—C12	1.382（10）	C18—H18C	0.98
C11—C16	1.402（11）	C19—H19A	0.98
C7—C6	1.364（12）	C19—H19B	0.98
C7—C8	1.357（11）	C19—H19C	0.98
C10—H10	0.95	—	—

表 5-14　铜（Ⅱ）金属配合物 [CuL$_4$]·2CH$_3$OH 的键角

单位：（°）

键	键角	键	键角
O1—Cu1—O1^i	150.1（3）	C5—C4—C3	120.2（8）
O1—Cu1—N1^i	93.9（2）	C5—C4—C9	118.0（8）
O1^i—Cu1—N1	93.9（2）	C9—C4—C3	121.8（7）

键	键角	键	键角
O1—Cu1—N1	82.9（2）	O4—C17—C17i	105.9（5）
O1i—Cu1—N1i	82.9（2）	O4—C17—H17A	110.6
N1i—Cu1—N1	167.8（4）	O4—C17—H17B	110.6
C12—O4—C17	113.9（5）	C17i—C17—H17A	110.6
C1—O1—Cu1	114.6（5）	C17i—C17—H17B	110.6
C13—O5—C18	116.0（7）	H17A—C17—H17B	108.7
C2—N1—Cu1	107.8（5）	C13—C14—H14	119.7
C10—N1—Cu1	133.6（5）	C13—C14—C15	120.7（8）
C10—N1—C2	118.3（6）	C15—C14—H14	119.7
C19—O3—H3	109.5	C4—C5—H5	119.3
N1—C2—H2	110.5	C6—C5—C4	121.4（9）
N1—C2—C1	107.9（6）	C6—C5—H5	119.3
N1—C2—C3	111.0（6）	C7—C6—C5	119.5（8）
C1—C2—H2	110.5	C7—C6—H6	120.2
C1—C2—C3	106.3（7）	C5—C6—H6	120.2
C3—C2—H2	110.5	C4—C9—H9	119.9
O5—C13—C12	114.2（7）	C8—C9—C4	120.3（8）
O5—C13—C14	126.8（7）	C8—C9—H9	119.9
C14—C13—C12	118.9（8）	C11—C16—H16	120.1
C12—C11—C10	123.7（7）	C15—C16—C11	119.9（8）

键	键角	键	键角
C12—C11—C16	119.3（8）	C15—C16—H16	120.1
C16—C11—C10	117.0（7）	C7—C8—C9	119.5（8）
O1—C1—C2	115.6（7）	C7—C8—H8	120.2
O2—C1—O1	124.8（8）	C9—C8—H8	120.2
O2—C1—C2	119.4（7）	C14—C15—H15	119.7
C6—C7—Cl1	119.6（7）	C16—C15—C14	120.5（8）
C8—C7—Cl1	119.1（8）	C16—C15—H15	119.7
C8—C7—C6	121.2（9）	O5—C18—H18A	109.5
N1—C10—C11	128.4（7）	O5—C18—H18B	109.5
N1—C10—H10	115.8	O5—C18—H18C	109.5
C11—C10—H10	115.8	H18A—C18—H18B	109.5
C2—C3—H3A	108.8	H18A—C18—H18C	109.5
C2—C3—H3B	108.8	H18B—C18—H18C	109.5
H3A—C3—H3B	107.7	O3—C19—H19A	109.5
C4—C3—C2	113.7（7）	O3—C19—H19B	109.5
C4—C3—H3A	108.8	O3—C19—H19C	109.5
C4—C3—H3B	108.8	H19A—C19—H19B	109.5
O4—C12—C13	118.7（7）	H19A—C19—H19C	109.5
O4—C12—C11	120.6（7）	H19B—C19—H19C	109.5
C11—C12—C13	120.7（7）	—	—

表 5-15　钴（Ⅱ）及铜（Ⅱ）金属配合物（[CoL₄]·4CH₃OH、[CuL₄]·2CH₃OH）的氢键

配合物	D—H···A/Å	d(D—H)/Å	d(H···A)/Å	d(D···A)/Å	∠DHA/(°)
[CoL₄]·4CH₃OH	O6—H6···O1	0.84	2.08	2.917（5）	178
[CuL₄]·2CH₃OH	O3—H3···O2	0.84	1.91	2.727（9）	164

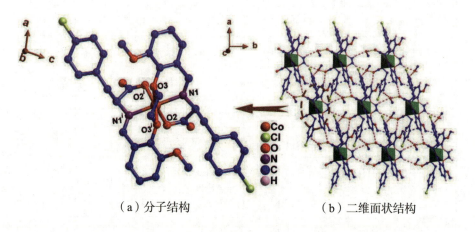

（a）分子结构　　　　　　　（b）二维面状结构

图 5-13　钴（Ⅱ）金属配合物 [CoL₄]·4CH₃OH 的结构

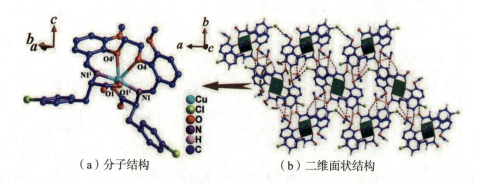

（a）分子结构　　　　　　　（b）二维面状结构

图 5-14　铜（Ⅱ）金属配合物 [CuL₄]·2CH₃OH 的结构

晶体解析数据表明，与镍（Ⅱ）金属配合物 [NiL$_4$]·2CH$_3$OH 相类似，铜（Ⅱ）金属配合物 [CuL$_4$]·2CH$_3$OH 也同样属于正交晶系，空间群为 $P2_12_12$。钴（Ⅱ）金属配合物 [CoL$_4$]·4CH$_3$OH 属于单斜晶系，空间群为 $C2/c$。中心离子 M（Ⅱ）均是六配位的，分别与配体（K$_2$L$_4$）分子中的两个醚基 O 原子、两个羧基 O 原子以及两个亚氨基（—CH=N—）N 原子进行配位，形成 N$_2$O$_4$ 型变形八面体构型的中性单核 M（Ⅱ）金属配合物。

钴（Ⅱ）及铜（Ⅱ）金属配合物（[CoL$_4$]·4CH$_3$OH、[CuL$_4$]·2CH$_3$OH）分子的配位环境赤道面被四个配位 O 原子占据，并且面上所有 O 原子离开最小二乘平面的平均标准偏差分别为 $\sigma_P = 0.547\,4$、$1.319\,1$，而轴向被两个配位 N 原子所占据。经对比发现，镍（Ⅱ）金属配合物 [NiL$_4$]·2CH$_3$OH 分子中的配位环境赤道面 σ_P 值（$\sigma_P = 0.177\,8$）比钴（Ⅱ）及铜（Ⅱ）金属配合物（[CoL$_4$]·4CH$_3$OH、[CuL$_4$]·2CH$_3$OH）分子中的配位环境赤道面 σ_P 值要小，说明镍（Ⅱ）金属配合物分子中的配位环境赤道面上的四个 O 原子共面性较好。在相同的配体（K$_2$L$_4$）及相同的配位原子（2 个 N 原子 + 4 个 O 原子）情况下，随着中心离子 M（Ⅱ）半径的增大，金属配合物分子中的配位环境赤道面上的四个 O 原子的共面性先变强后变弱（σ_P 值先变小后变大），同时也可以间接说明，中心离子 M（Ⅱ）的半径对最终形成金属配合物的配位环境会造成一定程度的影响。同时，上述钴（Ⅱ）及铜（Ⅱ）金属配合物（[CoL$_4$]·4CH$_3$OH、[CuL$_4$]·2CH$_3$OH）羧基上的 O 原子与中心离子 M（Ⅱ）的配位能力也是强于醚基上的 O 原子与中心离子 M（Ⅱ）的配位能力。

由图 5-13 可知，钴（Ⅱ）金属配合物 [CoL$_4$]·4CH$_3$OH 分子之间通过 C2—H2···O6、C14—H14···O1 及 C17—H17A···O6 分子间作用力（红色虚线键，2.653、2.382、2.555 Å）及 O6—H6···O1 分子间氢键作用力（黄色虚线键，2.079 Å）形成其二维面状结构。由图 5-14 可知，铜（Ⅱ）金属配合物 [CuL$_4$]·2CH$_3$OH 分子之间通过 C2—H2···O3、C6—H6···O5、C10—H10···O3、C16—H16···O2 分子间作用力（红色虚线键，2.570、

2.497、2.538、2.367 Å）及 O3—H3···O2（黄色虚线键，1.910 Å）形成其二维面状结构。

5.2.6　配合物 $[M（Ⅱ）L_4]·nCH_3OH$ 可能的结构式

综合以上表征分析，该系列金属配合物 $[M（Ⅱ）L_4]·nCH_3OH$ 可能的结构式如图 5-15 所示。其中，M = Ni（Ⅱ）、Zn（Ⅱ）、Mn（Ⅱ）、Cu（Ⅱ）、Cd（Ⅱ）（$n = 2$），Co（Ⅱ）（$n = 4$）。

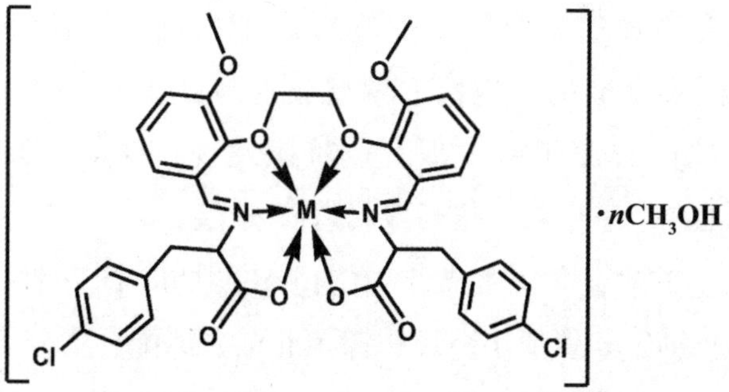

图 5-15　配合物 $[M（Ⅱ）L_4]·nCH_3OH$ 可能的结构式

5.2.7　配体、锌（Ⅱ）及镉（Ⅱ）金属配合物的荧光光谱分析

配置 $1 \times 10^{-4}\,mol/L$ 浓度的配体（K_2L_4）、锌（Ⅱ）金属配合物（$[ZnL_4]·2CH_3OH$）及镉（Ⅱ）金属配合物（$[CdL_4]·2CH_3OH$）的 DMF 溶液。室温下的激发光谱及发射光谱由荧光光谱仪（型号：F-4600）在 $200 \sim 800\,nm$ 范围摄谱得到。EX/EM 狭缝宽度为 2.5nm/2.5nm，光电倍增管电压为 700 V，扫描速度为 1 200 nm/min。测试所得谱图如图 5-16 至图 5-21 所示，其主要荧光数据列于表 5-16。

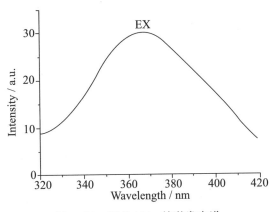

图 5-16　配体 K_2L_4 的激发光谱

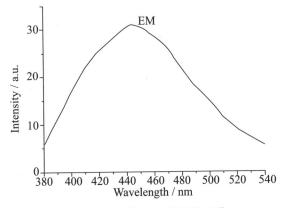

图 5-17　配体 K_2L_4 的发射光谱

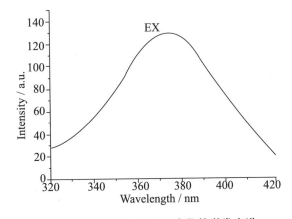

图 5-18　锌（Ⅱ）金属配合物的激发光谱

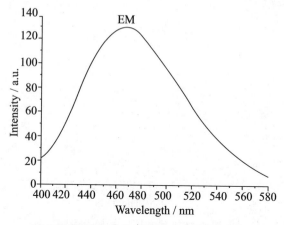

图 5-19　锌（Ⅱ）金属配合物的发射光谱

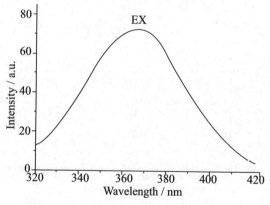

图 5-20　铬（Ⅱ）金属配合物的激发光谱

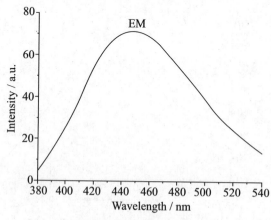

图 5-21　铬（Ⅱ）金属配合物的发射光谱

由以上的荧光谱图可知，配体 K_2L_4 在 λ_{ex} = 365 nm 处有较强的
激发峰，在 λ_{em} = 444 nm 处有较强的发射峰；锌（Ⅱ）金属配合物
（[ZnL_4]·2CH_3OH）在 λ_{ex} = 373 nm 处有较强的激发峰，在 λ_{em} = 464 nm
处有较强的发射峰；镉（Ⅱ）金属配合物（[CdL_4]·2CH_3OH）在 λ_{ex} =
366 nm 处有较强的激发峰，在 λ_{em} = 446 nm 处有较强的发射峰。与配体
相比，锌（Ⅱ）金属配合物（[ZnL_4]·2CH_3OH）及镉（Ⅱ）金属配合物
（[CdL_4]·2CH_3OH）的荧光性能增强，尤其是锌（Ⅱ）金属配合物的荧
光性能增强最显著。其原因可能为锌离子（Ⅱ）及镉离子（Ⅱ）与配体
K_2L_4 配位后导致亚氨基（—CH＝N—）轨道能级发生了改变，亚氨基中
N 原子的孤对电子无法向荧光团的 HOMO 轨道发生转移，光诱导转移过
程（PET）被阻断，荧光团的荧光恢复。

表 5-16　室温下配体、锌（Ⅱ）及镉（Ⅱ）金属配合物的最大激发及最大发射波长

配体/配合物	K_2L_4	[ZnL_4]·2CH_3OH	[CdL_4]·2CH_3OH
λ_{ex}/nm	365	373	366
λ_{em}/nm	444	464	446

5.3　金属配合物的量子化学计算研究

5.3.1　配合物的结构优化

以 BMFPE 缩 L-4- 氯苯丙氨酸席夫碱镍（Ⅱ）、钴（Ⅱ）及铜（Ⅱ）
金属配合物（[NiL_4]·2CH_3OH、[CoL_4]·4CH_3OH、[CuL_4]·2CH_3OH）
的晶体结构为基础，采用第 2 章 2.3.1 小节相同的计算方法对上述三种金
属配合物的结构进行优化。对 Ni、Co 及 Cu 原子采用 LANL2DZ 赝势基
组，对 C、H、N、O 及 Cl 原子采用 6-31G 基组进行结构优化。计算的
收敛精度均采用程序内定的默认值。

计算结果均满足了默认的收敛标准，说明通过计算优化得到的金属配合物（$[NiL_4] \cdot 2CH_3OH$、$[CoL_4] \cdot 4CH_3OH$、$[CuL_4] \cdot 2CH_3OH$）的结构都是稳定的。对上述镍（Ⅱ）及钴（Ⅱ）两种金属配合物的晶体结构[图5-23（a）]进行了叠合。经5.2.5小节的单晶分析结果表明，镍（Ⅱ）及钴（Ⅱ）两种金属配合物拥有相似的空间结构与配位环境，因此，两种金属配合物的晶体结构可以较好地叠合在一起（除了氨基酸侧链基团发生了一定程度的扭转）。但是铜（Ⅱ）金属配合物 $[CuL_4] \cdot 2CH_3OH$ 的晶体结构与镍（Ⅱ）及钴（Ⅱ）两种金属配合物的晶体结构在空间结构上有略微的不同，不能较好地叠合在一起。通过对比表5-7、表5-11及表5-13，发现两个醚基O与中心Cu（Ⅱ）离子形成的Cu—O配位键的键长明显变大，配体 K_2L_4 具有一定的柔性，所以在铜（Ⅱ）金属配合物中，配体的扭转方式发生了改变，最终导致了铜（Ⅱ）金属配合物的晶体结构与镍（Ⅱ）及钴（Ⅱ）两种金属配合物的晶体结构在空间结构上有略微的不同（图5-23）。同时分别对镍（Ⅱ）金属配合物 $[NiL_4] \cdot 2CH_3OH$ 的晶体结构（绿色）与DFT优化结构（红色）、钴（Ⅱ）金属配合物 $[CoL_4] \cdot 4CH_3OH$ 的晶体结构（绿色）与DFT优化结构（红色）及铜（Ⅱ）金属配合物 $[CuL_4] \cdot 2CH_3OH$ 的晶体结构（绿色）与DFT优化结构（红色）进行了叠合（图5-24）。由该图可知，在该水平下计算得到的金属配合物的优化结构（红色）与实验晶体结构（绿色）可以较好地吻合。此外，镍（Ⅱ）及钴（Ⅱ）两种金属配合物的DFT优化结构[图5-22（b）]也可以较好地吻合，间接证明了金属配合物结构优化的稳定性。

以镍（Ⅱ）配合物 $[NiL_4] \cdot 2CH_3OH$ 的优化结构（图5-25）为例，列出了其优化后的键长、键角数据（表5-17和表5-18）。结合表5-7和表5-8，镍（Ⅱ）金属配合物 $[NiL_4] \cdot 2CH_3OH$ 在上述计算水平下的优化结果与晶体实际测试结果比较吻合。其中，Ni1—O1及Ni1—O2的优化键长比实测键长略长，这是因为在晶体场的作用下，分子键长会略微变短所导致的。

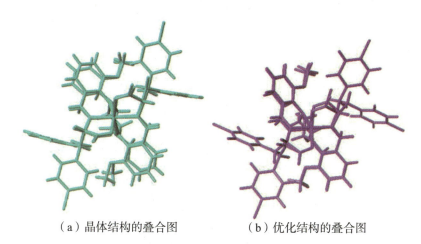

（a）晶体结构的叠合图　　　　　（b）优化结构的叠合图

图 5-22　镍（Ⅱ）及钴（Ⅱ）金属配合物（[NiL₄]·2CH₃OH、[CoL₄]·4CH₃OH）
的叠合图

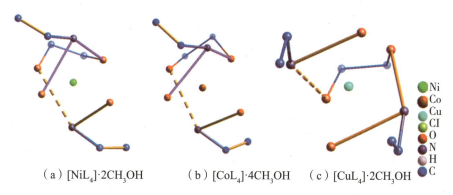

（a）[NiL₄]·2CH₃OH　　（b）[CoL₄]·4CH₃OH　　（c）[CuL₄]·2CH₃OH

图 5-23　镍（Ⅱ）、钴（Ⅱ）及铜（Ⅱ）金属配合物中配体的扭转方式

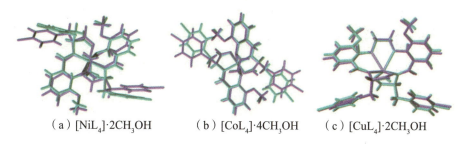

（a）[NiL₄]·2CH₃OH　　　（b）[CoL₄]·4CH₃OH　　　（c）[CuL₄]·2CH₃OH

图 5-24　镍（Ⅱ）、钴（Ⅱ）及铜（Ⅱ）金属配合物的晶体结构（绿色）与优化结构
（红色）的叠合图

图 5-25　镍（Ⅱ）金属配合物 [NiL₄]·2CH₃OH 的优化分子模型

表 5-17　镍（Ⅱ）金属配合物 [NiL₄]·2CH₃OH 主要键长的理论值和实测值

单位：Å

键	键长	
	理论值	实测值
Ni1—O1	2.487	2.121（3）
Ni1—O2	2.514	2.148（3）
Ni1—O3	1.905	1.999（3）
Ni1—O5	1.922	2.008（3）
Ni1—N1	1.903	2.004（4）
Ni1—N2	1.907	1.999（4）
C10—N1	1.297	1.283（6）
C16—N2	1.297	1.281（6）

表 5-18　镍（Ⅱ）金属配合物 [NiL$_4$]·2CH$_3$OH 主要键角的理论值和实测值

单位：(°)

键	键角	
	理论值	实测值
N1—Ni1—O1	100.23	93.71（14）
N1—Ni1—O2	80.69	86.59（13）
N1—Ni1—O3	85.91	83.23（15）
N1—Ni1—O5	94.56	96.15（15）
N1—Ni1—N2	179.34	178.25（16）
N2—Ni1—O1	80.35	86.97（14）
N2—Ni1—O2	99.87	95.12（14）
N2—Ni1—O3	93.92	95.11（15）
N2—Ni1—O5	85.25	83.33（15）

5.3.2　金属离子及配位原子的自然电荷分布及电子组态

BMFPE 缩 L-4- 氯苯丙氨酸席夫碱镍（Ⅱ）、钴（Ⅱ）及铜（Ⅱ）金属配合物（[NiL$_4$]·2CH$_3$OH、[CoL$_4$]·4CH$_3$OH、[CuL$_4$]·2CH$_3$OH）主要的自然原子电荷分布情况及电子组态见表 5-19 至表 5-21 所列。

表 5-19　镍（Ⅱ）金属配合物 [NiL$_4$]·2CH$_3$OH 主要的自然原子电荷分布及电子组态

原子	电荷/e	电子组态	键
Ni1	1.065	[core] 4s（0.28）3d（8.63）4p（0.01）5p（0.02）	—
O1	-0.550	[core] 2s（1.60）2p（4.94）3p（0.01）	Ni1—O1
O2	-0.550	[core] 2s（1.61）2p（4.93）3p（0.01）	Ni1—O2
O3	-0.746	[core] 2s（1.73）2p（5.01）3p（0.01）	Ni1—O3

续表

原子	电荷/e	电子组态	键
O5	−0.745	[core] 2s（1.73）2p（5.01）3p（0.01）	Ni1—O5
N1	−0.478	[core] 2s（1.34）2p（4.12）3p（0.02）	Ni1—N1
N2	−0.468	[core] 2s（1.34）2p（4.11）3p（0.02）	Ni1—N2

表 5-20　钴（Ⅱ）金属配合物 [CoL₄]·4CH₃OH 主要的自然原子电荷分布及电子组态

原子	电荷/e	电子组态	键
Co1	1.110	[core] 4s（0.23）3d（7.62）4p（0.02）5p（0.01）	—
O2	−0.774	[core] 2s（1.73）2p（5.03）3p（0.01）	Co1—O2
O2^i	−0.774	[core] 2s（1.73）2p（5.03）3p（0.01）	Co1—O2^i
O3	−0.582	[core] 2s（1.62）2p（4.95）3p（0.01）	Co1—O3
O3^i	−0.582	[core] 2s（1.62）2p（4.95）3p（0.01）	Co1—O3^i
N1	−0.435	[core] 2s（1.34）2p（4.08）3p（0.02）	Co1—N1
N1^i	−0.436	[core] 2s（1.34）2p（4.08）3p（0.02）	Co1—N1^i

表 5-21　铜（Ⅱ）金属配合物 [CuL₄]·2CH₃OH 主要的自然原子电荷分布及电子组态

原子	电荷/e	电子组态	键
Cu1	0.955	[core] 4s（0.28）3d（9.34）4p（0.02）5p（0.01）	—
O1	−0.740	[core] 2d（1.74）2p（5.06）	Cu1—O1
O1^i	−0.741	[core] 2d（1.75）2p（5.06）	Cu1—O1^i
O4	−0.538	[core] 2s（1.62）2d（4.95）3p（0.01）	Cu1—O4
O4^i	−0.538	[core] 2s（1.62）2d（4.95）3p（0.01）	Cu1—O4^i
N1	−0.484	[core] 2s（1.36）2p（4.15）3p（0.02）	Cu1—N1
N1^i	−0.484	[core] 2s（1.36）2p（4.16）3p（0.02）	Cu1—N1^i

以镍（Ⅱ）金属配合物 [NiL$_4$] · 2CH$_3$OH 为例，中心离子 Ni（Ⅱ）、配位 N 原子及 O 原子的电子组态分别为 $4s^{0.28}3d^{8.63}$、$2s^{1.34}2p^{4.11}$ 和 $2s^{1.60\sim1.73}2p^{4.93\sim5.01}$。因此，中心离子 Ni（Ⅱ）与配位 N 原子及 O 原子发生配位作用主要集中在 3s 及 4p 轨道。两个配位 N 原子通过 2s 及 2p 轨道与中心离子 Ni（Ⅱ）形成配位键。四个配位 O 原子向中心离子 Ni（Ⅱ）提供 2s 及 2p 轨道上的电子。因此，中心离子 Ni（Ⅱ）可以从配体中的配位 N 原子及 O 原子获得电子，中心离子 Ni（Ⅱ）的净电荷为 +1.065，配位 N 原子及 O 原子所带电荷为 -0.478 e、-0.468 e 及 -0.550 e、-0.550 e、-0.746 e、-0.745 e。根据价键理论，配位 N 原子及 O 原子和中心离子 Ni（Ⅱ）之间存在明显的共价相互作用。由于配位键作用的存在，中心离子 Ni（Ⅱ）是吸电子的，使得配位 N 原子及 O 原子周围的电子云密度变大，因此配位原子外层 2p 轨道中的电子数量会略微增加。而羧基氧原子 O3 及 O5 所带电荷有所升高，这是因为羧基氧原子上积聚着负电荷，与带正电荷的中心离子 Ni（Ⅱ）配位后，电子流向中心离子 Ni（Ⅱ），从而使羧基氧原子 O3 及 O5 的电荷升高。

5.3.3　配合物前线分子轨道能量与组成

采用第 2 章 2.2.3 小节相同的计算方法，使用 Gaussian 03 量子化学计算程序，对 BMFPE 缩 L-4- 氯苯丙氨酸席夫碱镍（Ⅱ）、钴（Ⅱ）及铜（Ⅱ）金属配合物（[NiL$_4$] · 2CH$_3$OH、[CoL$_4$] · 4CH$_3$OH、[CuL$_4$] · 2CH$_3$OH）的分子结构进行优化，计算所得的部分前线分子轨道的能量和主要成分在轨道中的组成数据见表 5-22 至表 5-24 所列，部分前线分子轨道分布情况如图 5-26 至图 5-28 所示。

表 5-22　镍（Ⅱ）金属配合物 [NiL$_4$] · 2CH$_3$OH 的部分前线轨道能量和组成

轨道	HOMO-1	HOMO	LUMO	LUMO+1
能量 /a.u.	-0.202	-0.198	-0.081	-0.068

续表

轨道		HOMO-1	HOMO	LUMO	LUMO+1
组成/%	Ni（1）	71.41	51.91	10.28	3.18
	O（1）	1.32	1.48	11.38	9.78
	O（2）	1.58	0.73	8.83	12.81
	O（3）	7.66	12.90	5.14	4.45
	O（5）	6.80	13.93	16.02	10.91
	O（7）	2.90	5.91	12.29	14.69
	O（8）	1.79	7.42	5.72	5.53
	N（1）	1.31	0.18	3.82	5.74
	N（2）	1.31	0.34	4.28	7.20

表 5-23　钴（Ⅱ）金属配合物 [CoL₄]·4CH₃OH 的部分前线轨道能量和组成

轨道		HOMO-1	HOMO	LUMO	LUMO+1
能量/a.u.		0.203	-0.191	-0.087	-0.076
组成/%	Co（1）	45.11	36.45	6.52	2.69
	O（1）	10.64	9.61	11.07	11.73
	O（1）ⁱ	10.58	9.64	11.09	11.71
	O（2）	14.40	18.75	12.96	11.10
	O（2）ⁱ	14.34	18.71	6.28	7.22
	O（3）	0.68	1.53	5.52	5.80
	O（3）ⁱ	0.67	1.55	12.98	11.09
	N（1）	0.20	0.16	6.29	7.21
	N（1）ⁱ	0.20	0.16	5.53	5.80

表 5-24　铜（Ⅱ）金属配合物 [CuL$_4$]·2CH$_3$OH 的部分前线轨道能量和组成

轨道		HOMO-1	HOMO	LUMO	LUMO+1
能量 /a.u.		−0.203	−0.191	−0.087	−0.076
组成 /%	Co（1）	45.11	36.45	6.52	2.69
	O（1）	10.64	9.61	11.07	11.73
	O（1）^{i}	10.58	9.64	11.09	11.71
	O（2）	14.40	18.75	12.96	11.10
	O（2）^{i}	14.34	18.71	6.28	7.22
	O（3）	0.68	1.53	5.52	5.80
	O（3）^{i}	0.67	1.55	12.98	11.09
	N（1）	0.20	0.16	6.29	7.21
	N（1）^{i}	0.20	0.16	5.53	5.80

以镍（Ⅱ）金属配合物 [NiL$_4$]·2CH$_3$OH 为例，由表 5-22 可知，该配合物分子的总能量为 -3 191.502 a.u.。相应的 HOMO-1、HOMO、LUMO、LUMO+1 轨道能量分别为 -0.202、-0.198、-0.081、-0.068 a.u.，HOMO 轨道与 LUMO 轨道之间的能隙差为 0.117 a.u.。分子总能量、HOMO 轨道、LUMO 轨道及其邻近的分子轨道的能量都为负值，说明该镍（Ⅱ）金属配合物 [NiL$_4$]·2CH$_3$OH 具有较好的稳定性。

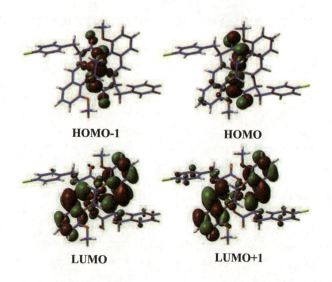

HOMO-1　　　　　　**HOMO**

LUMO　　　　　　**LUMO+1**

图 5-26　镍（Ⅱ）金属配合物 [NiL$_4$]·2CH$_3$OH 的前线轨道分布

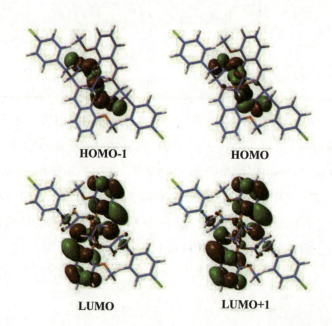

HOMO-1　　　　　　**HOMO**

LUMO　　　　　　**LUMO+1**

图 5-27　钴（Ⅱ）金属配合物 [CoL$_4$]·4CH$_3$OH 的前线轨道分布

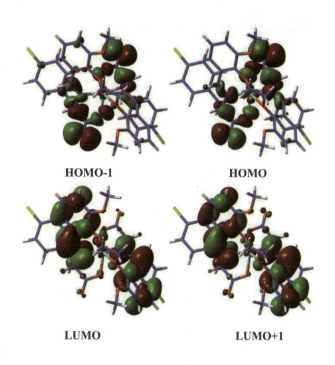

HOMO-1　　　　　　　　　**HOMO**

LUMO　　　　　　　　　**LUMO+1**

图 5-28　铜（Ⅱ）金属配合物 [CuL$_4$]·2CH$_3$OH 的前线轨道分布

　　以镍（Ⅱ）金属配合物 [NiL$_4$]·2CH$_3$OH 为例，由图 5-27 可知，该金属配合物分子的 HOMO 及 HOMO-1 轨道主要定域在中心离子 Ni（Ⅱ）及配合物分子结构中的配位 O 原子（O3、O5）上，LUMO 及 LUMO+1 轨道主要定域在配合物分子中的亚氨基（—CH＝N—）基团及甲氧基所在的两个苯环上。然而，铜（Ⅱ）金属配合物 [CuL$_4$]·2CH$_3$OH 的 HOMO 及 HOMO-1 轨道主要定域在配合物分子结构中的羧基氧原子（O1, O1^i；O2, O2^i）上，LUMO 及 LUMO+1 轨道主要定域在配合物分子中的亚氨基（—CH＝N—）基团及甲氧基所在的两个苯环上。

5.3.4　配合物静电势

　　以优化的 BMFPE 缩 L-4- 氯苯丙氨酸席夫碱镍（Ⅱ）、钴（Ⅱ）及（Ⅱ）铜金属配合物（[NiL$_4$]·2CH$_3$OH、[CoL$_4$]·4CH$_3$OH、

[CuL₄]·2CH₃OH）结构为基础，通过计算得到的分子静电势如图 5-29 至图 5-31 所示，静电势区间分布图如图 5-32 所示。同时钴（Ⅱ）、铜（Ⅱ）金属配合物分子的自旋密度分布情况如图 5-33 所示。

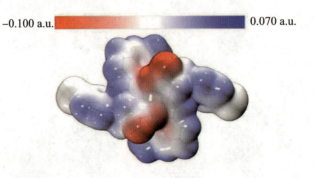

图 5-29　镍（Ⅱ）金属配合物 [NiL₄]·2CH₃OH 静电势的电子密度

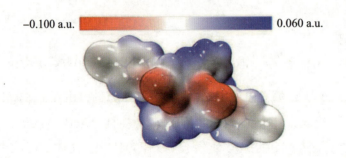

图 5-30　钴（Ⅱ）金属配合物 [CoL₄]·4CH₃OH 静电势的电子密度

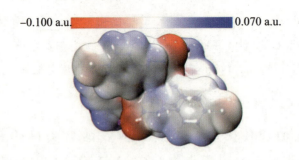

图 5-31　铜（Ⅱ）金属配合物 [CuL₄]·2CH₃OH 静电势的电子密度

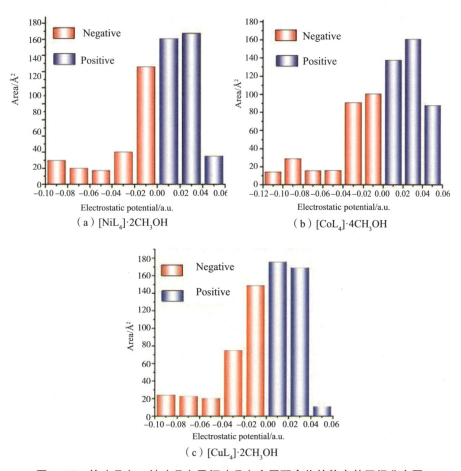

（a）[NiL$_4$]·2CH$_3$OH　　　　　（b）[CoL$_4$]·4CH$_3$OH

（c）[CuL$_4$]·2CH$_3$OH

图 5-32　镍（Ⅱ）、钴（Ⅱ）及铜（Ⅱ）金属配合物的静电势区间分布图

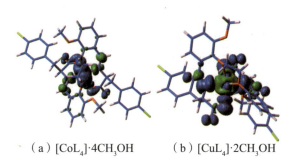

（a）[CoL$_4$]·4CH$_3$OH　　　（b）[CuL$_4$]·2CH$_3$OH

图 5-33　钴（Ⅱ）及铜（Ⅱ）金属配合物的自旋密度分布

由图 5-29 至图 5-31 可知，镍（Ⅱ）、钴（Ⅱ）及铜（Ⅱ）金属配合物（[NiL$_4$]·2CH$_3$OH、[CoL$_4$]·4CH$_3$OH、[CuL$_4$]·2CH$_3$OH）分子静电势图上的负静电势区域（红色区域）主要定域在上述三种金属配合物分子中羧基上的 O 原子上。这些 O 原子附近的静电势极值分别为 -0.100 和 -0.100 a.u.（[NiL$_4$]·2CH$_3$OH：O7、O8），-0.108 a.u. 和 -0.108 a.u.（[CoL$_4$]·4CH$_3$OH：O1、O1^i）；-0.093 a.u. 和 -0.093 a.u.（[CuL$_4$]·2CH$_3$OH：O2、O2^i）。因此，羧基上的 O 原子是上述三种金属配合物分子中易发生亲核反应的活性位点。当上述金属配合物与生物活性受体相互作用时，羧基上的 O 原子可以提供电子，与受体之间形成分子间氢键等作用力。羧基上的 O 原子周围的静电势为负值，这些羧基 O 原子同样可以与其他分子之间形成氢键或弱相互作用，这与实验结果相一致。其中，镍（Ⅱ）、钴（Ⅱ）及铜（Ⅱ）金属配合物（[NiL$_4$]·2CH$_3$OH、[CoL$_4$]·4CH$_3$OH、[CuL$_4$]·2CH$_3$OH）通过 C—H···O 分子间弱作用力及 O—H···O 分子间氢键作用力形成其二维面状结构。由图 5-33 可知，钴（Ⅱ）及铜（Ⅱ）金属配合物（[CoL$_4$]·4CH$_3$OH、[CuL$_4$]·2CH$_3$OH）分子上的未成对电子主要定域于配合物结构中的 M（Ⅱ）N$_2$O$_4$ 区域。

由图 5-32 可知，上述三种金属配合物（[NiL$_4$]·2CH$_3$OH、[CoL$_4$]·4CH$_3$OH、[CuL$_4$]·2CH$_3$OH）分子不同静电势区间内的表面积分布相对不均匀。负静电势区域呈分散式分布，主要分布在 5 至 6 个区间内，负静电势区域面积分别为 252.453 Å^2（[NiL$_4$]·2CH$_3$OH）、264.915 Å^2（[CoL$_4$]·4CH$_3$OH）和 289.151 Å^2（[CuL$_4$]·2CH$_3$OH），所占百分比为 38.52%（[NiL$_4$]·2CH$_3$OH）、40.74%（[CoL$_4$]·2CH$_3$OH）和 44.88%（[CuL$_4$]·2CH$_3$OH）。正静电势区域呈集中式分布，主要分布在 2 至 3 个区间内，正静电势区域面积分别为 402.953 Å^2（[NiL$_4$]·2CH$_3$OH）、385.353 Å^2（[CoL$_4$]·2CH$_3$OH）和 355.109 Å^2（[CuL$_4$]·2CH$_3$OH），所占百分比为 61.48%（[NiL$_4$]·2CH$_3$OH）、59.26%（[CoL$_4$]·2CH$_3$OH）和

55.12%（[CuL₄]·2CH₃OH）。通过对比发现，上述三种金属配合物的分子正负静电势区域的总面积占比相对比较平均。

5.4　本章小结

（1）设计合成了 BMFPE 缩 L-4- 氯苯丙氨酸席夫碱镍（Ⅱ）、钴（Ⅱ）、锌（Ⅱ）、锰（Ⅱ）、铜（Ⅱ）及镉（Ⅱ）金属配合物，同时培养得到镍（Ⅱ）、钴（Ⅱ）及铜（Ⅱ）三种金属配合物的晶体。采用多种分析表征方法对上述合成得到的六种金属配合物进行表征，上述六种金属配合物的分子组成分别为 [Ni（$C_{36}H_{32}N_2O_8Cl_2$）]·2CH₃OH、[Co（$C_{36}H_{32}N_2O_8Cl_2$）]·4CH₃OH、[Zn（$C_{36}H_{32}N_2O_8Cl_2$）]·2CH₃OH、[Mn（$C_{36}H_{32}N_2O_8Cl_2$）]·2CH₃OH、[Cu（$C_{36}H_{32}N_2O_8Cl_2$）]·2CH₃OH 以及 [Cd（$C_{36}H_{32}N_2O_8Cl_2$）]·2CH₃OH。X 射线单晶衍射分析表明，中心 Ni（Ⅱ）、Co（Ⅱ）、Cu（Ⅱ）离子是都是六配位的，分别与配体（K_2L_4）分子中的两个醚基 O 原子、两个羧基 O 原子以及两个亚氨基（—CH＝N—）N 原子进行配位，形成了 N_2O_4 型变形八面体构型。赤道面被两个醚基 O 原子及两个羧基 O 原子所占据，而轴向被两个亚氨基（—CH＝N—）上的 N 原子所占据。配位后金属离子 M（Ⅱ）周围形成了 3 个五元环及 2 个六元环。通过对比配位键的键长表明，三种金属配合物羧基上的 O 原子与中心离子 M（Ⅱ）的配位能力强于醚基上的 O 原子与中心离子 M（Ⅱ）的配位能力。

（2）采用密度泛函理论（DFT）B3LYP 计算方法，以 BMFPE 缩 L-4- 氯苯丙氨酸席夫碱镍（Ⅱ）、钴（Ⅱ）及铜（Ⅱ）金属配合物（[NiL₄]·2CH₃OH、[CoL₄]·4CH₃OH、[CuL₄]·2CH₃OH）的晶体结构为基础，对三种金属配合物的结构进行优化，在该水平下计算得到的金属配合物的优化结构与实验晶体结构可以较好地叠合，表明计算模型具有较好的稳定性。同时计算了镍（Ⅱ）、钴（Ⅱ）及铜（Ⅱ）金属配合物（[NiL$_4$]·2CH$_3$OH、[CoL$_4$]·4CH$_3$OH、[CuL$_4$]·2CH$_3$OH）主要的原子自然电荷分布及电子组态、前线轨道能量与组成、静电势及区间分布和自旋密度。计算结果表明，上述三种金属配合物分子具有较好的稳定性，同时金属配合物分子上存在着容易发生亲核反应的活性位点，且该活性位点容易与生物活性受体或其他分子之间形成氢键或弱相互作用。钴（Ⅱ）及铜（Ⅱ）金属配合物（[CoL$_3$]、[CuL$_3$]·2CH$_3$OH）分子上的未成对电子主要定域于配合物结构中的 M（Ⅱ）N$_2$O$_4$ 区域。

第6章　金属配合物的脲酶抑制活性及分子对接模拟研究

脲酶（尿素酰胺水解酶，urease，EC3.5.1.5），作为人类历史上首次成功分离并结晶的生物酶，是一种多亚基的镍（Ⅱ）依赖性金属酶。其催化尿素水解的速率约为未催化反应速率的 10^{14} 倍。化学家们广泛研究的两种脲酶类型分别是刀豆脲酶（JBU）和幽门螺杆菌脲酶（HPU）。尿素是动物和人体中氮元素代谢的最终产物，通常由肝脏产生，经血液循环运输至肾脏，并最终随尿液排出体外。在健康的人体血液中、胃液中及尿液中，尿素的浓度分别为 2.5 ～ 7.1 mmol/L、大于 1 mmol/L 及 0.5 mol/L。此外，人体肠道中停留的尿素含量约占总量的25%。研究表明，动物或人体内均存在一定数量的含脲酶菌类。这些特殊菌类会导致尿素迅速水解，从而使局部组织的氨浓度迅速增加。氨是一种极易溶于水的分子，大量氨溶于水后会导致局部组织的 pH 迅速升高，从而打破体内的稳态环境。这种情况可能引发多种健康问题，如泌尿系统感染、尿结石、导管阻塞、肾盂肾炎等。同时，它也可能造成消化系统胃部环境的 pH 异常，进而引发消化溃疡、胃炎等慢性疾病，严重时甚至可导致胃癌和胃淋巴瘤等疾病 [91-93]。

目前已经报道的脲酶抑制剂主要有以下几种：

①尿素类似物：由于其结构与尿素相似，脲酶会错误地与尿素类似物分子结合，但尿素类似物不会被进一步分解。因此，这会导致脲酶的催化活性大大降低。②氟喹诺酮类化合物：左氧氟沙星和环丙沙星及其类似物是幽门螺杆菌脲酶的潜在抑制剂。分子模型显示，左氧氟沙星和环丙沙星分子结构中的羧基基团与活性位点 Ni（Ⅱ）离子相互作用，从而起到抑制作用。乙酰氧肟酸（FDA 批准药品）被用于患有慢性尿素分解障碍尿路感染的病人，以防止尿液中氨的过多积聚。它通过与 Ni（Ⅱ）离子络合作用抑制脲酶，是目前研究最深入的脲酶抑制剂之一，也可以作为治疗由幽门螺杆菌引起的胃溃疡的潜在药物。③类黄酮类化合物：多种植物的类黄酮类化合物提取物具有较强的脲酶抑制活性，可作为脲酶抑制剂。④杂环化合物：研究表明杂环化合物可作为幽门螺杆菌或刀豆脲酶的微摩尔抑制剂。⑤金属配合物类：近年来，金属配合物作为脲酶抑制剂的研究成为热点方向。由于有机配体分子和金属盐离子形成配合物后，抑制作用时间延长，毒性大大降低，且金属配合物分子同时具备了无机和有机基团的性质与功能，因此，其脲酶抑制活性明显优于单功能基团。设计新型的金属配合物类脲酶抑制剂，研究它们的抑制活性及与脲酶的具体结合模式将具有十分重要的意义。

本章选取了第 2～5 章所设计合成的多种配合物，包括 BMFPE 缩 L- 苯丙氨酸 Ni（Ⅱ）、Co（Ⅱ）金属配合物（[NiL$_1$]·2CH$_3$OH、[CoL$_1$]·2CH$_3$OH），BMFPE 缩 L- 丝氨酸 Ni（Ⅱ）、Co（Ⅱ）金属配合物（[NiL$_2$]、[CoL$_2$]），BMFPE 缩 L- 酪氨酸 Ni（Ⅱ）、Co（Ⅱ）、Cu（Ⅱ）金属配合物（[NiL$_3$]·2.25CH$_3$OH·0.5C$_4$H$_{10}$O、[CoL$_3$]、[CuL$_3$]·2CH$_3$OH）及 BMFPE 缩 L-4- 氯苯丙氨酸 Ni（Ⅱ）、Co（Ⅱ）、Cu（Ⅱ）金属配合物（[NiL$_4$]·2CH$_3$OH、[CoL$_4$]·4CH$_3$OH、[CuL$_4$]·2CH$_3$OH）。这些配合物被用于研究其对刀豆脲酶活性的抑制作用。同时利用分子对接模拟技术对配合物与脲酶分子之间的结合模式，并结合量子化学的计算结果，分析了不同的中心金属离子及氨基酸不同侧链基团对配合物脲酶抑制活

性的影响。本研究旨在为设计和合成新型脲酶抑制剂提供一定的科学基础与理论依据。

6.1　实验

6.1.1　生化试剂

实验所需的生化试剂见表 6-1 所列。

表 6-1　生化试剂

名称	纯度	生产厂家
无水磷酸二氢钠	AR	国药集团化学试剂有限公司
七水磷酸氢二钠	AR	国药集团化学试剂有限公司
尿素	AR	Sigma–Aldrich 试剂公司
酚红	AR	国药集团化学试剂有限公司
脲酶	BR	Sigma–Aldrich 试剂公司
乙酰氧肟酸	AR	Sigma–Aldrich 试剂公司

6.1.2　主要仪器及型号

酶标仪: Bio-Tek SynergyHT 多功能酶标仪（美国）。

恒温培养箱: SPX-70BE 立式生化培养箱。

6.1.3　实验方法

1. 实验溶液的配制

（1）磷酸二氢钠溶液的配制。称取 23.996 g 的无水磷酸二氢钠（NaH_2PO_4），置于 500 mL 烧杯中，再用适量二次蒸馏水溶解。待 NaH_2PO_4

全部溶解后，将溶液转移至 1 L 容量瓶中，使用二次蒸馏水定容至 1 L，最终配得 0.2 mol/L 的磷酸二氢钠溶液。

（2）磷酸氢二钠溶液的配制。称取 53.614 g 的七水磷酸氢二钠（$Na_2HPO_4 \cdot 7H_2O$），置于 500 mL 烧杯中，再用适量二次蒸馏水溶解。待 $Na_2HPO_4 \cdot 7H_2O$ 完全溶解后，将溶液转移至 1 L 容量瓶中，使用二次蒸馏水定容至 1 L，最终配得 0.2 mol/L 的磷酸氢二钠溶液。

（3）pH = 6.8 的磷酸缓冲溶液的配制。先准确量取 0.2 mol/L 的磷酸二氢钠溶液 51 mL 和 0.2 mol/L 的磷酸氢二钠溶液 49 mL，并将它们混合。再将称取的 3.003 g 尿素和 0.002 g 酚红加入上述混合溶液中。

（4）pH = 7.7 的磷酸缓冲溶液的配制。先准确量取 0.2 mol/L 的磷酸二氢钠溶液 10.5 mL 和 0.2 mol/L 的磷酸氢二钠溶液 89.5 mL，并将它们混合。再将称取的 3.003 g 尿素及 0.002 g 酚红加入上述混合溶液中。

（5）乙酰氧肟酸溶液的配制。称取一定量的乙酰氧肟酸，并置于 EP 管中，再加入一定量的 DMSO 和 H_2O 按 1∶1 比例混合的溶剂，使乙酰氧肟酸完全溶解。将配制好的溶液保存备用。根据所需情况，将此溶液稀释成不同浓度梯度的乙酰氧肟酸溶液。

（6）脲酶溶液的配制。按照 40 KU/L 的浓度要求，称取一定量的脲酶，并置于 EP 管中，再加入一定体积的蒸馏水使之溶解。

（7）金属配合物溶液的配制。称取一定量的所需金属配合物，并置于 EP 管中，再加入一定量的 DMSO 和 H_2O 按 1∶1 混合的溶剂，使金属配合物完全溶解。将配制好的溶液保存备用。根据所需情况，将此溶液稀释成不同浓度梯度的金属配合物溶液。

2. 脲酶活性抑制测试

（1）在 96 孔板中，向一部分孔中加入 25 μL 的脲酶溶液和 200 μL 的 pH = 6.8 的磷酸缓冲液，向另一部分孔中加入 200 μL pH = 7.7 的磷酸缓冲液（不加酶）。每种情况均重复 3 个孔。将 96 孔板放在酶标仪上，测量并记录 pH = 6.8 和 pH = 7.7 的 3 个孔的初始吸光度值。然后取出

96 孔板，将其放在 37 ℃培养箱中，测量并记录 pH = 6.8 的 3 个孔的平均吸光度值达到 pH = 7.7 的 3 个孔的平均吸光度值的时间。控制时间在 20 ～ 50 min。如果时间超过 50 min，适当提高加入脲酶的体积。

（2）首先向 96 孔板中加入脲酶溶液 25 μL，再依次加入 25 μL 不同浓度梯度的金属配合物溶液，每个浓度梯度设置 3 个平行对照孔。其中，溶剂作为阴性对照，乙酰氧肟酸作为阳性对照。将加好样的 96 孔板放入 37 ℃恒温培养箱中培养 1 h。1 h 后取出，在每个待测孔中分别加入 200 μL 的 pH = 6.8 的磷酸缓冲液。同时设置空白对照，即只加 200 μL 的 pH = 7.7 的磷酸缓冲液。开始计时，放入培养箱中培养 20 min，取出，放于酶标仪上测量。观察并记录所有待测孔（加入不同浓度金属配合物溶液）的吸光度值到达空白对照孔吸光度值所需的时间，其中空白对照孔的吸光度值到达其对应空白值所需的时间记为 $t_{空白}$。根据记录的时间数据计算各浓度金属配合物对脲酶的活性抑制率 [脲酶活性抑制率 = $（t_{样} - t_{空}）/ t_{样} \times 100\%$）]。最后，利用不同浓度金属配合物对应的脲酶活性抑制数据计算其半抑制浓度 IC_{50}。

6.2　金属配合物作为脲酶抑制剂的分子对接模拟研究

分子对接的最初思想起源于 19 世纪 Fisher 提出的酶与底物分子之间相互作用的"锁和钥匙模型"。分子对接模拟方法在预测小分子配体与蛋白酶受体靶点之间的结合方式、药物虚拟筛选及优化药物设计等方面的能力已逐渐被人们所认可。分子对接模拟计算是把配体分子（通常意义上的 ligand）放在受体（通常意义上的 receptor）活性位点附近，然后按照几何互补（geometric complementarity）及能量互补（energy complementarity，包括氢键作用、静电作用、范德华作用和疏水作用等）的原则，实时地评估配体与受体分子之间的相互作用情况。通过不断调整配体小分子的空间位置及构象以及受体大分子的氨基酸侧链的空间位置和骨架，并通过相关的函数评分来最终确定配体与受体分子之间最佳的结合模式。

采用 AutoDock 5.6 软件中的 Vina 模块[191]辅助，通过图形用户界面 AutoDockTools（ADT 1.5.6）对不同 Ni（Ⅱ）、Co（Ⅱ）、Cu（Ⅱ）金属配合物与三维 X 射线刀豆脲酶（PDB ID：3LA4）分别进行分子对接。AutoDockTools 程序主要用于生成分子对接所需的 pdbqt 文件。首先，使用 Pymol 软件对脲酶进行预处理，删除里面的水分子，保存为 pdb 文件。其次使用 AutoDockTools 打开上述已经删除掉水分子的 pdb 文件，添加极性氢原子，并计算脲酶分子的 Kollman 型电荷，并将脲酶分子结构中的所有原子指定为 AutoDock 软件默认的原子类型，最后保存为 pdbqt 文件（Rec 文件）。

借助 Mercury 3.3 软件对不同 Ni（Ⅱ）、Co（Ⅱ）、Cu（Ⅱ）金属配合物的 CIF 文件进行处理，删除分子结构中的游离溶剂分子并保存为 mol2 文件。使用 AutoDockTools 打开上述金属配合物的 mol2 文件，添加极性氢原子，计算配合物分子的 Gasteiger 电荷，同时指定配合物分子的中心（金属离子），调整分子结构中可旋转键的数量，最后保存为 pdbqt 格式（Lig 文件）。

分子对接中心位于脲酶活性中心处，其 x、y、z 分别设定为 -38.205、-45.194、75.174。盒子大小设置为 $60 \text{ Å}^3 \times 60 \text{ Å}^3 \times 60 \text{ Å}^3$，搜索步长设置为 0.375 Å，计算构象数目设置为 10 个，搜索能值深度设置为 8 kcal/mol，与最优结合模型相差的最大能量值设置为 10 kcal/mol。Vina 程序会自动输出排名靠前的亲和能较低的若干配合物分子不同构象的 pdbqt 格式文件。一般情况下选取结合能最低的第一个金属配合物的分子构象作为最终分子对接的配合物的分子构象。然后使用 Discovery Studio 3.5 软件进行作用力可视化操作。

6.3　结果与讨论

6.3.1　金属配合物的脲酶抑制活性

笔者分别测试了 BMFPE 缩 L- 苯丙氨酸 Ni（Ⅱ）、Co（Ⅱ）金属配合物（$[NiL_1] \cdot 2CH_3OH$、$[CoL_1] \cdot 2CH_3OH$），BMFPE 缩 L- 丝氨酸 Ni（Ⅱ）、Co（Ⅱ）金属配合物（$[NiL_2]$、$[CoL_2]$），BMFPE 缩 L- 酪氨酸 Ni（Ⅱ）、Co（Ⅱ）、Cu（Ⅱ）金属配合物（$[NiL_3] \cdot 2.25CH_3OH \cdot 0.5C_4H_{10}O$、$[CoL_3]$、$[CuL_3] \cdot 2CH_3OH$）及 BMFPE 缩 L-4- 氯苯丙氨酸 Ni（Ⅱ）、Co（Ⅱ）、Cu（Ⅱ）金属配合物（$[NiL_4] \cdot 2CH_3OH$、$[CoL_4] \cdot 4CH_3OH$、$[CuL_4] \cdot 2CH_3OH$）的脲酶抑制活性，测试结果见表 6-2 所列。

表 6-2　金属配合物的脲酶抑制活性

测试物	$IC_{50}/$（μmol/L）
K_2L_1	> 100
$[NiL_1] \cdot 2CH_3OH$	28.75 ± 3.12
$[CoL_1] \cdot 2CH_3OH$	35.72 ± 2.63
K_2L_2	> 100
$[NiL_2]$	25.46 ± 1.21
$[CoL_2]$	34.72 ± 0.53
K_2L_3	> 100
$[NiL_3] \cdot 2.25CH_3OH \cdot 0.5C_4H_{10}O$	20.43 ± 1.26
$[CoL_3]$	26.01 ± 2.35
$[CuL_3] \cdot 2CH_3OH$	10.36 ± 1.13
K_2L_4	> 100
$[NiL_4] \cdot 2CH_3OH$	30.52 ± 3.12

测试物	$IC_{50}/$（μmol/L）
[CoL$_4$]·4CH$_3$OH	36.41 ± 1.56
[CuL$_4$]·2CH$_3$OH	19.63 ± 3.04
乙酰氧肟酸	26.99 ± 1.43

由表 6-2 可知，配体 K$_2$L$_1$、K$_2$L$_2$、K$_2$L$_3$ 及 K$_2$L$_4$ 都不具有脲酶抑制活性，表明此类型的席夫碱有机化合物不适合作脲酶抑制剂。

对 BMFPE 缩 L-苯丙氨酸系列的 Ni(Ⅱ)、Co(Ⅱ) 金属配合物来说，其均表现出一定的脲酶抑制活性。其中 BMFPE 缩 L-苯丙氨酸 Co（Ⅱ）金属配合物的脲酶抑制活性［IC_{50}＝（35.72 ± 2.63）μmol/L］略低于阳性对照化合物乙酰氧肟酸的脲酶抑制活性［IC_{50}＝（26.99 ± 1.43）μmol/L］。然而，BMFPE 缩 L-苯丙氨酸 Ni（Ⅱ）金属配合物的脲酶抑制活性［IC_{50}＝（28.75 ± 3.12）μmol/L］接近阳性对照化合物乙酰氧肟酸的脲酶抑制活性。以上结果表明了金属配合物对脲酶活性的抑制作用会受到中心配位金属离子 M（Ⅱ）的影响。

对 BMFPE 缩 L-丝氨酸系列的 Ni（Ⅱ）、Co（Ⅱ）金属配合物来说，其均表现出一定的脲酶抑制活性。其中 BMFPE 缩 L-丝氨酸 Co（Ⅱ）金属配合物的脲酶抑制活性［IC_{50}＝（34.72 ± 0.53）μmol/L］略低于阳性对照化合物乙酰氧肟酸的脲酶抑制活性［IC_{50}＝（26.99 ± 1.43）μmol/L］。然而，BMFPE 缩 L-丝氨酸 Ni（Ⅱ）金属配合物的脲酶抑制活性［IC_{50}＝（25.46 ± 1.21）μmol/L］略强于阳性对照化合物乙酰氧肟酸的脲酶抑制活性。以上结果表明了金属配合物对脲酶活性的抑制作用会受到中心配位金属离子 M（Ⅱ）的影响。

对 BMFPE 缩 L-酪氨酸系列的 Ni（Ⅱ）、Co（Ⅱ）、Cu（Ⅱ）金属配合物来说，其均表现出较好的脲酶抑制活性。其中 BMFPE 缩 L-酪氨酸 Co（Ⅱ）金属配合物的脲酶抑制活性［IC_{50}＝（26.01 ± 2.35）μmol/L］

同阳性对照化合物乙酰氧肟酸的脲酶抑制活性相当。BMFPE 缩 L- 酪氨酸 Ni（Ⅱ）金属配合物的脲酶抑制活性 $[IC_{50} = (20.43 \pm 1.26) \mu mol/L]$ 略强于阳性对照化合物乙酰氧肟酸的脲酶抑制活性。BMFPE 缩 L- 酪氨酸 Cu（Ⅱ）金属配合物的脲酶抑制活性 $[IC_{50} = (10.36 \pm 1.13) \mu mol/L]$ 明显强于阳性对照化合物乙酰氧肟酸的脲酶抑制活性。以上结果表明了金属配合物对脲酶活性的抑制作用会受到中心配位金属离子 M（Ⅱ）的影响，尤其是当配体与铜离子（Ⅱ）配位后显示出了较强的脲酶抑制活性。

对 BMFPE 缩 L-4- 氯苯丙氨酸系列的 Ni（Ⅱ）、Co（Ⅱ）、Cu（Ⅱ）金属配合物来说，均表现一定的脲酶抑制活性，其中 BMFPE 缩 L- 酪氨酸 Ni（Ⅱ）、Co（Ⅱ）金属配合物的脲酶抑制活性 $[IC_{50} = (30.52 \pm 3.12) \mu mol/L、(36.41 \pm 1.56) \mu mol/L]$ 均弱于阳性对照化合物乙酰氧肟酸的脲酶抑制活性。BMFPE 缩 L-4- 氯苯丙氨酸 Cu（Ⅱ）金属配合物的脲酶抑制活性 $[IC_{50} = (19.63 \pm 3.04) \mu mol/L]$ 略强于阳性对照化合物乙酰氧肟酸的脲酶抑制活性。以上结果表明了金属配合物对脲酶活性的抑制作用会受到中心配位金属离子 M（Ⅱ）的影响，当配体与铜离子（Ⅱ）配位后显示出了比 Ni（Ⅱ）、Co（Ⅱ）金属配合物更强的脲酶抑制活性。

通过对比不同系列的 Ni（Ⅱ）、Co（Ⅱ）、Cu（Ⅱ）金属配合物的脲酶抑制活性可以发现，这些具有相同中心配位金属离子 M（Ⅱ）和不同配体的配合物表现出了不同的脲酶抑制作用。结果表明，金属配合物的脲酶抑制活性与配体的结构有一定的关系。例如，BMFPE 缩 L- 酪氨酸系列的 Ni（Ⅱ）、Co（Ⅱ）、Cu（Ⅱ）金属配合物对脲酶活性的抑制作用相比较其他系列的 Ni（Ⅱ）、Co（Ⅱ）、Cu（Ⅱ）金属配合物对脲酶活性的抑制作用明显要强，这可能与其分子结构中的羟基有关。当金属配合物与脲酶活性中心附近的氨基酸残基相互作用时，羟基可以作为良好的氢键供体与残基结构中的氮原子或氧原子形成氢键作用，从而稳定地结合在活性口袋里。

通过对比上述所有金属配合物对脲酶活性的抑制作用可以发现，Ni（Ⅱ）及 Cu（Ⅱ）金属配合物具有较好的脲酶抑制活性，且金属配合物对脲酶活性的抑制作用不仅与配体的结构有关，还与中心配位金属离子 M（Ⅱ）的种类有关。

6.3.2 金属配合物作为脲酶抑制剂的分子对接模拟及构效关系研究

为了初步探究金属配合物对脲酶活性的抑制作用机理，并研究其构效关系，以期设计具有更强抑制作用的化合物。采用分子对接模拟技术对不同系列的金属配合物与脲酶的活性中心进行分子对接，来研究配合物分子与脲酶分子之间的结合方式。同时，也从前文量子化学计算的角度去分析分子对接模拟结果的合理性，并在量子化学计算及分子对接模拟之间建立起联系。

1. BMFPE 缩 L- 苯丙氨酸系列金属配合物脲酶抑制活性的分子对接模拟研究

BMFPE 缩 L- 苯丙氨酸 Ni（Ⅱ）金属配合物 [NiL$_1$]·2CH$_3$OH 具有较好的脲酶抑制活性，因此选取了该金属配合物来研究其与脲酶之间的作用方式。对接结果表明，BMFPE 缩 L- 苯丙氨酸 Ni（Ⅱ）金属配合物 [NiL$_1$]·2CH$_3$OH 与脲酶活性中心的结合自由能为 -8.9 kcal/mol。图 6-1 为镍（Ⅱ）金属配合物 [NiL$_1$]·2CH$_3$OH 与脲酶的结合模式。由图可知，该配合物结合在脲酶的活性中心附近。

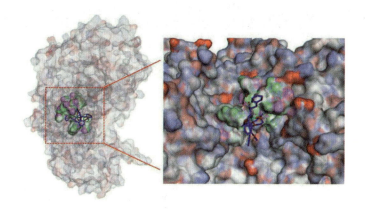

图 6-1　镍（Ⅱ）金属配合物 [NiL₁] · 2CH₃OH 与脲酶的结合模式

由图 6-2 所示的镍（Ⅱ）金属配合物 [NiL₁] · 2CH₃OH 在复合结构中的分子构象及配合物与脲酶的结合模式图可知，配合物分子结构中的羧基上的 O 原子作为氢键的受体与脲酶活性中心附近的缬氨酸残基 VAL831 的氨基间形成一条 N—H···O 氢键（红色虚线），其键长为 2.448 Å，键角为 151.404°。配合物分子结构中的甲氧基所在的两个苯环分别与精氨酸残基 ARG835 的氨基 N 原子及精氨酸残基 ARG646 的氨基 N 原子间存在 π-阳离子型静电相互作用（品红色实线），其键长分别为 4.295 Å、4.069 Å 及 4.127 Å。配合物分子结构中的一个侧链苯环与苯丙氨酸残基 PHE838 的苯环之间形成面对面型 π-π 相互作用（黄色实线），其距离为 3.999 Å。另外，配合物分子结构中的甲氧基所在的一个苯环与缬氨酸残基 VAL831 的 C 原子形成 π-σ 静电相互作用。综上所述，并结合图 6-1 可知，该配合物通过氢键和静电作用稳定地结合在脲酶活性中心，并延伸至结合口袋的入口，从而阻塞尿素进入脲酶活性中心。因此，可推测该配合物属于竞争性型抑制剂。

由第 2 章的图 2-31 可知，BMFPE 缩 L-苯丙氨酸 Ni（Ⅱ）金属配合物 [NiL₁] · 2CH₃OH 羧基上的 O 原子具有较小的负静电势（-0.092 a.u），因此，其可与脲酶活性口袋附近的氨基酸残基形成氢键作用。通过计算并可视化了该金属配合物的 pi 电子分布情况 [192]（图 6-3）。结果显示，四个苯环上的碳原子的 pi 电子形成了富集电子的大 π 键，可与脲酶活性口袋附近的氨基酸残基形成 π-阳离子型静电相互作用，与含苯环的氨基酸残基形成 π-π 相互作用。该分子对接模拟结果同前文（2.3.4 小节配合物静电势）理论计算结果相一致，证明了分子对接模拟结果的合理性。

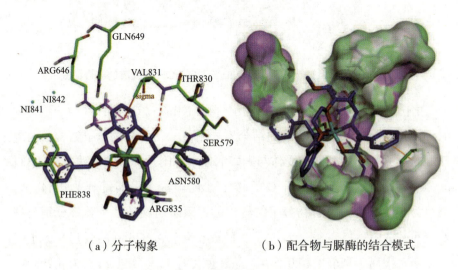

（a）分子构象　　　　　　（b）配合物与脲酶的结合模式

图 6-2　镍（Ⅱ）金属配合物 [NiL₁]·2CH₃OH 在复合结构中的分子构象及配合物与脲酶的结合模式

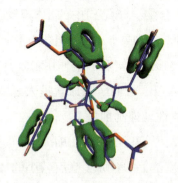

图 6-3　Ni（Ⅱ）金属配合物 [NiL₁]·2CH₃OH 的 pi 电子密度分布图

2. BMFPE 缩 L- 丝氨酸系列金属配合物脲酶抑制活性的分子对接模拟研究

BMFPE 缩 L- 丝氨酸 Ni（Ⅱ）及 Co（Ⅱ）金属配合物（[NiL$_2$]、[CoL$_2$]）对脲酶具有一定的抑制活性，因此，选取了 BMFPE 缩 L- 丝氨酸 Ni（Ⅱ）金属配合物 [NiL$_2$] 来研究其与脲酶之间的作用方式。对接结果表明，该金属配合物与脲酶活性中心的结合自由能为 -7.4 kcal/mol。图 6-4 为镍（Ⅱ）金属配合物 [NiL$_2$] 与脲酶的结合模式。由图可知，该配合物分子结构中的羧基上的 O 原子作为氢键的受体与脲酶活性中心附近的天冬酰胺残基 ASN297 的氨基间形成一条 N—H···O 氢键（红色虚线），其键长为 2.101 Å，键角为 167.939°；与精氨酸残基 ARG132 的氨基间形成一条 N—H···O 氢键（红色虚线），其键长为 2.360 Å，键角为 121.589°。配合物分子结构中的甲氧基所在的一个苯环与精氨酸残基 ARG132 的氨基 N 原子间存在 π - 阳离子型静电相互作用（品红色实线），其键长为 6.246 Å。值得注意的是，该配合物分子结构中的羟基可以作为良好的氢键供体与脲酶活性位点附近的氨基酸残基形成 N—H···O 氢键或 O—H···O 氢键，但是分子对接之后却在该配合物结构的内部形成了两条分子内 O—H···O 氢键，即羟基作为氢键的供体与附近羧基上的两个 O 原子形成了氢键相互作用。其键长、键角分别为 2.287 Å、104.145° 和 2.427 Å、146.41°。研究表明，分子内氢键作用能使化合物结构趋向稳定。然而，当化合物处在受体的活性位点时，由于不能很好地按照几何互补及化学环境互补的原则与受体分子的氨基酸残基发生作用，对接之后化合物会适当地远离活性位点，因此不能很好地抑制受体的活性。该分子对接模拟结果同实验结果相一致。

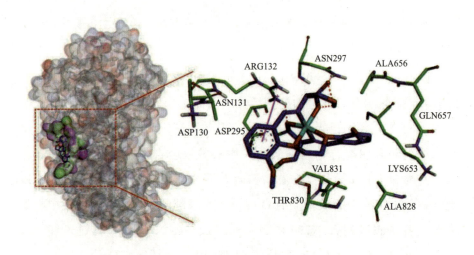

图 6-4　镍（Ⅱ）金属配合物 [NiL₂] 与脲酶的结合模式

3. BMFPE 缩 L- 酪氨酸系列金属配合物脲酶抑制活性的分子对接模拟研究

BMFPE 缩 L- 酪氨酸 Ni（Ⅱ）及 Cu（Ⅱ）金属配合物（[NiL₃]·2.25 CH₃OH·0.5C₄H₁₀O、[CuL₃]·2CH₃OH）具有较好的脲酶抑制活性，因此选取了这两种金属配合物来研究其与脲酶之间的作用方式。BMFPE 缩 L- 酪氨酸 Ni（Ⅱ）金属配合物 [NiL₃]·2.25CH₃OH·0.5C₄H₁₀O 与脲酶的分子的对接结果表明，该配合物与脲酶活性中心的结合自由能为 −8.9 kcal/mol。图 6-5 为镍（Ⅱ）金属配合物 [NiL₃]·2.25CH₃OH·0.5C₄H₁₀O 与脲酶的结合模式。由图可知，该配合物结合在脲酶的活性中心附近。

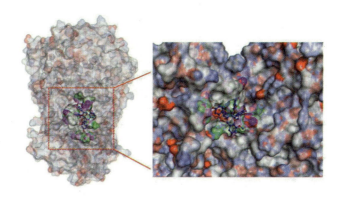

图 6-5　镍（Ⅱ）金属配合物 [NiL$_3$] · 2.25CH$_3$OH · 0.5C$_4$H$_{10}$O 与脲酶的结合模式

由图 6-6 所示的镍（Ⅱ）金属配合物 [NiL$_3$] · 2.25CH$_3$OH · 0.5C$_4$H$_{10}$O 在复合结构中的分子构象及配合物与脲酶的结合模式图可知，配合物分子结构中的羧基上的 O 原子作为氢键的受体与脲酶活性中心附近的蛋氨酸残基 MET746 的氨基间形成一条 N—H⋯O 氢键（红色虚线），其键长为 2.085 Å，键角为 139.483°。苯环的羟基作为氢键供体与甘氨酸残基 GLY12 的氨基间形成一条 O—H⋯N 氢键（红色虚线），其键长为 1.911 Å，键角为 155.412°。配合物分子结构中的另一个含羟基的苯环与赖氨酸残基 LYS716 的氨基 N 原子间存在 π-阳离子型静电相互作用（品红色实线），其键长为 6.214 Å。综上所述，并结合图 6-5 可知，该配合物通过氢键和静电作用稳定地结合在脲酶活性中心，并延伸至结合口袋的入口，从而阻塞尿素进入脲酶活性中心。因此，可推测该配合物同属于竞争性型抑制剂。

由第 4 章的图 4-30 可知，BMFPE 缩 L-酪氨酸 Ni（Ⅱ）金属配合物 [NiL$_3$] · 2.25CH$_3$OH · 0.5C$_4$H$_{10}$O 羧基上的 O 原子具有较小的负静电势（-0.110 a.u），羟基上的 H 原子具有较大的正静电势（0.086 a.u），因此，其可与脲酶活性口袋附近的氨基酸残基形成氢键作用。该分子对接模拟结果同前文（4.3.4 小节配合物静电势）理论计算结果相一致，证明了分子对接模拟结果的合理性。

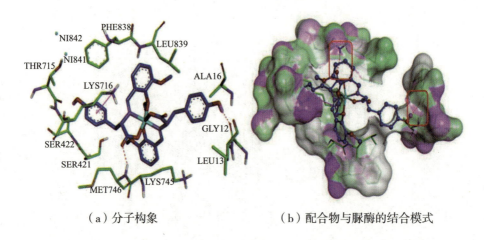

（a）分子构象　　　　　　（b）配合物与脲酶的结合模式

图 6-6　镍（Ⅱ）金属配合物 [NiL$_3$]·2.25CH$_3$OH·0.5C$_4$H$_{10}$O 在复合结构中的

分子构象及配合物与脲酶的结合模式

　　BMFPE 缩 L- 酪氨酸 Cu（Ⅱ）金属配合物与脲酶的分子对接结果表明，该配合物与脲酶活性中心的结合自由能为 -9.9 kcal/mol。图 6-7 为铜（Ⅱ）金属配合物 [CuL$_3$]·2CH$_3$OH 与脲酶的结合模式。由图可知，该配合物结合在脲酶的活性中心附近。

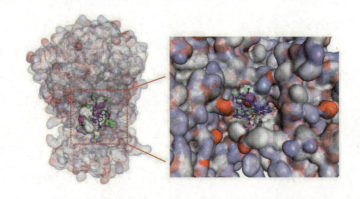

图 6-7　铜（Ⅱ）金属配合物 [CuL$_3$]·2CH$_3$OH 与脲酶的结合模式

　　由图 6-8 所示的铜（Ⅱ）金属配合物 [CuL$_3$]·2CH$_3$OH 在复合结构中的分子构象及配合物与脲酶的结合模式图可知，配合物分子结构中的羧基上的 O 原子作为氢键的受体与脲酶活性中心附近的蛋氨酸残基 MET746 的氨基间形成一条 N—H…O 氢键（红色虚线），其键长为 2.085 Å，键角为 139.483°。苯环的羟基作为氢键供体与甘氨酸残基 GLY12 的氨基间形成一条 O—H…N 氢键（红色虚线），其键长为 1.911 Å，键角为 155.412°。配合物分子结构中的另一个含羟基的苯环与赖氨酸残基 LYS716 的氨基 N 原子间存在 π - 阳离子型静电相互作用（品红色实线），其键长为 6.214 Å。综上所述，并结合图 6-7 可知，该配合物通过氢键作用稳定地结合在脲酶活性中心，并延伸至结合口袋的入口，从而阻塞尿素进入脲酶活性中心。因此，可推测该配合物同属于竞争性型抑制剂。

由第 4 章的图 4-32 可知，BMFPE 缩 L- 酪氨酸 Cu（Ⅱ）金属配合物 BMFPE 缩 L- 酪氨酸 Cu（Ⅱ）金属配合物 [CuL₃]·2CH₃OH 羧基上的 O 原子具有较小的负静电势（-1.000 a.u），羟基上的 H 原子具有较大的正静电势（0.080 a.u），因此，其可与脲酶活性口袋附近的氨基酸残基形成氢键作用。该分子对接模拟结果同前文（4.3.4 小节配合物静电势）理论计算结果相一致，证明了分子对接模拟结果的合理性。

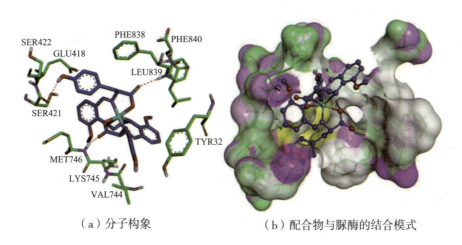

（a）分子构象　　　　　　　（b）配合物与脲酶的结合模式

图 6-8　铜（Ⅱ）金属配合物 [CuL₃]·2CH₃OH 在复合结构中的分子构象及配合物与脲酶的结合模式

4. BMFPE 缩 L-4- 氯苯丙氨酸系列金属配合物脲酶抑制活性的分子对接模拟研究

BMFPE 缩 L-4- 氯苯丙氨酸 Ni（Ⅱ）及 Cu（Ⅱ）金属配合物（[NiL$_4$]·2CH$_3$OH、[CuL$_4$]·2CH$_3$OH）具有较好的脲酶抑制活性，因此选取了这两种金属配合物来研究其与脲酶之间的作用方式。BMFPE 缩 L-4- 氯苯丙氨酸 Ni（Ⅱ）金属配合物 [NiL$_4$]·2CH$_3$OH 与脲酶分子的对接结果表明，该配合物与脲酶活性中心的结合自由能为 -8.6 kcal/mol。图 6-9 为镍（Ⅱ）金属配合物 [NiL$_4$]·2CH$_3$OH 与脲酶的结合模式。由图可知，该配合物结合在脲酶的活性中心附近。

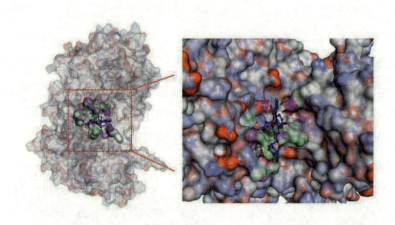

图 6-9 镍（Ⅱ）金属配合物 [NiL$_4$]·2CH$_3$OH 与脲酶的结合模式

由图 6-10 所示的镍（Ⅱ）金属配合物 [NiL$_4$]·2CH$_3$OH 在复合结构中的分子构象及配合物与脲酶的结合模式可知，配合物分子结构中的羧基上的 O 原子作为氢键的受体与脲酶活性中心附近的丝氨酸残基 SER834 的羟基间形成一条 O—H···O 氢键（红色虚线），其键长为 2.269 Å，键角为 124.617°。苯环上的甲氧基 O 原子作为氢键受体与苏氨酸残基 THR578 的羟基间形成一条 O—H···O 氢键（红色虚线），其键长为 2.309 Å，键角为 162.209°。综上所述，并结合图 6-9 可知，该配合物通过氢键作用稳定地结合在脲酶活性中心，并延伸至结合口袋的入口，从而阻塞尿素进入脲酶活性中心。因此，可推测该配合物同属于竞争性型抑制剂。

由第 5 章的图 5-30 可知，BMFPE 缩 L-4- 氯苯丙氨酸 Ni（Ⅱ）金属配合物 [NiL₄] · 2CH₃OH 的负静电势区域（红色区域）主要定域在该配合物分子中羧基的 O 原子上。然而，此处在羧基 O 原子与氨基酸残基之间并没有形成氢键作用力，这表明对接之后形成的作用力并不是很强，脲酶抑制活性减弱。

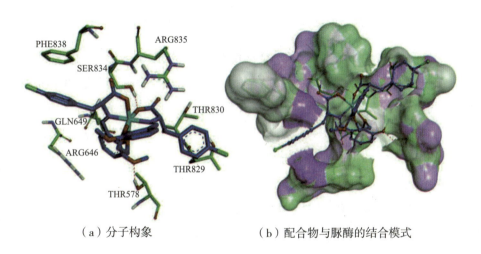

(a) 分子构象　　　　　　　(b) 配合物与脲酶的结合模式

图 6-10　镍（Ⅱ）金属配合物 [NiL₄] · 2CH₃OH 在复合结构中的分子构象及配合物与脲酶的结合模式

BMFPE 缩 L-4- 氯苯丙氨酸 Cu（Ⅱ）金属配合物 [CuL₄] · 2CH₃OH 与脲酶的分子对接结果表明，该配合物与脲酶活性中心的结合自由能为 -9.4 kcal/mol。图 6-11 为铜（Ⅱ）金属配合物 [CuL₄] · 2CH₃OH 与脲酶的结合模式。由图可知，该配合物结合在脲酶的活性中心附近。

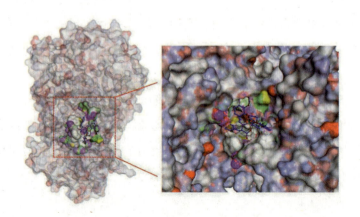

图 6-11　铜（Ⅱ）金属配合物 [CuL₄]·2CH₃OH 与脲酶的结合模式

由图 6-12 所示的铜（Ⅱ）金属配合物 [CuL₄]·2CH₃OH 在复合结构中的分子构象及配合物与脲酶的结合模式可知，配合物分子结构中的羧基上的 O 原子作为氢键的受体与脲酶活性中心附近的亮氨酸残基 LEU839 的氨基间形成一条 N—H…O 氢键（红色虚线），其键长为 2.224 Å，键角为 164.074°；与蛋氨酸残基 MET746 的氨基间形成一条 N—H…O 氢键（红色虚线），其键长为 2.240 Å，键角为 110.412°。配合物分子结构中的一个侧链苯环与苯丙氨酸残基 PHE712 的苯环之间形成面对面型 π-π 相互作用（黄色实线），其距离为 5.245 Å。另一个侧链苯环与苯丙氨酸残基 PHE838 的 C 原子形成 π-σ 静电相互作用，其距离为 3.757 Å。综上所述，并结合图 6-11 可知，该配合物通过氢键作用及静电作用稳定地结合在脲酶活性中心，并延伸至结合口袋的入口，从而阻塞尿素进入脲酶活性中心。因此，可推测该配合物同属于竞争性型抑制剂。

由第 5 章的图 5-31 可知，BMFPE 缩 L-4- 氯苯丙氨酸 Cu（Ⅱ）金属配合物 [CuL₄]·2CH₃OH 羧基上的 O 原子具有较小的负静电势（-0.100 a.u.），因此其可与脲酶活性口袋附近的氨基酸残基形成氢键作用。该分子对接模拟结果同前边理论（5.3.4 小节配合物静电势）计算结果相一致，证明了分子对接模拟结果的合理性。

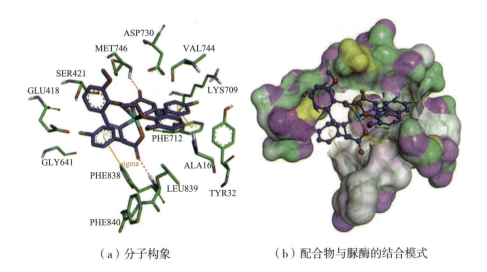

（a）分子构象　　　　　　　　（b）配合物与脲酶的结合模式

图 6-12　铜（Ⅱ）金属配合物 [CuL$_4$]·2CH$_3$OH 在复合结构中的分子构象

及配合物与脲酶的结合模式

5.部分金属配合物脲酶抑制活性的构效关系研究

选取了 BMFPE 缩 L- 酪氨酸系列的 Ni（Ⅱ）、Co（Ⅱ）、Cu（Ⅱ）金属配合物（[NiL$_3$]·2.25CH$_3$OH·0.5C$_4$H$_{10}$O、[CoL$_3$]、[CuL$_3$]·2CH$_3$OH）及 BMFPE 缩 L-4- 氯苯丙氨酸系列的 Ni（Ⅱ）、Co（Ⅱ）、Cu（Ⅱ）金属配合物（[NiL$_4$]·2CH$_3$OH、[CoL$_4$]·4CH$_3$OH、[CuL$_4$]·2CH$_3$OH）作为研究对象，分析比较了这两个系列不同金属配合物对脲酶活性的抑制作用，并采用分子对接模拟技术对不同金属配合物与脲酶的活性中心进行分子对接，来研究配合物分子与脲酶分子之间的结合方式。同时，利用前文（4.3.4 小节配合物静电势）量子化学计算结果，分析了对接模拟的结果，解释了不同金属配合物具有不同的脲酶抑制活性的原因，并在分子结构、分子对接模拟和量子化学计算之间建立起联系，探索了所合成金属配合物的脲酶抑制活性的构效关系。

通过对比上述两个系列的 Ni（Ⅱ）、Co（Ⅱ）、Cu（Ⅱ）金属配合物的脲酶抑制活性发现，两个系列中的不同金属配合物表现出不同的脲酶抑制活性。这一结果表明，金属配合物对脲酶活性的抑制作用受到中心配位金属离子 M(II) 种类的影响。尤其是当配体与 Ni(II) 或 Cu(II) 离子配位后，所形成的金属配合物在通常情况下表现出较强的脲酶抑制活性。

通过对比上述两个系列中对应的 Ni(II)、Co(II)、Cu(II) 金属配合物的脲酶抑制活性发现，这些具有相同中心配位金属离子 M(II) 而具有不同配体的金属配合物表现出不同的脲酶抑制作用。因此，金属配合物的脲酶抑制活性与配体的结构有一定的关系。例如，BMFPE 缩 L- 酪氨酸系列的 Ni(II)、Co(II)、Cu(II) 金属配合物对脲酶活性的抑制作用相较于 BMFPE 缩 L-4- 氯苯丙氨酸系列的 Ni(II)、Co(II)、Cu(II) 金属配合物对脲酶活性的抑制作用明显要强。经分析比较发现，两个系列中对应相同配位中心金属离子 M(II) 的金属配合物的分子结构不同之处在于侧链苯环上的取代基不同。当取代基为羟基时，金属配合物与脲酶活性中心附近的氨基酸残基相互作用，羟基可以作为良好的氢键供体与残基结构中的氮原子或氧原子形成氢键作用，从而稳定地结合在活性口袋附近。当取代基为氯原子时，氯原子不仅不可以作为氢键供体或氢键受体，而且它的空间位阻相对较大，不利于配合物进入活性口袋与附近的氨基酸残基结合。例如，Cu(II) 金属配合物 [CuL₃]·2CH₃OH 通过包括侧链羟基 O—H⋯O$_{SER421}$ 在内的三种氢键作用稳定地结合在活性口袋附近，而在 Cu(II) 金属配合物 [CuL₄]·2CH₃OH 的侧链基团与氨基酸残基之间没有形成氢键作用力，反而减弱了该配合物与脲酶直接的结合作用。

分析对比上述两个系列中的 Ni(II)、Co(II)、Cu(II) 金属配合物分子结构中羧基 O 原子的 HOMO 所占百分比（图 6-13）发现，Cu(II) 金属配合物 [CuL₃]·2CH₃OH（Opt3 21.72%、27.27%）和 [CuL₄]·2CH₃OH（Opt6 30.32%、22.53%）分子结构中羧基 O 原子的 HOMO 所占百分比比同系列中的 Ni(II) 及 Co(II) 金属配合物 [NiL₃]·2.25CH₃OH·0.5C₄H₁₀O

（Opt1 2.70%、0.31%）、[CoL₃]（Opt2 8.96%、8.18%）、[NiL₄]·2CH₃OH
（Opt4 5.91%、7.42%）、[CoL₄]·4CH₃OH（Opt5 9.61%、9.64%）分子结构
中羧基 O 原子的 HOMO 所占百分比明显要大。因此，Cu（Ⅱ）金属配合
物分子结构中羧基 O 原子相较于同系列中的 Ni（Ⅱ）及 Co（Ⅱ）金属配
合物分子结构中羧基 O 原子更加容易提供电子，更加容易地被脲酶活性
中心附近的氨基酸残基所识别。该结论从理论计算的角度合理地解释了拥
有相同配体的同一个系列中 Cu（Ⅱ）金属配合物比 Ni（Ⅱ）及 Co（Ⅱ）
金属配合物对脲酶具有更好的抑制作用。

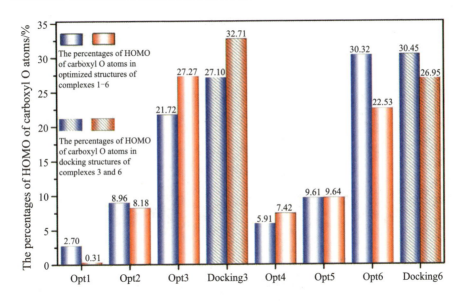

图 6-13　配合物的优化结构与对接后铜（Ⅱ）金属配合物 [CuL₃]·2CH₃OH 和
[CuL₄]·2CH₃OH 结构中羧基 O 原子的 HOMO 所占百分比

　　通过前文（4.3.4 小节配合物静电势）的量子化学计算结果，对
BMFPE 缩 L- 酪氨酸 Cu（Ⅱ）金属配合物 [CuL₃]·2CH₃OH 及 BMFPE
缩 L-4- 氯苯丙氨酸 Cu（Ⅱ）金属配合物 [CuL₄]·2CH₃OH 的分子静
电势进行分析（图 6-14），两种金属配合物的分子正负静电势区域的
总面积占比相对比较平均。对 BMFPE 缩 L- 酪氨酸 Cu（Ⅱ）金属配

合物 [CuL$_3$]·2CH$_3$OH 而言，分子的正负静电势区域的总面积占比分别为 47.64%、52.36%。对 BMFPE 缩 L-4- 氯苯丙氨酸 Cu（Ⅱ）金属配合物 [CuL$_4$]·2CH$_3$OH 而言，分子的正负静电势区域的总面积占比分别为 44.88%、55.12%。均匀分布的正负静电势区域有利于配合物分子进入并结合在脲酶活性中心附近。如图 6-15 所示，BMFPE 缩 L- 酪氨酸 Cu（Ⅱ）金属配合物 [CuL$_3$]·2CH$_3$OH 分子的正静电势区域（蓝色区域）主要定域在该金属配合物分子中羟基上的 H 原子上。这些 H 原子附近的静电势极值分别为 0.079 a.u. 和 0.079 a.u.。上述两种 Cu（Ⅱ）金属配合物 [CuL$_3$]·2CH$_3$OH 和 [CuL$_4$]·2CH$_3$OH 分子的负静电势区域（红色区域）主要定域在金属配合物分子中羧基上的 O 原子上。这些 O 原子附近的静电势极值分别为 −0.097 a.u.、−0.097 a.u.（[CuL$_3$]·2CH$_3$OH）和 −0.093 a.u.、−0.094 a.u.（[CuL$_4$]·2CH$_3$OH）。这些具有极值静电势的 H 原子和 O 原子在分子对接过程中会作为氢键的供体或受体与氨基酸残基之间形成氢键作用力，从而使配合物分子与脲酶稳定地结合在一起。

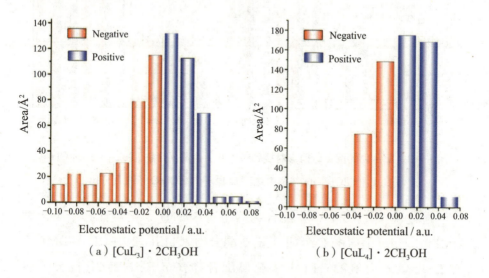

（a）[CuL$_3$]·2CH$_3$OH　　　　　　（b）[CuL$_4$]·2CH$_3$OH

图 6-14　铜（Ⅱ）金属配合物 [CuL$_3$]·2CH$_3$OH 及 [CuL$_4$]·2CH$_3$OH 的静电势区间分布图

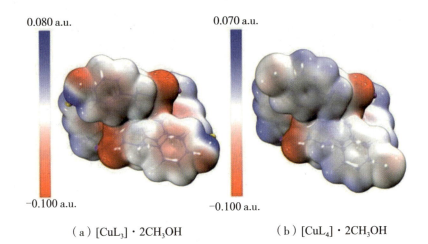

0.080 a.u.　　　　　　　0.070 a.u.

−0.100 a.u.　　　　　　−0.100 a.u.

（a）[CuL$_3$] · 2CH$_3$OH　　　　　（b）[CuL$_4$] · 2CH$_3$OH

图 6-15　铜（Ⅱ）金属配合物 [CuL$_3$] · 2CH$_3$OH 及 [CuL$_4$] · 2CH$_3$OH 的静电势的
电子密度（黄球代表静电势最大值，品红色小球代表静电势最小值）

对 BMFPE 缩 L- 酪氨酸 Cu（Ⅱ）金属配合物 [CuL$_3$] · 2CH$_3$OH 及
BMFPE 缩 L-4- 氯苯丙氨酸 Cu（Ⅱ）金属配合物 [CuL$_4$] · 2CH$_3$OH 对接
前的分子最优几何构型与对接后的分子结构进行了叠合（图 6-16），除
了部分侧链基团发生了轻微的空间变化，分子结构之间叠合较好，尤其
是配位环境部分几乎重叠在一起。对接后分子的部分侧链基团发生的轻
微空间变化满足了分子对接过程中的空间几何互补原理。由图 6-13 可
知，分子对接之后的 Cu（Ⅱ）金属配合物 [CuL$_3$] · 2CH$_3$OH（27.10%、
32.71%）和 [CuL$_4$] · 2CH$_3$OH（30.45%、26.95%）分子结构中羧基 O
原子的 HOMO 所占百分比略微提高。同时结合图 6-17 和图 6-18 可
知，E_{HOMO} 值也有所略微提高（−5.687 eV 升至 −5.442 eV、−5.903 eV 升
至 −5.692 eV）。

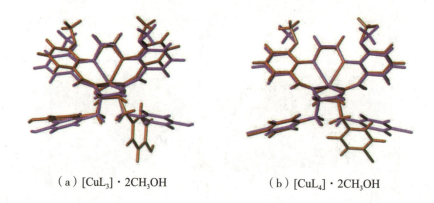

（a）[CuL₃] · 2CH₃OH　　　　　　（b）[CuL₄] · 2CH₃OH

图 6-16　铜（Ⅱ）金属配合物 [CuL₃] · 2CH₃OH 及 [CuL₄] · 2CH₃OH 的
最优几何结构（品红色）与对接之后分子结构（红色）的叠合图

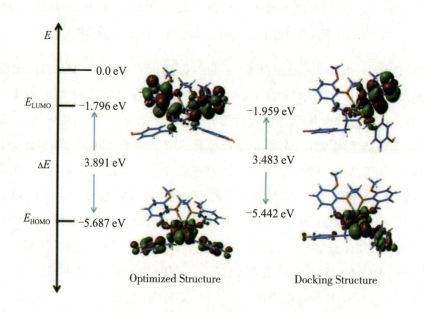

图 6-17　铜（Ⅱ）金属配合物 [CuL₃] · 2CH₃OH 的最优几何结构与对接之后的
分子结构的前线轨道能级及分布

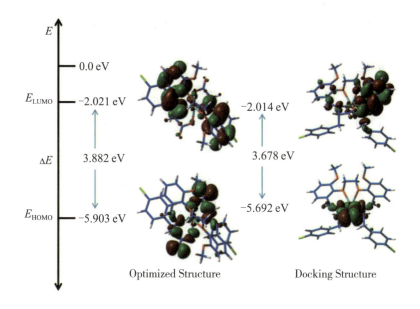

图 6-18　铜（Ⅱ）金属配合物 [CuL₄]·2CH₃OH 的最优几何结构与对接之后的
分子结构的前线轨道能级及分布

6.4　本章小结

（1）研究了部分金属配合物的脲酶抑制活性，发现金属配合物对脲酶活性的抑制作用受到中心配位金属离子 M（Ⅱ）种类的影响。一般情况下，Ni（Ⅱ）及 Cu（Ⅱ）金属配合物表现出较强的脲酶抑制活性。同时，具有相同中心配位金属离子 M（Ⅱ）而具有不同配体的金属配合物表现出不同的脲酶抑制作用，金属配合物的脲酶抑制活性与配体的结构有一定的关系。

（2）利用分子对接模拟技术对配合物与脲酶分子之间的结合模式进行了探讨，同时结合量子化学的计算结果探讨了不同中心金属离子 M（Ⅱ）及不同侧链基团对配合物脲酶抑制活性的影响。配合物分子结构中含有的氢键供体或者氢键受体有利于其与脲酶活性中心的氨基酸残基之间形成氢键作用力，从而稳定地结合在脲酶活性口袋附近。在分子结构、分子对接模拟和量子化学计算之间建立了一定的联系，初步探索了部分金属配合物脲酶抑制活性的构效关系。结果表明，含有羟基的 Cu（Ⅱ）金属配合物拥有较高的脲酶抑制作用，可作为潜在的脲酶抑制剂使用。

第7章 金属配合物的抑菌抗肿瘤活性及分子对接模拟研究

　　抑菌及抗肿瘤研究一直是生物医学所面临的两个重要课题。肿瘤是一种严重危害人类健康的多发病和常见病。因此，寻找有效的肿瘤治疗方法显得尤其紧迫。目前，肿瘤疾病导致的致死率仅次于心血管疾病，位居第二位。此外，在某些发达的国家，肿瘤疾病甚至已成为首要死因。在过去的几十年里，因癌症化疗、器官移植和 HIV 感染导致的免疫功能低下患者数量不断增加，侵袭性和全身性病原体感染的频率急剧增加 [193-195]。因此，对抗微生物的感染仍然是临床医学家所面临的艰巨挑战。1969 年，具有良好抑菌及抗肿瘤活性的金属配合物——顺式 - 二氯二氨合铂（Ⅱ）[（Pt（NH$_3$）$_2$Cl$_2$）] 首次被报道，从此金属配合物作为抑菌抗肿瘤药物的研究进入了一个全新的阶段 [34-35]。近年来，大量结构新颖且抑菌及抗肿瘤活性良好的金属配合物被大量报道。尽管科学家在肿瘤的诊断、发病机制与治疗等方面进行了深入的研究，但肿瘤化学药物治疗仍面临诸多问题与挑战。因此，研究金属配合物的生物活性对于开发新型抑菌剂及抗肿瘤药物具有十分重要的意义。

　　研究表明，许多席夫碱金属配合物具有较好的抑菌及抗肿瘤等生物活性。葡萄糖胺 -6- 磷酸合酶被视为抑菌研究的新靶点，因为葡萄

糖胺 -6- 磷酸对细胞的生存至关重要[196-197]。已有研究表明，葡萄糖胺 -6- 磷酸合酶的短时间失活会导致细胞形态改变、凝集和裂解等。这些变化对病原微生物是致命的[198]。因此，任何能够与酶相互作用并抑制其功能的化合物都有可能成为是一种潜在的抗菌剂。近些年的研究表明，泛素 – 蛋白酶体通路（UPP）一直是肿瘤研究领域的焦点。蛋白酶体影响组织细胞正常新陈代谢功能，因此被视为一种重要靶标，其抑制剂研究已成为治疗肿瘤疾病的一个新方向。第一代及第二代蛋白酶体抑制剂——硼替佐米（bortezomib）及卡非佐米（carfilzomib）——分别于 2003 年和 2012 年被美国 FDA 批准上市，用于多发性骨髓瘤患者的临床治疗。因此，美国 Karmanos 癌症研究所的 Dou[162] 等人首次证实了铜（Ⅱ）金属配合物可作为蛋白酶体抑制剂，通过抑制肿瘤细胞的蛋白酶体活性而诱导细胞凋亡。图 7-1 为葡萄糖胺 -6- 磷酸合酶及 20S 蛋白酶体的晶体结构。

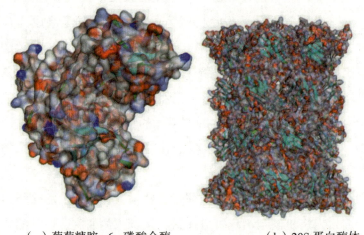

（a）葡萄糖胺 -6- 磷酸合酶　　　　　　　（b）20S 蛋白酶体

图 7-1　葡萄糖胺 -6- 磷酸合酶及 20S 蛋白酶体的晶体结构

本章选取了第 2 ～ 5 章所设计合成的多种金属配合物，以 BMFPE 缩 L- 苯丙氨酸 Cu（Ⅱ）、Cd（Ⅱ）金属配合物（[CuL₁]·2CH₃OH、

[CdL₁] · 2CH₃OH），BMFPE 缩 L- 丝氨酸 Cu（Ⅱ）、Cd（Ⅱ）金属配合物（[CuL₂] · CH₃OH、[CdL₂] · CH₃OH），BMFPE 缩 L- 酪氨酸 Cu（Ⅱ）、Cd（Ⅱ）金属配合物（[CuL₃] · 2CH₃OH、[CdL₃] · 2CH₃OH）及 BMFPE 缩 L-4- 氯 – 苯丙氨酸 Cu（Ⅱ）、Cd（Ⅱ）金属配合物（[CuL₄] · 2CH₃OH、[CdL₄] · 2CH₃OH）为研究对象，采用琼脂扩散法研究了这些金属配合物对大肠杆菌（*Escherichia coli*，革兰氏阴性细菌，G^-）和金黄色葡萄球菌（*Staphylococcus aureus*，革兰氏阳性细菌，G^+）的抑制作用。选取了葡萄糖胺 -6- 磷酸合酶为抑菌研究的靶点，利用分子对接模拟技术对金属配合物与该酶之间的结合模式进行了研究。同时采用 SRB 法研究了上述金属配合物对人肝癌 HepG2 细胞及人乳腺癌 MCF-7 细胞的增殖抑制作用。选取 20S 蛋白酶体（20S proteasome, PDB：2F16）为作用靶点，借助分子对接模拟技术对金属配合物与该蛋白酶体之间的结合模式进行了研究。探讨了配体的结构及金属离子对配合物抗肿瘤性能的影响。对所合成的部分金属配合物的抑菌及抗肿瘤活性进行研究，以期为金属配合物作为抑菌剂及抗肿瘤药物的设计合成提供新的研究方向与思路。

7.1　实验

7.1.1　生化试剂

实验所需的生化试剂见表 7-1 所列。

表 7-1　生化试剂

名称	生产厂家
牛肉膏	国药集团化学试剂有限公司
鱼粉蛋白胨	国药集团化学试剂有限公司
牛津杯（6 mm × 8 mm × 10 mm）	许昌海康莱悦试验设备有限公司

续表

名称	生产厂家
PBS 磷酸盐缓冲液	北京索莱宝科技有限公司
胎牛血清（FBS）（FND500）	依科赛生物科技（太仓）有限公司
左旋谷氨酰胺（G8230）	北京索莱宝科技有限公司
青霉素－硫酸链霉素双抗混合液(100×)(P1400)	北京索莱宝科技有限公司
DMEM 高糖培养液（1×）（GNM12800）	吉诺生物医药技术有限公司
RPMI 1640 培养液（1×）（GNM31800）	吉诺生物医药技术有限公司
Gibco 0.05% 胰酶－EDTA（25300-054）	美国英杰生命科技有限公司
Tris（T8060）	北京索莱宝科技有限公司
SRB（S1402）	北京索莱宝科技有限公司
冰乙酸（分析纯）	国药集团化学试剂有限公司
三氯乙酸（分析纯）	国药集团化学试剂有限公司
氯化钠	国药集团化学试剂有限公司
氢氧化钠	国药集团化学试剂有限公司
96 孔细胞培养板	依科赛生物科技（太仓）有限公司
大肠杆菌	中检计量生物科技有限公司
金黄色葡萄球菌	中检计量生物科技有限公司
25 cm² 细胞培养瓶	依科赛生物科技（太仓）有限公司

名称	生产厂家
人肝癌细胞 HepG2	中国科学院上海细胞库
人乳腺癌细胞 MCF-7	中国科学院上海细胞库

7.1.2　主要仪器及型号

实验所需主要仪器及型号见表 7-2 所列。

表 7-2　主要仪器及型号

名称	生产厂家
立式压力蒸汽灭菌锅（YXQ-LS-S0S11）	上海博讯实业有限责任公司
光照培养箱（GXZ 智能型）	宁波仪器厂
超净工作台（SW-CJ-2F）	苏净集团安泰公司
Milli-Q 超纯水系统（AdvantageA 5）	美国 Millipore 公司
显微镜（CX41）	日本 Olympus 公司
二氧化碳细胞培养箱（Heracell150i）	赛默飞世尔科技公司
电热恒温水浴锅（HWS-24）	上海一恒科技有限公司
多功能酶标仪（SpectraMax® I3）	美国 Molecular Devices
细胞自动计数仪（Muse™ cell analyzer）	美国 Millipore 公司

7.1.3 实验方法

1. 抑菌效果测试

（1）液体培养基的配制。称取 2.5 g 蛋白胨和 1.25 g 氯化钠于 250 mL 锥形瓶中。再称取 0.75 g 牛肉膏于小烧杯中，并用事先准备好的热蒸馏水使其完全溶解，随后转移至上述锥形瓶中，加水至大约 250 mL 处，用 1 mol/L 的氢氧化钠溶液调节 pH ≈ 7.5。将配制好的溶液用锡箔纸密封置于高压灭菌锅中，控温 120 ℃，时间为 20 min。

（2）固体培养基的配制。称取 2.5 g 蛋白胨和 1.25 g 氯化钠于 250 mL 锥形瓶中。再称取 0.75 g 牛肉膏于小烧杯中，并用事先准备好的热蒸馏水使其完全溶解，随后转移至上述锥形瓶中，加水至大约 150 mL 处。然后将锥形瓶置于电热套石棉网上加热，微沸，再加入 4 g 琼脂，搅拌使其溶解，待溶液澄清后，再加水至大约 250 mL 处，用 1 mol/L 氢氧化钠水溶液调节 pH ≈ 7.5。将配置好的固体培养基用锡箔纸密封置于高压灭菌锅中，控温 120 ℃，时间为 20 min。

（3）细菌液体培养液的配制。向试管中加入冷却后的液体培养基 5 mL，使用接种环分别在活化好的菌种（大肠杆菌及金黄色葡萄球菌）斜面上刮取适量的菌苔，并接种于试管中的液体培养基中。将培养基密封后置于恒温振荡器中，控温在 37 ℃，转度为 120 r/min，时间设置为 24 h。菌体浓度为 $10^6 \sim 10^7$ cfu/mL。

（4）抑菌圈实验。取出装有固体培养基的锥形瓶，趁热向培养皿中倒入约 1/3 体积的固体培养基液体，静置培养皿，等待培养基凝固。然后向上述凝固的固体培养基表面滴加 150 μL 的细菌培养液，使用涂布器使其均匀涂布在培养基表面。取牛津杯垂直放置于培养皿表面，再向牛津杯中加入 150 μL 的待测金属配合物的 DMSO 溶液（1 mg/mL）。将培养皿放入培养箱中，在 37 ℃条件下培养 20 h。培养结束后，量取抑菌圈直径。为提高结果准确性，平行做三次实验，取平均值。通过比较抑菌圈直径的大小来评价待测金属配合物的抑菌活性。

2. 抗肿瘤活性测试

（1）细胞培养及受试化合物准备。将人肝癌 HepG2 细胞和人乳腺癌 MCF-7 细胞置于含 100 g/mL 链霉素、2 mmol/L 左旋谷氨酰胺、10% FBS（胎牛血清，热灭活）和 RPMI 1640 培养液、100 U/mL 青霉素的 DNEM 高糖培养液的培养基中，并置于 37 ℃，含 5% CO_2 的细胞培养箱中培养，每两天换液一次。待细胞完成汇合后，加入 0.05% 胰酶 -EDTA 溶液进行消化并传代，以确保细胞处在受试对数生长期。使用 DMSO 配制不同浓度的配合物溶液，备用。

（2）SRB 法检测。将上述培养的人肝癌 HepG2 细胞和人乳腺癌 MCF-7 细胞，以各 5 000 个每孔接种于 96 孔板，并置于 37 ℃，含 5% CO_2 的细胞培养箱中培养 24 h，使细胞贴壁。然后再加入不同浓度的金属配合物 DMSO 溶液，空白对照组加等体积的培养液，每个浓度设置 3 个平行复孔。将配制好的培养基置于 37 ℃，含 5% CO_2 的细胞培养箱中培养 72 h。之后每孔分别加入 50 μL 的冷三氯乙酸溶液（50%，m/v，4 ℃预冷）以固定细胞。静置 5 min 后，移入 4 ℃环境中固定 1 h。取出后，用去离子水洗涤 5 遍，并在室温条件下晾干。晾干后，每孔加入 70 μL 0.4%（w/v）的 SRB 染液（含有 1% 的乙酸），进行染色 30 min 之后，用 1%（v/v）乙酸溶液洗涤 4 次，并在室温晾干。最后，每孔加入 150 μLTris 缓冲溶液，并使用酶标仪分别测定每个孔在 540 nm 波长处的光密度值（OD）。肿瘤细胞生长的抑制率按以下公式计算：抑制率（%）= [（$OD_{540 对照孔}$ − $OD_{540 给药孔}$）/$OD_{540 对照孔}$] × 100%。

7.2　金属配合物作为抑菌剂及抗肿瘤药物的分子对接模拟研究

7.2.1　金属配合物的结构优化

对于没有晶体结构的 Cu（Ⅱ）、Cd（Ⅱ）金属配合物，以该系列中有晶体结构数据的金属配合物的结构为基础，采用第 2 章相同的计算方法及计算基组对 Cu（Ⅱ）、Cd（Ⅱ）金属配合物进行结构优化。

7.2.2　金属配合物作为抑菌剂的分子对接模拟研究

借助 Mercury 3.3 软件对不同 Cu（Ⅱ）金属配合物的 CIF 文件进行处理，删除分子结构中的游离溶剂分子并保存为 mol2 文件。借助 GaussView 5.0 软件得到优化结构 Cu（Ⅱ）、Cd（Ⅱ）金属配合物的 mol2 文件。使用 AutoDockTools 打开金属配合物的 mol2 文件，添加极性氢原子，计算配合物分子的 Gasteiger 电荷，同时指定配合物分子的中心（金属离子），调整分子结构中可旋转键的数量，最后保存成为 pdbqt 格式（Lig 文件）。

采用 AutoDock 5.6 软件中的 Vina 模块辅助，通过图形用户界面 AutoDockTools（ADT 1.5.6）对不同 Cu（Ⅱ）、Cd（Ⅱ）金属配合物与葡萄糖胺 -6- 磷酸合酶（GlcN-6-P synthase, PDB ID：2VF5）分别进行分子对接。AutoDockTools 程序主要用于生成分子对接所需的 pdbqt 文件。首先，使用 Pymol 软件对葡萄糖胺 -6- 磷酸合酶进行预处理，保存为 pdb 文件。使用 AutoDockTools 打开上述 pdb 文件，添加极性氢原子，并计算酶分子的 Kollman 型电荷，并将酶分子结构中的所有原子指定为 AutoDock 软件默认的原子类型，最后保存为 pdbqt 文件（Rec 文件）。

分子对接中心位于酶活性中心处，其 x、y、z 分别设定为 28.412、14.241、-3.229。盒子大小设置为 60 Å³ × 60 Å³ × 60 Å³，计算构象数目设置为 10 个，搜索能值深度设置为 8 kcal/mol，与最优结合模型相差的最大能量值设置为 10 kcal/mol。Vina 程序会自动输出排名靠前的亲和能较低的若干配合物分子不同构象的 pdbqt 格式文件。一般情况下会选取结合能最低的第一个金属配合物的分子构象作为最终分子对接的配合物的分子构象。然后使用 Discovery Studio 3.5 软件进行作用力可视化操作。

7.2.3　金属配合物作为抗肿瘤药物的分子对接模拟研究

该对接操作过程与金属配合物作为抑菌剂的分子对接模拟研究类似，选取不同 Cu（Ⅱ）、Cd（Ⅱ）金属配合物与 20S 蛋白酶体（20S proteasome, PDB：2F16）分别进行分子对接。分子对接中心位于酶活性中心处，其 x、y、z 分别设定为 57.971、−156.037、14.946。盒子大小设置为 60 Å³×60 Å³×60 Å³，计算构象数目设置为 10 个，搜索能值深度设置为 8 kcal/mol，与最优结合模型相差的最大能量值设置为 10 kcal/mol。Vina 程序会自动输出排名靠前亲和能较低的若干配合物分子不同构象的 pdbqt 格式文件。一般情况下会选取结合能最低的第一个金属配合物的分子构象作为最终分子对接的配合物的分子构象。然后使用 Discovery Studio 3.5 软件进行作用力可视化操作。

7.3　结果与讨论

7.3.1　金属配合物的抑菌活性研究

本节选取了第 2～5 章所设计并合成的多种金属配合物，以 BMFPE 缩 L- 苯丙氨酸 Cu（Ⅱ）、Cd（Ⅱ）金属配合物（[CuL₁]·2CH₃OH、[CdL₁]·2CH₃OH），BMFPE 缩 L- 丝氨酸 Cu（Ⅱ）、Cd（Ⅱ）金属配合物（[CuL₂]·CH₃OH、[CdL₂]·CH₃OH），BMFPE 缩 L- 酪氨酸 Cu（Ⅱ）、Cd（Ⅱ）金属配合物（[CuL₃]·2CH₃OH、[CdL₃]·2CH₃OH）及 BMFPE 缩 L-4- 氯 - 苯丙氨酸 Cu（Ⅱ）、Cd（Ⅱ）金属配合物（[CuL₄]·2CH₃OH、[CdL₄]·2CH₃OH）为研究对象，采用琼脂扩散法研究了这些金属配合物对大肠杆菌（*Escherichia coli*，革兰氏阴性细菌，G⁻）和金黄色葡萄球菌（*Staphylococcus aureus*，革兰氏阳性细菌，G⁺）的抑制作用。测试结果见表 7-3 所示。

表 7-3　金属配合物的抑菌活性

单位：mm

测试物	大肠杆菌	金黄色葡萄球菌
[CuL$_1$]·2CH$_3$OH	10.14	11.40
[CdL$_1$]·2CH$_3$OH	13.00	14.00
[CuL$_2$]·CH$_3$OH	12.36	13.52
[CdL$_2$]·CH$_3$OH	16.42	18.68
[CuL$_3$]·2CH$_3$OH	11.06	12.10
[CdL$_3$]·2CH$_3$OH	14.20	15.16
[CuL$_4$]·2CH$_3$OH	10.04	11.01
[CdL$_4$]·2CH$_3$OH	12.04	13.02
DMSO**	—	—

注：表中的数值表示抑菌圈的平均直径；** 表示不含测试物的对照组。

由表 7-3 可知，在同系列的金属配合物中，Cd（Ⅱ）金属配合物对大肠杆菌和金黄色葡萄球菌的抑菌活性均强于同系列中的 Cu（Ⅱ）金属配合物的抑菌活性。这表明金属配合物对上述两种细菌的抑制作用会受到中心配位金属离子 M（Ⅱ）的影响。

大部分 Cu（Ⅱ）及 Cd（Ⅱ）金属配合物对大肠杆菌（10.04 ～ 14.20 mm）和金黄色葡萄球菌（11.01 ～ 18.68 mm）显示出中度强度（10.00 ～ 14.00 mm）的敏感性。BMFPE 缩 L- 丝氨酸 Cd（Ⅱ）金属配合物 [CdL$_2$]·CH$_3$OH 对大肠杆菌（16.42 mm）和金黄色葡萄球菌（18.68 mm）表现出高等强度（> 15 mm）的敏感性。BMFPE 缩 L- 酪氨酸 Cd（Ⅱ）金属配合物 [CdL$_3$]·2CH$_3$OH 对金黄色葡萄球菌（15.16 mm）表现出高等强度（> 15 mm）的敏感性。

通过对比不同系列的 Cu（Ⅱ）、Cd（Ⅱ）金属配合物的抑菌活性发现，这些具有相同中心配位金属离子 M（Ⅱ）而不同配体的配合物表现出不同的抑菌活性。由此可知，金属配合物的抑菌活性与配体的结构有一定的关系。例如，BMFPE 缩 L- 丝氨酸 Cu（Ⅱ）、Cd（Ⅱ）金属配合物（[CuL$_2$]·CH$_3$OH、[CdL$_2$]·CH$_3$OH）对大肠杆菌和金黄色葡萄球菌的抑菌作用相较于其他系列的 Cu（Ⅱ）、Cd（Ⅱ）金属配合物对大肠杆菌和金黄色葡萄球菌的抑制作用明显要强，这可能与其分子结构中的羟基有关。当金属配合物与葡萄糖胺 -6- 磷酸合酶活性中心附近的氨基酸残基相互作用时，羟基可以作为良好的氢键供体与残基结构中的氮原子或氧原子形成氢键作用，从而稳定地结合在活性口袋里。

7.3.2　金属配合物作为抑菌剂的分子对接模拟及构效关系研究

为了初步探究金属配合物抑菌活性的作用机理，并研究其构效关系，以期设计具有更强抑菌活性的化合物。采用分子对接模拟技术对 BMFPE 缩 L- 丝氨酸 Cu（Ⅱ）、Cd（Ⅱ）金属配合物（[CuL$_2$]·CH$_3$OH、[CdL$_2$]·CH$_3$OH）及 BMFPE 缩 L- 酪氨酸 Cu（Ⅱ）、Cd（Ⅱ）金属配合物（[CuL$_3$]·2CH$_3$OH、[CdL$_3$]·2CH$_3$OH）与葡萄糖胺 -6- 磷酸合酶的活性中心进行分子对接，来研究配合物分子与该酶之间的结合方式。

1. BMFPE 缩 L- 丝氨酸系列金属配合物抑菌活性的分子对接模拟研究

BMFPE 缩 L- 丝 氨 酸 Cu（Ⅱ）、Cd（Ⅱ）金 属 配 合 物（[CuL$_2$]·CH$_3$OH、[CdL$_2$]·CH$_3$OH）对大肠杆菌和金黄色葡萄球菌具有较好的抑制活性，因此选取了这两种金属配合物来研究其与葡萄糖胺 -6- 磷酸合酶之间的作用方式。BMFPE 缩 L- 丝氨酸 Cu（Ⅱ）金属配合物 [CuL$_2$]·CH$_3$OH 的分子对接结果表明，该配合物与葡萄糖胺 -6- 磷酸合酶活性中心的结合自由能为 -7.8 kcal/mol。图 7-2 为铜（Ⅱ）金属配合物 [CuL$_2$]·CH$_3$OH 与葡萄糖胺 -6- 磷酸合酶的结合模式。由图可知，该配合物结合在葡萄糖胺 -6- 磷酸合酶的活性中心附近。

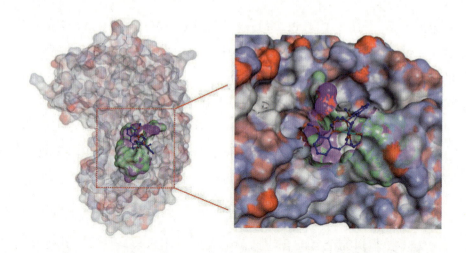

图 7-2　铜（Ⅱ）金属配合物 [CuL$_2$]·CH$_3$OH 与葡萄糖胺 -6- 磷酸合酶的结合模式

　　由图 7-3 所示的铜（Ⅱ）金属配合物 [CuL$_2$]·CH$_3$OH 在复合结构中的分子构象及配合物与葡萄糖胺 -6- 磷酸合酶的结合模式可知，配合物分子结构中的羧基上的 O 原子作为氢键的受体和葡萄糖胺 -6- 磷酸合酶活性中心附近的天冬酰胺残基 ASN522 的氨基间形成一条 N—H···O 氢键（红色虚线），其键长为 2.046 Å，键角为 153.691°。金属配合物分子结构中侧链基团的羟基作为氢键供体与丙氨酸残基 ALA520 的羰基间形成一条 O—H···O 氢键（红色虚线），其键长为 2.335 Å，键角为 105.088°。综上所述，并结合图 7-2 可知，该配合物通过氢键作用稳定地结合在葡萄糖胺 -6- 磷酸合酶活性中心附近，该酶的生物活性得到了一定程度的抑制，因此该金属配合物表现出良好的抑菌作用。

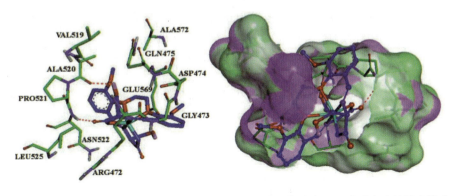

（a）分子构象　　　　　　（b）配合物与葡萄糖胺 -6- 磷酸合酶的结合模式

图 7-3　铜（Ⅱ）金属配合物 [CuL₂]·CH₃OH 在复合结构中的分子构象
及配合物与葡萄糖胺 -6- 磷酸合酶的结合模式

BMFPE 缩 L- 丝氨酸 Cd（Ⅱ）金属配合物 [CdL₂]·CH₃OH 的分子对接结果表明，该配合物的与葡萄糖胺 -6- 磷酸合酶活性中心的结合自由能为 -8.1 kcal/mol。图 7-4 为镉（Ⅱ）金属配合物 [CdL₂]·CH₃OH 与葡萄糖胺 -6- 磷酸合酶的结合模式。由图可知，该配合物结合在葡萄糖胺 -6- 磷酸合酶的活性中心附近。

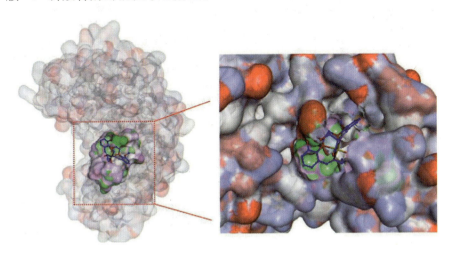

图 7-4　镉（Ⅱ）金属配合物 [CdL₂]·CH₃OH 与葡萄糖胺 -6- 磷酸合酶的结合模式

由图 7-5 所示的镉（Ⅱ）金属配合物 [CdL₂]·CH₃OH 在复合结构中的分子构象及配合物与葡萄糖胺 -6- 磷酸合酶的结合模式可知，配合物分子结构中的羧基上的 O 原子作为氢键的受体和葡萄糖胺 -6- 磷酸合酶活性中心附近的天冬酰胺残基 ASN522 的氨基间形成一条 N—H···O 氢键（红色虚线），其键长为 2.171 Å，键角为 152.533°。金属配合物分子结构中侧链基团的羟基作为氢键供体与谷氨酸残基 GLU569 的羧基间形成一条 O—H···O 氢键（红色虚线），其键长为 2.073 Å，键角为 132.51°。金属配合物分子结构中侧链基团的另一个羟基作为氢键受体与精氨酸残基 ARG472 的氨基间形成一条 N—H···O 氢键（红色虚线），其键长为 2.150 Å，键角为 147.851°。综上所述，并结合图 7-4 可知，该配合物通过氢键作用稳定地结合在葡萄糖胺 -6- 磷酸合酶活性中心附近，该酶的生物活性得到了一定程度的抑制，因此该金属配合物表现出良好的抑菌作用。

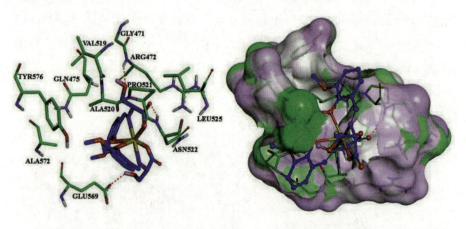

　　（a）分子构象　　　　　（b）配合物与葡萄糖胺 -6- 磷酸合酶的结合模式

图 7-5　镉（Ⅱ）金属配合物 [CdL₂]·CH₃OH 在复合结构中的分子构象
及配合物与葡萄糖胺 -6- 磷酸合酶的结合模式

2. BMFPE 缩 L- 酪氨酸系列金属配合物抑菌活性的分子对接模拟研究

BMFPE 缩 L- 酪 氨 酸 Cu（Ⅱ）、Cd（Ⅱ）金 属 配 合 物（[CuL₃]·2CH₃OH、[CdL₃]·2CH₃OH）对大肠杆菌和金黄色葡萄球菌具有较好的抑制活性，因此选取了这两种金属配合物来研究其与葡萄糖胺 -6- 磷酸合酶之间的作用方式。BMFPE 缩 L- 酪氨酸 Cu（Ⅱ）金属配合物 [CuL₃]·2CH₃OH 的分子对接结果表明，该配合物与葡萄糖胺 -6-磷酸合酶活性中心的结合自由能为 -9.0 kcal/mol。图 7-6 为铜（Ⅱ）金属配合物 [CuL₃]·2CH₃OH 与葡萄糖胺 -6- 磷酸合酶的结合模式。由图可知，该配合物结合在葡萄糖胺 -6- 磷酸合酶的活性中心附近。

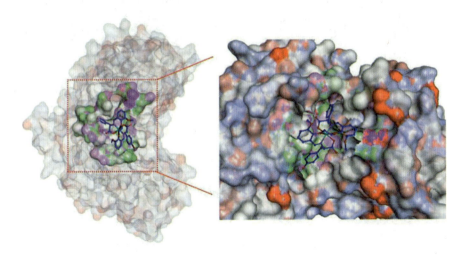

图 7-6　铜（Ⅱ）金属配合物 [CuL₃]·2CH₃OH 与葡萄糖胺 -6- 磷酸合酶的结合模式

由图 7-7 所示的铜（Ⅱ）金属配合物 [CuL₃]·2CH₃OH 在复合结构中的分子构象及配合物与葡萄糖胺 -6- 磷酸合酶的结合模式可知，配合物分子结构中侧链基团的羟基作为氢键供体与缬氨酸残基 VAL399 的羰基间形成一条 O—H…O 氢键（红色虚线），其键长为 2.145 Å，键角为 142.295°。另外，配合物分子结构中另一个羟基所在的一个苯环与亮氨酸残基 LEU484 的 C 原子形成 π-σ 静电相互作用（品红色实线）。综上所述，并结合图 7-6 可知，该配合物通过氢键作用及 π-σ 静电相互作用稳定地结合在葡萄糖胺 -6- 磷酸合酶活性中心附近，该酶的生物活性得到了一定程度的抑制，因此该金属配合物表现出良好的抑菌作用。

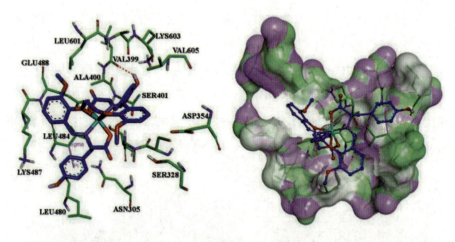

（a）分子构象　　　　（b）配合物与葡萄糖胺 –6– 磷酸合酶的结合模式

图 7-7　铜（Ⅱ）金属配合物 [CuL₃]·2CH₃OH 在复合结构中的分子构象
及配合物与葡萄糖胺 –6– 磷酸合酶的结合模式

BMFPE 缩 L- 酪氨酸 Cd（Ⅱ）金属配合物 [CdL₃]·2CH₃OH 的分子对接结果表明，该配合物与葡萄糖胺 -6- 磷酸合酶活性中心的结合自由能为 -9.4 kcal/mol。图 7-8 为镉（Ⅱ）金属配合物 [CdL₃]·2CH₃OH 与葡萄糖胺 –6– 磷酸合酶的结合模式。由图可知，该配合物结合在葡萄糖胺 –6– 磷酸合酶的活性中心附近。

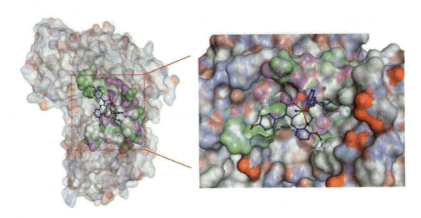

图 7-8　镉（Ⅱ）金属配合物 [CdL₃]·2CH₃OH 与葡萄糖胺 -6- 磷酸合酶的结合模式

　　由图 7-9 所示的镉（Ⅱ）金属配合物 [CdL₃]·2CH₃OH 在复合结构中的分子构象及配合物与葡萄糖胺 -6- 磷酸合酶的结合模式可知，配合物分子结构中的羧基上的 O 原子作为氢键的受体和葡萄糖胺 -6- 磷酸合酶活性中心附近的苏氨酸残基 THR302 的氨基间形成一条 N—H···O 氢键（红色虚线），其键长为 2.016 Å，键角为 138.472°，同时与苏氨酸残基 THR302 的羟基间形成一条 O—H···O 氢键（红色虚线），其键长为 2.173 Å，键角为 159.951°。另外，配合物分子结构中羟基所在的一个苯环与赖氨酸残基 LYS487 的氨基 N 原子间存在 π- 阳离子型静电相互作用（棕色实线），其键长为 5.230 Å。综上所述，并结合图 7-8 可知，该配合物通过氢键作用及 π- 阳离子型静电相互作用稳定地结合在葡萄糖胺 -6- 磷酸合酶活性中心附近，该酶的生物活性得到了一定程度的抑制，因此该金属配合物表现出良好的抑菌作用。

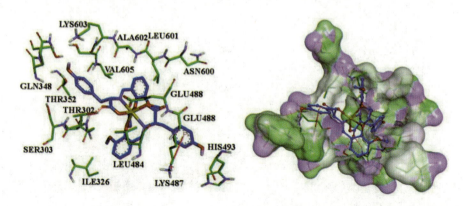

（a）分子构象　　　　（b）配合物与葡萄糖胺 –6– 磷酸合酶的结合模式

图 7-9　镉（Ⅱ）金属配合物 [CdL₃]·2CH₃OH 在复合结构中的分子构象
及配合物与葡萄糖胺 –6– 磷酸合酶的结合模式

3. 部分金属配合物作为抑菌剂的构效关系研究

经分子对接模拟研究表明，金属配合物分子结构中侧链基团的羟基作为良好的氢键供体可与葡萄糖胺 –6– 磷酸合酶活性中心附近的氨基酸残基结构中的氮原子或氧原子形成强氢键作用，从而稳定地结合在活性口袋里。BMFPE 缩 L- 苯丙氨酸 Cu（Ⅱ）、Cd（Ⅱ）金属配合物（[CuL₁]·2CH₃OH、[CdL₁]·2CH₃OH）及 BMFPE 缩 L-4- 氯 – 苯丙氨酸 Cu（Ⅱ）、Cd（Ⅱ）金属配合物（[CuL₄]·2CH₃OH、[CdL₄]·2CH₃OH）的分子对接模拟结果表明，金属配合物与酶活性中心附近的氨基酸残基之间并没有形成氢键等作用。这一结果也证实了金属配合物分子结构中的羟基有利于金属配合物结合在葡萄糖胺 –6– 磷酸合酶活性附近。同时配合物分子的空间体积大小也会对其抑菌活性造成一定程度的影响，具有较小空间体积的 BMFPE 缩 L- 丝氨酸 Cu（Ⅱ）、Cd（Ⅱ）金属配合物（[CuL₂]·CH₃OH、[CdL₂]·CH₃OH）可较为容易地进入葡萄糖胺 –6– 磷酸合酶活性中心口袋，并与附近的氨基酸残基形成作用力，从而表现出较强的抑菌活性。

7.3.3　金属配合物的抗肿瘤活性研究

1. 金属配合物对人肝癌 HepG2 细胞的增殖抑制作用研究

本节选取了第 2～5 章中所设计并合成的 BMFPE 缩 L- 苯丙氨酸 Cu（Ⅱ）、Cd（Ⅱ）金属配合物（$[CuL_1]\cdot 2CH_3OH$, Cu1；$[CdL_1]\cdot 2CH_3OH$, Cd1），BMFPE 缩 L- 丝 氨酸 Cu（Ⅱ）、Cd（Ⅱ）金属配合物（$[CuL_2]\cdot CH_3OH$, Cu2；$[CdL_2]\cdot CH_3OH$, Cd2），BMFPE 缩 L- 酪 氨酸 Cu（Ⅱ）、Cd（Ⅱ）金属配合物（$[CuL_3]\cdot 2CH_3OH$, Cu3；$[CdL_3]\cdot 2CH_3OH$, Cd3）及 BMFPE 缩 L-4- 氯 - 苯丙氨酸 Cu（Ⅱ）、Cd（Ⅱ）金属配合物（$[CuL_4]\cdot 2CH_3OH$, Cu4；$[CdL_4]\cdot 2CH_3OH$, Cd4）为研究对象，采用 SRB 法研究了上述金属配合物对人肝癌 HepG2 细胞的增殖抑制作用。测试结果如图 7-10 所示。

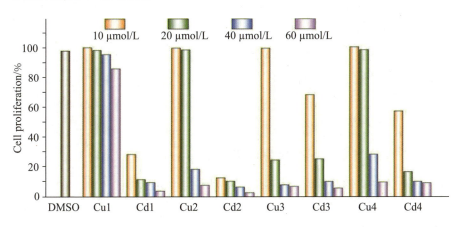

图 7-10　金属配合物对人肝癌 HepG2 细胞的增殖抑制作用

以无菌 DMSO 为阴性参比，第 2～5 章中所设计并合成的 Cu（Ⅱ）、Cd（Ⅱ）金属配合物为实验药物。如图 7-10 所示，经 72 h 的药物处理后，不同浓度的金属配合物对人肝癌 HepG2 细胞展现出不同强度的细胞增殖抑制作用。通常情况下，在一定的浓度范围内，对于同一种药物，其浓度越高，对细胞的增殖抑制作用越强；对于同一浓度下的不同种类药物，其增殖抑制作用亦存在较大差异。实验结果显示，当金属配合物的浓度为 10 μmol/L 时，Cu（Ⅱ）金属配合物对人肝癌 HepG2 细胞几乎不存在细胞增殖抑制作用，BMFPE 缩 L- 酪氨酸 Cd（Ⅱ）金属配合物 Cd3 及 BMFPE 缩 L-4- 氯苯丙氨酸 Cd（Ⅱ）金属配合物 Cd4 对人肝癌 HepG2 细胞表现出轻微的细胞增殖抑制作用（29.89%、41.00%），BMFPE 缩 L- 苯丙氨酸 Cd（Ⅱ）金属配合物 Cd1 及 BMFPE 缩 L- 丝氨酸 Cd（Ⅱ）金属配合物 Cd2 对人肝癌 HepG2 细胞表现较强的细胞增殖抑制作用（70.43%、86.38%）。而当配合物的浓度由 20 μmol/L 逐渐增大到 60 μmol/L 后，除 BMFPE 缩 L- 苯丙氨酸 Cu（Ⅱ）金属配合物 Cu1 外，其余的 Cu（Ⅱ）金属配合物对肿瘤细胞的增殖抑制作用逐渐表现出来，Cd（Ⅱ）金属配合物对肿瘤细胞的增殖抑制作用也逐渐变强。

在本实验中，BMFPE 缩 L- 苯丙氨酸 Cd（Ⅱ）金属配合物 Cd1、BMFPE 缩 L- 丝氨酸 Cu（Ⅱ）金属配合物 Cu2、BMFPE 缩 L- 丝氨酸 Cd（Ⅱ）金属配合物 Cd2、BMFPE 缩 L- 酪氨酸 Cu（Ⅱ）金属配合物 Cu3、BMFPE 缩 L- 酪氨酸 Cd（Ⅱ）金属配合物 Cd3、BMFPE 缩 L-4- 氯苯丙氨酸 Cu（Ⅱ）金属配合物 Cu4 以及 BMFPE 缩 L-4- 氯苯丙氨酸 Cd（Ⅱ）金属配合物 Cd4 均对人肝癌 HepG2 细胞产生了显著的增殖抑制作用。当金属配合物的浓度为 40 μmol/L 时，Cd1、Cu2、Cd2、Cu3、Cd3、Cu4 及 Cd4 对人肝癌 HepG2 细胞的抑制率分别为 89.49%、80.54%、92.61%、91.19%、88.89%、70.5% 及 88.89%。当金属配合物的浓度为 60 μmol/L 时，Cd1、Cu2、Cd2、Cu3、Cd3、Cu4 及 Cd4 的细胞抑制率分别为 95.33%、91.44%、96.50%、92.19%、93.36%、90.23% 及 90.84%。值得注意的是，Cd1 及 Cd2 在较低的浓度（10 μmol/L）下仍表现出较强的细胞增殖抑制作用（70.43%、86.38%）。

2. 金属配合物对人乳腺癌 MCF-7 细胞的增殖抑制作用研究

本节选取了第 2 ～ 5 章中所设计并合成的 BMFPE 缩 L- 苯丙氨酸

Cu（Ⅱ）、Cd（Ⅱ）金属配合物（[CuL₁]·2CH₃OH, Cu1；[CdL₁]·2CH₃OH, Cd1），BMFPE 缩 L- 丝氨酸 Cu（Ⅱ）、Cd（Ⅱ）金属配合物（[CuL₂]·CH₃OH, Cu2；[CdL₂]·CH₃OH, Cd2），BMFPE 缩 L- 酪氨酸 Cu（Ⅱ）、Cd（Ⅱ）金属配合物（[CuL₃]·2CH₃OH, Cu3；[CdL₃]·2CH₃OH, Cd3）及 BMFPE 缩 L-4- 氯苯丙氨酸 Cu（Ⅱ）、Cd（Ⅱ）金属配合物（[CuL₄]·2CH₃OH, Cu4；[CdL₄]·2CH₃OH, Cd4）为研究对象，采用 SRB 法研究了上述金属配合物对人乳腺癌 MCF-7 细胞的增殖抑制作用。测试结果如图 7-11 所示。

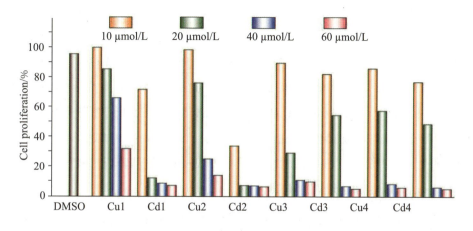

图 7-11　金属配合物对人乳腺癌 MCF-7 细胞的增殖抑制作用

　　以无菌 DMSO 为阴性参比，第 2～5 章中所设计合成的 Cu（Ⅱ）、Cd（Ⅱ）金属配合物为实验药物。如图 7-11 所示，经 72 h 药物处理后，不同浓度及不同种类的金属配合物对人乳腺癌 MCF-7 细胞表现出不同强度的细胞增殖抑制作用。实验结果显示，当金属配合物的浓度为 10 μmol/L 时，除 BMFPE 缩 L- 丝氨酸 Cd（Ⅱ）金属配合物 Cd2 对人乳腺癌 MCF-7 细胞表现出一定程度的抑制作用外（64.18%），其余的配合物对人乳腺癌 MCF-7 细胞几乎不存在细胞增殖抑制作用。而当配合物的浓度由 20 μmol/L 逐渐增大到 60 μmol/L 后，除 BMFPE 缩 L- 苯丙氨酸 Cu（Ⅱ）金属配合物 Cu1 外，其余的 Cu（Ⅱ）金属配合物对肿瘤细胞的增殖抑制作用逐渐表现出来，且表现出较强的抑制作用，同时 Cd（Ⅱ）金属配合物对肿瘤细胞的增殖抑制作用也逐渐变强。

在本实验中，BMFPE 缩 L- 苯丙氨酸 Cd（Ⅱ）金属配合物 Cd1、BMFPE 缩 L- 丝氨酸 Cu（Ⅱ）金属配合物 Cu2、BMFPE 缩 L- 丝氨酸 Cd（Ⅱ）金属配合物 Cd2、BMFPE 缩 L- 酪氨酸 Cu（Ⅱ）金属配合物 Cu3、BMFPE 缩 L- 酪氨酸 Cd（Ⅱ）金属配合物 Cd3、BMFPE 缩 L-4- 氯苯丙氨酸 Cu（Ⅱ）金属配合物 Cu4、BMFPE 缩 L-4- 氯苯丙氨酸 Cd（Ⅱ）金属配合物 Cd4 均对人乳腺癌 MCF-7 细胞产生了显著的增殖的抑制作用。当金属配合物的浓度为 40 μmol/L 浓度时，Cd1、Cu2、Cd2、Cu3、Cd3、Cu4 及 Cd4 的细胞抑制率分别为 90.32%、73.13%、91.94%、88.03%、92.25%、90.70% 及 93.02%。当金属配合物的浓度为 60 μmol/L 浓度时，Cd1、Cu2、Cd2、Cu3、Cd3、Cu4 及 Cd4 的细胞抑制率分别为 91.79%、84.68%、92.54%、89.15%、94.02%、93.16% 及 94.02%。值得注意的是，Cd1 及 Cd2 在较低的浓度下（20 μmol/L）仍表现出较强的细胞增殖抑制作用（86.57%、91.79%）。

7.3.4　金属配合物作为抗肿瘤药物的分子对接模拟及构效关系研究

以上的抗肿瘤活性实验研究表明，四个镉（Ⅱ）金属配合物 Cd1、Cd2、Cd3 及 Cd4 对人肝癌 HepG2 细胞和人乳腺癌 MCF-7 细胞都具有较好的抑制作用。为了初步探究金属配合物抗肿瘤活性的作用机理，以期设计具有更强抗肿瘤活性的化合物。选取 20S 蛋白酶体为作用靶点，借助分子对接模拟技术对金属配合物与该蛋白酶体之间的结合模式进行了研究。对接结果如图 7-12 至图 7-15 所示。

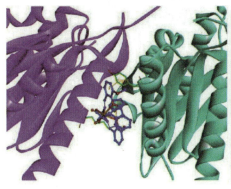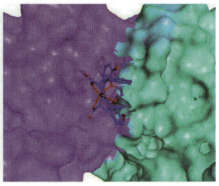

（a）分子构象　　　　　　（b）配合物与 20S 蛋白酶体的结合模式

图 7-12　镉（Ⅱ）金属配合物 [CdL$_1$]·2CH$_3$OH 在复合结构中的分子构象

及配合物与 20S 蛋白酶体的结合模式

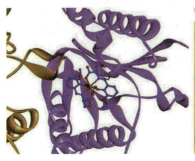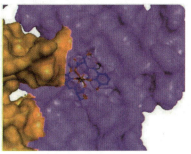

（a）分子构象　　　　　　（b）配合物与 20S 蛋白酶体的结合模式

图 7-13　镉（Ⅱ）金属配合物 [CdL$_2$]·CH$_3$OH 在复合结构中的分子构象及配合物

与 20S 蛋白酶体的结合模式

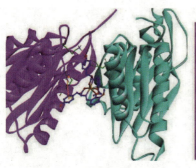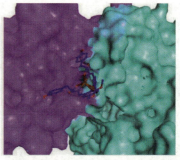

（a）分子构象　　　　　（b）配合物与 20S 蛋白酶体的结合模式

图 7-14　镉（Ⅱ）金属配合物 [CdL₃]·2CH₃OH 在复合结构中的分子构象及配合物
与 20S 蛋白酶体的结合模式；

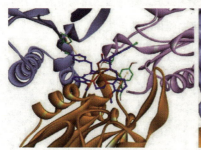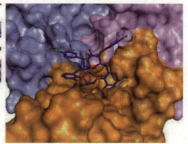

（a）分子构象　　　　　（b）配合物与 20S 蛋白酶体的结合模式

图 7-15　镉（Ⅱ）金属配合物 [CdL₄]·2CH₃OH 在复合结构中的分子构象及配合物
与 20S 蛋白酶体的结合模式

对接结果表明，镉（Ⅱ）金属配合物 [CdL₁]·2CH₃OH（Cd1）与 20S 蛋白酶体的结合自由能为 -9.1 kcal/mol。对接之后，该配合物进入介于蛋白酶体 β5 亚基（品红色）与 β6 亚基（青色）的 S2 和 S3 区域 [图 7-12（a）]。每个 β 环上存在 3 个不同的面向空腔内部的催化蛋白质水解的活性位点（β1、β2 及 β5）。配合物 Cd1 分子结构中的侧链苯环与蛋白酶体 β5 亚基中的赖氨酸残基 LYS57 的氨基 N 原子间形成 π-阳离子型静电相互作用（黄色实线，4.534 Å）。配合物 Cd1 分子结构中的甲氧基所在的一个苯环与蛋白酶体 β6 亚基中的酪氨酸残基 TYR88 的 C 原子间形成 π-σ 静电相互作用（黄色实线，3.873 Å）。基于以上分子间相互作用，配合物 Cd1 能够较好地镶嵌在蛋白酶体的 β5 亚基与 β6 亚基的 S2 和 S3 区域 [图 7-12（b）]。

　　镉（Ⅱ）金属配合物 [CdL$_2$]·CH$_3$OH（Cd2）与 20S 蛋白酶体的结合自由能为 -8.5 kcal/mol。对接之后该配合物进入蛋白酶体 β5 亚基（品红色）的 S1 区域 [图 7-13（a）]。配合物 Cd2 分子结构中的侧链羟基作为氢键的供体与蛋白酶体 β5 亚基中的甘氨酸残基 GLY128 的 N 原子间形成 O—H⋯N 氢键（红色虚线），其键长为 2.056 Å，键角为 166.526°。同时该侧链羟基又作为氢键的受体与蛋白酶体 β5 亚基中的丝氨酸残基 SER132 的氨基间形成 N—H⋯O 氢键（红色虚线），其键长为 2.083 Å，键角为 155.318°。基于以上分子间氢键相互作用，配合物 Cd2 能够较好地导入在蛋白酶体的 β5 亚基的 S1 区域 [图 7-13（b）]。

　　镉（Ⅱ）金属配合物 [CdL$_3$]·2CH$_3$OH（Cd3）与 20S 蛋白酶体的结合自由能为 -9.6 kcal/mol。对接之后该配合物进入介于蛋白酶体 β5 亚基（品红色）与 β6 亚基（青色）的 S2 和 S3 区域 [图 7-14（a）]。配合物 Cd3 分子结构中的侧链酚羟基作为氢键的受体与蛋白酶体 β5 亚基中的赖氨酸残基 LYS90 的氨基间形成 N—H⋯O 氢键（红色虚线），其键长为 2.419 Å，键角为 122.395°。同时该侧链羟基又作为氢键的供体与蛋白酶体 β6 亚基中的酪氨酸残基 TYR88 的 N 原子间形成 O—H⋯N 氢键（红色虚线），其键长为 2.398 Å，键角为 132.135°。配合物 Cd3 分子结构中的另一个侧链酚羟基所在苯环与蛋白酶体 β5 亚基中的精氨酸残基 ARG58 的氨基 N 原子间形成 π - 阳离子型静电相互作用（黄色实线，5.156 Å）。基于以上分子间氢键相互作用，配合物 Cd3 能够较好地镶嵌在蛋白酶体的 β5 亚基与 β6 亚基的 S2 和 S3 区域 [图 7-14（b）]。

　　镉（Ⅱ）金属配合物 [CdL$_4$]·2CH$_3$OH（Cd4）与 20S 蛋白酶体的结合自由能为 -9.0 kcal/mol。对接之后该配合物进入介于蛋白酶体 β2 亚基（紫红色）、β3 亚基（蓝色）与 β4 亚基（黄色）的交界区域 [图 7-15（a）]。配合物 Cd4 分子结构中的羧基 O 原子作为氢键的受体与蛋

白酶体 β2 亚基中的丝氨酸残基 SER24 的羟基间形成 O—H···O 氢键（红色虚线），其键长为 1.944 Å，键角为 134.945°。配合物 Cd4 分子结构中的侧链苯环与蛋白酶体 β3 亚基中的酪氨酸残基 TYR129 的苯环间形成 π-π 相互作用（黄色实线，5.107 Å）。配合物 Cd4 分子结构中的甲氧基所在的一个苯环与蛋白酶体 β4 亚基中的酪氨酸残基 TYR168 的苯环间形成 π-π 静电相互作用（黄色实线，4.201 Å）。基于以上分子间氢键及 π-π 相互作用，配合物 Cd4 能够较好地镶嵌在蛋白酶体的 β2 亚基、β3 亚基及 β4 亚基的交界区域 [图 7-15（b）]。

综上所述，四种镉（Ⅱ）金属配合物可较好地进入 20S 蛋白酶体的空腔中，并与具有催化活性的亚基结合，能较好地阻碍蛋白质底物进入蛋白酶体的活性位点，从而有效抑制蛋白酶体的活性，继而诱导肿瘤细胞的凋亡。

7.4　本章小结

（1）选取了第 2～5 章中所设计并合成的多种 Cu（Ⅱ）、Cd（Ⅱ）金属配合物，采用牛津杯琼脂扩散法研究了这些金属配合物对大肠杆菌和金黄色葡萄球菌的抑制作用。实验结果显示，在同系列的金属配合物中，Cd（Ⅱ）金属配合物对大肠杆菌和金黄色葡萄球菌的抑菌活性强于同系列中的 Cu（Ⅱ）金属配合物的抑菌活性。BMFPE 缩 L- 丝氨酸 Cd（Ⅱ）金属配合物 $[CdL_2]\cdot CH_3OH$ 对大肠杆菌和金黄色葡萄球菌均表现出高等强度的敏感性。BMFPE 缩 L- 酪氨酸 Cd（Ⅱ）金属配合物 $[CdL_3]\cdot 2CH_3OH$ 对金黄色葡萄球菌表现出高等强度的敏感性。可作为潜在的抑菌剂。

（2）为了初步探究金属配合物抑菌活性的作用机理，采用分子对接模拟技术对 BMFPE 缩 L- 丝氨酸 Cu（Ⅱ）、Cd（Ⅱ）金属配合物（$[CuL_2]\cdot CH_3OH$、$[CdL_2]\cdot CH_3OH$）及 BMFPE 缩 L- 酪氨酸 Cu（Ⅱ）、

Cd（Ⅱ）金属配合物（[CuL$_3$]·2CH$_3$OH、[CdL$_3$]·2CH$_3$OH）与葡萄糖胺 -6- 磷酸合酶的活性中心进行分子对接，研究了配合物分子与该酶之间的结合方式。结果表明，配合物分子可通过氢键及其他作用力稳定地结合在葡萄糖胺 -6- 磷酸合酶活性中心附近，该酶的生物活性得到了一定程度的抑制，因此，金属配合物表现出良好的抑菌作用。分子结构中含有羟基及具有较小空间体积的配合物可较容易地进入酶的活性中心口袋，并与附近的氨基酸残基形成作用力，从而表现出较强的抑菌活性。

（3）选取了第 2 ~ 5 章中所设计并合成的多种 Cu（Ⅱ）、Cd（Ⅱ）金属配合物，采用 SRB 法研究了其对人肝癌 HepG2 细胞和人乳腺癌 MCF-7 细胞的增殖抑制作用。实验结果显示，绝大多数的金属配合物具有较好的细胞增殖抑制作用，且在同系列的金属配合物中，Cd（Ⅱ）金属配合物的抗肿瘤活性强于同系列中的 Cu（Ⅱ）金属配合物的抗肿瘤活性。其中，BMFPE 缩 L- 苯丙氨酸 Cd（Ⅱ）金属配合物 [CdL$_1$]·2CH$_3$OH 及 BMFPE 缩 L- 丝氨酸 Cd（Ⅱ）金属配合物 [CdL$_2$]·CH$_3$OH 在低浓度下仍对人肝癌 HepG2 细胞和人乳腺癌 MCF-7 细胞具有较好的增殖抑制作用。

（4）为了初步探究金属配合物抗肿瘤活性的作用机理，选取 20S 蛋白酶体为作用靶点，借助分子对接模拟技术对金属配合物与该蛋白酶体之间的结合模式进行了研究。对接结果表明，四个镉（Ⅱ）金属配合物可较好地进入 20S 蛋白酶体的空腔中，并与具有催化活性的亚基结合，能较好地阻碍蛋白质底物进入蛋白酶体的活性位点，从而有效抑制蛋白酶体的活性，继而诱导肿瘤细胞的凋亡。

参 考 文 献

[1] WANG Y D, ZHANG B, GUO S. Transition metal complexes supported by n-heterocyclic carbene-based pincer platforms: Synthesis, reactivity and applications[J].European Journal Of Inorganic Chemistry, 2021（3）：188-204.

[2] AHMED Y M, MOHAMED G G. Synthesis, spectral characterization, antimicrobial evaluation and molecular docking studies on new metal complexes of novel Schiff base derived from 4, 6-dihydroxy-1, 3-phenylenediethanone[J]. Journal of Molecular Structure, 2022, 1256：132496.

[3] ALI A, PERVAIZ M, SAEED Z, et al. Synthesis and biological evaluation of 4-dimethylaminobenzaldehyde derivatives of Schiff bases metal complexes: A review[J].Inorganic Chemistry Communications, 2022, 145：109903.

[4] BOULECHFAR C, FERKOUS H, DELIMI A, et al. Schiff bases and their metal complexes: A review on the history, synthesis, and applications[J].Inorganic Chemistry Communications, 2023, 150：110451.

[5] DE S, JAIN A, BARMAN P. Recent advances in the catalytic applications of chiral Schiff-base ligands and metal complexes in asymmetric organic transformations[J].Chemistryselect, 2022, 7（7）：e202104334.

[6] ZHANG J, XU L L, WONG W Y. Energy materials based on metal Schiff base complexes[J].Coordination Chemistry Reviews, 2018, 355：180-198.

[7] KHAN S, ALHUMAYDHI F A, IBRAHIM M M, et al. Recent advances and

therapeutic journey of schiff base complexes with selected metals （Pt, Pd, Ag, Au） as potent anticancer agents：A review[J].Anti-Cancer Agents In Medicinal Chemistry, 2022, 22（18）：3086-3096.

[8] KUMAR R, SEEMA K, SINGH D K, et al. Synthesis, antibacterial and antifungal activities of Schiff base rare earth metal complexes：A review of recent work[J].Journal of Coordination Chemistry, 2023, 76（9/10）：1065- 1093.

[9] LEOVAC V M, NOVAKOVIC S B. Versatile coordination chemistry of thiosemicarbazide and its non-Schiff base derivatives[J].Journal of Molecular Structure, 2024, 1314：138721.

[10] MIDDYA P, CHAKRABORTY P, CHATTOPADHYAY S. An overview on the synthesis, structure and properties of nickel（Ⅱ）and zinc （Ⅱ） complexes with diamine-based N_4 donor bis-pyridine and N_6 donor tris- pyridine Schiff base ligands[J].Inorganica Chimica Acta, 2023, 552： 121479.

[11] PERVAIZ M, SHAHIN M, EJAZ A, et al. An overview of aniline-based Schiff base metal complexes：Synthesis, characterization and biological activities – a review[J].Inorganic Chemistry Communications, 2024, 159： 111851.

[12] PRAMANIK S, CHATTOPADHYAY S. An overview of copper complexes with diamine-based N_4 donor bis-pyridine Schiff base ligands：Synthesis, structures, magnetic properties and applications[J].Inorganica Chimica Acta, 2023, 552：121486.

[13] SOROCEANU A, BARGAN A. Advanced and biomedical applications of Schiff-base ligands and their metal complexes：A review[J].Crystals, 2022, 12（10）：1436.

[14] TURAN N, SEYMEN H, GÜNDÜZ B, et al. Synthesis, characterization of Schiff base and its metal complexes and investigation of their electronic and

photonic properties[J].Optical Materials, 2024, 148：114802.

[15] SCHIFF H. Mitteilungen aus dem universitatslaboratorium in Pisa：Eineneue reihe organischer basen. （in German）[J].Justus Liebigs Annalen der Chemie, 1864, 131：118-119.

[16] JORGE J, SANTOS K F D, TIMOTEO F, et al. Recent advances on the antimicrobial activities of Schiff bases and their metal complexes：An updated overview[J].Current Medicinal Chemistry, 2024, 31（17）：2330-2344.

[17] KARGAR H, FALLAH-MEHRJARDI M, MUNAWAR K S. Dioxovanadium（V）complex incorporating tridentate ONO donor aminobenzohydrazone ligand：Synthesis, spectral characterization and application as a homogeneous lewis acid catalyst in the friedlander synthesis of substituted quinolines[J].Polycyclic Aromatic Compounds, 2022, 42（9）：6485-6500.

[18] SAREMI K, RAD S K, SHAHNAVAZ Z, et al. Study of antidiabetic activity of two novel Schiff base derived dibromo and dichloro substituted compounds in streptozotocin- nicotinamide-induced diabetic rats：Pilot study[J].Brazilian Journal of Pharmaceutical Sciences, 2023, 59：e21159.

[19] ZHAI Z H, EDGAR K J. Polysaccharide aldehydes and ketones：Synthesis and reactivity[J].Biomacromolecules, 2024, 25（4）：2261-2276.

[20] HUSSAIN A, MARIAPPAN K, CORK D C, et al. A highly selective pyridoxal-based chemosensor for the detection of Zn（Ⅱ）and application in live-cell imaging；X-ray crystallography of pyridoxal-tris Schiff-base Zn（Ⅱ）and Cu（Ⅱ）complexes[J].Rsc Advances, 2021, 11（54）：34181-34192.

[21] JUROWSKA A, HODOROWICZ M, SZKLARZEWIC Z J. Alkali metals and ammonium as cations in dioxidovanadium（V）complexes with Schiff

base ligands – structure, solubility and stability in biological media[J]. Journal of Molecular Structure, 2024, 1317：139168.

[22] KARMAKAR M, KUMAR P, RAHAMAN S J, et al. An overview on the synthesis, structure, and application of vanadyl complexes with hydrazonic acid ligands based on salicylaldehyde or its derivatives[J].Inorganica Chimica Acta, 2024, 565：121969.

[23] KUMAR B, DEVI J, MANUJA A. Synthesis, structure elucidation, antioxidant, antimicrobial, anti–inflammatory and molecular docking studies of transition metal（Ⅱ）complexes derived from heterocyclic Schiff base ligands[J].Research on Chemical Intermediates, 2023, 49（6）：2455–2493.

[24] KUMAR R, SINGH A A, KUMAR U, et al. Recent advances in synthesis of heterocyclic Schiff base transition metal complexes and their antimicrobial activities especially antibacterial and antifungal[J].Journal of Molecular Structure, 2023, 1294：136346.

[25] MEZGEBE K, MULUGETA E. Synthesis and pharmacological activities of Schiff bases with some transition metal complexes：A review[J].Medicinal Chemistry Research, 2024, 33（3）：439–463.

[26] PASWAN S, ANJUM A, YADAV N, et al. Synthesis, thermal, photo–physical, and biological properties of mononuclear Yb^{3+}, Nd^{3+}, and Dy^{3+} complexes derived from Schiff base ligands[J].Journal of Coordination Chemistry, 2020, 73（4）：686–701.

[27] HOSSAIN A S, MÉNDEZ–ARRIAGA J M, XIA C K, et al. Metal complexes with ONS donor Schiff bases. A review[J].Polyhedron, 2022, 217：115692.

[28] MURASKOVÁ V, EIGNER V, DUSEK M, et al. Iron（Ⅲ）and cobalt（Ⅲ）complexes with pentadentate pyridoxal Schiff base ligand – structure,

spectral, electrochemical, magnetic properties and DFT calculations[J]. Polyhedron, 2021, 197: 115019.

[29] SARKAR S, BISWAS S, LIAO M S, et al.An attempt towards coordination supramolecularity from Mn（Ⅱ）, Ni（Ⅱ）and Cd（Ⅱ）with a new hexadentate [N₄O₂] symmetrical Schiff base ligand: Syntheses, crystal structures, electrical conductivity and optical properties[J]. Polyhedron, 2008, 27（16）: 3359-3370.

[30] BEI P Z, LIU H J, ZHANG Y, et al. Preparation and characterization of polyimide membranes modified by a task-specific ionic liquid based on Schiff base for CO_2/N_2 separation[J].Environmental Science And Pollution Research, 2021, 28（1）: 738-753.

[31] HAN Z F, HUANG X, CHEN J C, et al. Study on the compounding of cysteine modified Schiff base and decanoic acid as corrosion inhibitors for bronze with patina[J].Surfaces and Interfaces, 2024, 46: 103996.

[32] MORATILLA S D, ANGULO S C, GÓMEZ-CASANOVA N, et al. Zinc（Ⅱ）iminopyridine complexes as antibacterial agents: A structure-to-activity study[J].International Journal of Molecular Sciences, 2024, 25(7): 4011.

[33] MURAKAMI H A, USLAN C, HAASE A A, et al. Vanadium chloro-substituted Schiff base catecholate complexes are reducible, lipophilic, water stable, and have anticancer activities[J].Inorganic Chemistry, 2022, 61（51）: 20757-20773.

[34] AICH R K, DEB A R, RAY A. Neo-adjuvant chemotherapy with cisplatin and short infusional 5-FU in advanced head and neck malignancies[J]. Journal of Cancer Research and Therapeutics, 2005, 1（1）: 46-50.

[35] MARIA KARTALOU, JOHN M ESSIGMANN.Mechanisms of resistance to cisplatin[J]. Mutation Research, 2001, 478（1-2）: 23-43.

[36] HASHEM H E, MOHAMED E A, FARAG A A, et al. New heterocyclic Schiff base–metal complex：Synthesis, characterization, density functional theory study, and antimicrobial evaluation[J].Applied Organometallic Chemistry, 2021, 35（9）：e6322.

[37] ALTHOBITI H A, ZABIN S A. New Schiff bases of 2–（quinolin–8–yloxy）acetohydrazide and their Cu（Ⅱ）, and Zn（Ⅱ）metal complexes：Their in vitro antimicrobial potentials and in silico physicochemical and pharmacokinetics properties[J].Open Chemistry, 2020, 18（1）：591–607.

[38] KONDORI T, AKBARZADEH N, FAZLI M, et al. A novel Schiff base ligand and its copper complex：Synthesis, characterization, X–ray crystal structure and biological evaluation[J].Journal of Molecular Structure, 2021, 1226：129395.

[39] EL–ATTAR M S, AHMED F M, SADEEK S A, et al. Characterization, DFT, and antimicrobial evaluation of some new N_2O_2 tetradentate Schiff base metal complexes[J].Applied Organometallic Chemistry, 2022, 36（10）：e6826.

[40] AROUA L M, AL–HAKIMI A N, ABDULGHANI M A M, et al. Cytotoxic urea Schiff base complexes for multidrug discovery as anticancer activity and low in vivo oral assessing toxicity[J].Arabian Journal of Chemistry, 2022, 15（8）：103986.

[41] DEMIR B S, INCE S, YILMAZ M K, et al. DNA binding and anticancer properties of new Pd（Ⅱ）–phosphorus Schiff base metal complexes[J]. Pharmaceutics, 2022, 14（11）：2409.

[42] KOSTENKOVA K, LEVINA A, WALTERS D A, et al. Vanadium（Ⅴ）pyridine–containing Schiff base catecholate complexes are lipophilic, redox–active and selectively cytotoxic in glioblastoma（T98G）cells[J]. Chemistry–A European Journal, 2023, 29（68）：e202302271.

[43] ANDIAPPAN K, SANMUGAM A, DEIVANAYAGAM E, et al. Detailed investigations of rare earth （Yb, Er and Pr） based inorganic metal-ion complexes for antibacterial and anticancer applications[J].Inorganic Chemistry Communications, 2023, 150：110510.

[44] NAN Z, FAN Y H, ZHANG Z, et al. Syntheses, crystal structures and anticancer activities of three novel transition metal complexes with Schiff base derived from 2-acetylpyridine and L-tryptophan[J].Inorganic Chemistry Communications, 2012, 22：68-72.

[45] LI X, BI C F, FAN Y H, et al. Synthesis, crystal structure and anticancer activity of a novel ternary copper （Ⅱ） complex with Schiff base derived from 2-amino-4-fluorobenzoic acid and salicylaldehyde[J].Inorganic Chemistry Communications, 2014, 50：35-41.

[46] ZUO J, BI C F, FAN Y H, et al. Cellular and computational studies of proteasome inhibition and apoptosis induction in human cancer cells by amino acid Schiff base-copper complexes[J].Journal of Inorganic Biochemistry, 2013, 118：83-93.

[47] 张楠 . 杂环 - 色氨酸类席夫碱配合物的合成、表征与生物活性研究 [D]. 青岛：中国海洋大学 , 2014.

[48] 李昕 . 新型过渡金属席夫碱配合物的合成、表征与抗肿瘤活性研究 [D]. 青岛：中国海洋大学 , 2016.

[49] IBRAHIM H, BALA M D, FRIEDRICH H B. Poly-functional imino-N-heterocyclic carbene ligands：Synthesis, complexation, and catalytic applications[J].Coordination Chemistry Reviews, 2022, 469：214652.

[50] LAMIRI W, DJAAFER-MOUSSA R, MERABET L, et al. Synthesis, XRD/HAS-interactions, QTAIM analysis, optical and nonlinear optical responses studies of Cu （Ⅱ） complex with the Schiff base ligand derived from 5-bromosalicylaldehyde[J].Chemistryselect, 2023, 8（43）：e202302953.

[51] MOURA F S, DA SILVA E T, DA SILVA T U, et al. Cobalt（Ⅱ）Schiff-base complexes with substituents of varying electron-withdrawing character：Synthesis, characterization, DFT calculations and application as electrocatalysts for oxygen reduction reaction[J].Journal of the Brazilian Chemical Society, 2024, 35（12）：e-20240114.

[52] RAKHTSHAH J. A comprehensive review on the synthesis, characterization, and catalytic application of transition-metal Schiff-base complexes immobilized on magnetic Fe₃O₄ nanoparticles[J].Coordination Chemistry Reviews, 2022, 467.

[53] IACOPETTA D, CERAMELLA J, CATALANO A, et al. Metal complexes with Schiff bases as antimicrobials and catalysts[J].Inorganics, 2023, 11（8）：320.

[54] JUYAL V K, PATHAK A, PANWAR M, et al. Schiff base metal complexes as a versatile catalyst：A review[J].Journal of Organometallic Chemistry, 2023, 999：122825.

[55] MAHARANA T, NATH N, PRADHAN H C, et al. Polymer-supported first-row transition metal Schiff base complexes：Efficient catalysts for epoxidation of alkenes[J].Reactive & Functional Polymers, 2022, 171：105142.

[56] MOODI Z, BAGHERZADE G. Synthesis and characterization of Ni（Ⅱ）and Cu（Ⅱ）complexes based on quercetin Schiff base and using them as heterogeneous catalysts in henry reaction[J].Indian Journal of Chemistry, 2022, 61（2）：136-143.

[57] ARUMUGAM S, SENTHILKUMAR N, THIRUMALAIVASAN N, et al. Heterogenous copper（Ⅱ）Schiff-base complex immobilized mesoporous silica catalyst for multicomponent biginelli reaction[J].Journal of Organometallic Chemistry, 2023, 998：122804.

[58] MURESEANU M, BLEOTU I, SPNU C I, et al. Anchoring of copper （Ⅱ）-Schiff base complex in SBA-15 matrix as efficient oxidation and biomimetic catalyst[J].International Journal of Molecular Sciences, 2024, 25（2）: 1094.

[59] DONG Y L, LIU H R, WANG S M, et al. Immobilizing isatin-Schiff base complexes in NH_2-UiO-66 for highly photocatalytic CO_2 reduction[J].Acs Catalysis, 2023, 13（4）: 2547-2554.

[60] AYTAR E. Schiff base Cu（Ⅱ）complexes as catalysts in the transformation of CO_2 to cyclic carbonates at both high and atmospheric pressure[J]. Journal of Molecular Structure, 2023, 1284: 135331.

[61] TAVAKOLI F, ZENDEHDEL M. Increasing the acidity of MCM-41 by functionalized thiosemicarbazones Schiff- base complexes as an efficient catalyst for biginelli reaction[J].Silicon, 2023, 15（9）: 4003-4017.

[62]MURESEANU M, FILIP M, BLEOTU I, et al. Cu（Ⅱ）and Mn（Ⅱ）anchored on functionalized mesoporous silica with Schiff bases: Effects of supports and metal-ligand interactions on catalytic activity[J]. Nanomaterials, 2023, 13（12）: 1884.

[63] ALHAMAMI M A M, MOHAMMED A Y A, ALGETHAMI J S, et al. Highly sensitive and selective Schiff base chemosensor for Cu^{2+} and 2, 4-d detection: A promising analytical approach[J]. Microchemical Journal, 2024, 197: 109817.

[64] BRESSI V, AKBARI Z, MONTAZEROZOHORI M, et al. On the electroanalytical detection of Zn ions by a novel Schiff base ligand-SPCE sensor[J].Sensors, 2022, 22（3）: 900.

[65] WANG J F, MENG Q Y, YANG Y Y, et al. Schiff base aggregation-induced emission luminogens for sensing applications: A review[J].Acs Sensors, 2022, 7（9）: 2521-2536.

[66]FAN L, QIN J C, Li T R, et al. A chromone Schiff-base as Al（Ⅲ）
selective fluorescent and colorimetric chemosensor[J]. Journal of
Luminescence, 2014, 155: 84–88.

[67] PENG L, ZHENG Y, WANG X, et al. Photoactivatable aggregation–induced
emission fluorophores with multiple-color fluorescence and wavelength-
selective activation[J]. Chemistry–A European Journal, 2015, 21（11）:
4326–4332.

[68] AFSHARI F, GHOMI E R, DINARI M, et al. Recent advances on the
corrosion inhibition behavior of Schiff base compounds on mild steel in
acidic media[J].Chemistryselect, 2023, 8（9）: e202203231.

[69] LIU Y F, FENG H X, WANG L Y, et al. Preparation of bis-thiophene
Schiff alkali–copper metal complex for metal corrosion inhibition[J].
MATERIALS, 2023, 16（8）: 3214.

[70] HAMANI H, DAOUD D, BENABID S, et al. Electrochemical, density
functional theory（DFT）and molecular dynamic（MD）simulations
studies of synthesized three news Schiff bases as corrosion inhibitors on
mild steel in the acidic environment[J].Journal of the Indian Chemical
Society, 2022, 99（7）: 100492.

[71] ZHONG X, LI Z K, SHI R F, et al. Schiff base–modified nanomaterials for
ion detection: A review[J].Acs Applied Nano Materials, 2022, 5（10）:
13998–14020.

[72] ANCY R P, THILAGA G, SANGUNI G, et al. Evaluation of antioxidant
and anticancer activity of amino acid derived Schiff bases and their metal
complexes–a review[J].Indian Journal of Biochemistry & Biophysics, 2023,
60（6）: 437–447.

[73] JADAMA A, YUKSEKDANACI S, ASTLEY D, et al. Synthesis,
characterization and biological activity of Schiff and AZO–Schiff base

ligands[J].Studia Universitatis Babes–Bolyai Chemia, 2023, 68（1）：75–89.

[74] CUI J M, JI X, MI Y Q, et al. Antimicrobial and antioxidant activities of N–2–hydroxypropyltrimethyl ammonium chitosan derivatives bearing amino acid Schiff bases[J].Marine Drugs, 2022, 20（2）：86.

[75] BORREGO–MUÑOZ P, CARDENAS D, OSPINA F, et al. Second-generation enamine–type Schiff bases as 2–amino acid–derived antifungals against fusarium oxysporum：Microwave–assisted synthesis, in vitro activity, 3D–SQAR, and in vivo effect[J].Journal of Fungi, 2023, 9（1）：113.

[76] SOBERANES Y, LÓPEZ–GASTÉLUM K–A, Moreno–Urbalejo J, et al. Tetrameric copper（Ⅱ）metallocyclic complex bearing an amino acid derived Schiff base ligand：Structure, catalytic and antioxidant activities[J].Inorganic Chemistry Communications, 2018, 94：139–141.

[77] Wohler F. Ueber künstliche Bildung des Harnstoffs[J].Annalen der Physik, 1828, 87（2）：253–256.

[78] LASISI A A, AKINREMI O O. Kinetics and thermodynamics of urea hydrolysis in the presence of urease and nitrification inhibitors[J].Canadian Journal of Soil Science, 2021, 101（2）：192–202.

[79] YANG W, PENG Z Y, WANG G C. An overview：Metal–based inhibitors of urease[J].Journal of Enzyme Inhibition And Medicinal Chemistry, 2023, 38（1）：361–375.

[80] YANG W, FENG Q Q, PENG Z Y, et al. An overview on the synthetic urease inhibitors with structure–activity relationship and molecular docking[J].European Journal of Medicinal Chemistry, 2022, 234：114273.

[81] SUMNER J B. The isolation and crystallization of the enzyme urease. Preliminary paper[J].Journal of Biological Chemistry, 1926, 69（2）：435–441.

[82] DIXON N E, GAZZOLA T C, BLAKELEY R L, et al. Letter: Jack bean urease (EC 3.5.1.5). A metalloenzyme. A simple biological role for nickel?[J].Journal of the American Chemical Society, 1975, 97 (14): 4131–4133.

[83] FOLLMER C. Insights into the role and structure of plant ureases[J]. Phytochemistry, 2008, 69 (1): 18–28.

[84] PROSHLYAKOV D A, FARRUGIA M A, PROSHLYAKOV Y D, et al. Iron–containing ureases[J].Coordination Chemistry Reviews, 2021, 448: 214190.

[85] WANG H, LOU Q L, HAO C Z, et al. N4O2–donor macrocyclic Schiff base Ni (II) complex: Synthesis, crystal structure, DFT study and urease inhibition study[J].Chinese Journal of Inorganic Chemistry, 2022, 38 (4): 765–773.

[86] KIDANEMARIAM T G, GEBRU K A, GEBRETINSAE H K. A mini review of enzyme–induced calcite precipitation (EICP) technique for eco–friendly bio–cement production[J].Environmental Science and Pollution Research, 2024, 31 (11): 17033–17051.

[87] NAVEED M, DUAN J G, UDDIN S, et al. Application of microbially induced calcium carbonate precipitation with urea hydrolysis to improve the mechanical properties of soil[J].Ecological Engineering, 2020, 153: 105885.

[88] TAVARES M C, NASCIMENTO I J D, DE AQUINO T M, et al. The influence of N–alkyl chains in benzoyl–thiourea derivatives on urease inhibition: Soil studies and biophysical and theoretical investigations on the mechanism of interaction[J].Biophysical Chemistry, 2023, 299: 107042.

[89] ULLAH I, DAWAR K, TARIQ M, et al. Gibberellic acid and urease

inhibitor optimize nitrogen uptake and yield of maize at varying nitrogen levels under changing climate[J].Environmental Science and Pollution Research, 2022, 29（5）: 6568–6577.

[90] YI H H, ZHENG T W, JIA Z R, et al. Study on the influencing factors and mechanism of calcium carbonate precipitation induced by urease bacteria[J]. Journal of Crystal Growth, 2021, 564: 126113.

[91] YUAN F, HUANG Z Y, YANG T X, et al. Pathogenesis of proteus mirabilis in catheter–associated urinary tract infections[J].Urologia Internationalis, 2021, 105（5–6）: 354–361.

[92] FIORI–DUARTE A, RODRIGUES R, KITAGAWA R, et al. Insights into the design of inhibitors of the urease enzyme – a major target for the treatment of helicobacter pylori infections[J].Current Medicinal Chemistry, 2020, 27（23）: 3967–3982.

[93] CUNHA E S, CHEN X R, SANZ–GAITERO M, et al. Cryo–EM structure of helicobacter pylori urease with an inhibitor in the active site at 2.0Å resolution[J].Nature Communications, 2021, 12（1）: 230.

[94] ANICETO N, BONIFÁCIO V D B, GUEDES R C, et al. Exploring the chemical space of urease inhibitors to extract meaningful trends and drivers of activity[J].Journal of Chemical Information and Modeling, 2022, 62（15）: 3535–3550.

[95] LU Q, TAN D P, XU Y F, et al. Inactivation of jack bean urease by nitidine chloride from zanthoxylum nitidum: Elucidation of inhibitory efficacy, kinetics and mechanism[J].Journal of Agricultural and Food Chemistry, 2021, 69（46）: 13772–13779.

[96] RAUF A, SHAHZAD S, BAJDA M, et al. Design and synthesis of new barbituric– and thiobarbituric acid derivatives as potent urease inhibitors: Structure activity relationship and molecular modeling studies[J].Bioorganic

& Medicinal Chemistry, 2015, 23（17）：6049-6058.

[97] KHAN K M, ALI M, WADOOD A, et al. Molecular modeling-based antioxidant arylidene barbiturates as urease inhibitors[J].Journal of Molecular Graphics and Modelling, 2011, 30：153-156.

[98] TANG K, ZHAO H. Quinolone antibiotics：Resistance and therapy[J]. Infection and Drug Resistance, 2023, 16：811-820.

[99] ASLAM M, RAHMAN J, IQBAL A, et al. Antiurease activity of antibiotics：In vitro, in silico, structure activity relationship, and md simulations of cephalosporins and fluoroquinolones[J].ACS OMEGA, 2024, 9（12）：14005-14016.

[100] ABDEL-AZIZ S A, CIRNSKI K, HERRMANN J, et al. Novel fluoroquinolone hybrids as dual DNA gyrase and urease inhibitors with potential antibacterial activity：Design, synthesis, and biological evaluation[J].Journal of Molecular Structure, 2023, 1271：134049.

[101] LU Q, LI C L, WU G S. Insight into the inhibitory effects of zanthoxylum nitidum against helicobacter pylori urease and jack bean urease：Kinetics and mechanism[J].Journal of Ethnopharmacology, 2020, 249：112419.

[102] KOSIKOWSKA P, BERLICKI Ł. Urease inhibitors as potential drugs for gastric and urinary tract infections：a patent review[J].Expert Opinion on Therapeutic Patents, 2011, 21（6）：945-957.

[103] ABDULLAH M A A, EL-BAKY R M A, HASSAN H A, et al. Design, synthesis, molecular docking, anti-Proteus mirabilis and urease inhibition of new fluoroquinolone carboxylic acid derivatives[J].Bioorganic Chemistry, 2017, 70：1-11.

[104] NISAR M, KHAN S A, SHAH M R, et al. Moxifloxacin-capped noble metal nanoparticles as potential urease inhibitors[J].New Journal of Chemistry, 2015, 39（10）：8080-8086.

[105] KARACELIK A A. Phytochemical profiling, antioxidant activities and in vitro/in silico enzyme inhibitory potentials of apricot cultivars grown in igdir/turkey[J].South African Journal of Botany, 2023, 156: 257-267.

[106] MCCARTY M F, ASSANGA S I, LUJAN L L. Flavones and flavonols may have clinical potential as CK2 inhibitors in cancer therapy[J].Medical Hypotheses, 2020, 141: 109723.

[107] BOONYASUPPAYAKORN S, SAELEE T, HUYNH T N T, et al. The 8-bromobaicalein inhibited the replication of dengue, and zika viruses and targeted the dengue polymerase[J].Scientific Reports, 2023, 13（1）: 4891.

[108] LIU H H, WANG Y, LV M X, et al. Flavonoid analogues as urease inhibitors: Synthesis, biological evaluation, molecular docking studies and in-silico ADME evaluation[J].Bioorganic Chemistry, 2020, 105: 104370.

[109] LI L, SONG X Y, OUYANG M, et al. Anti-hmg-coa reductase, anti-diabetic, anti-urease, anti-tyrosinase and anti-leukemia cancer potentials of panicolin as a natural compound : In vitro and in silico study[J]. Journal of Oleo Science, 2022, 71（10）: 1469-1480.

[110] ABBASI M A, RAMZAN M S, AZIZ UR R, et al. Novel bi-heterocycles as potent inhibitors of urease and less cytotoxic agents: 3-（{5-（（2-amino-1, 3-thiazol-4-yl）methyl）-1, 3, 4-oxadiazol-2-yl} sulfanyl）-n-（un/substituted-phenyl）propanamides[J].Iranian Journal of Pharmaceutical Research, 2020, 19（1）: 487-506.

[111] GÜVEN O, MENTESE E, EMIRIK M, et al. Benzimidazolone-piperazine/triazole/thiadiazole/furan/thiophene conjugates: Synthesis, in vitro urease inhibition, and in silico molecular docking studies[J].Archiv Der Pharmazie, 2023, 356（11）: 2300336.

[112] MOGHADAM E S, AL-SADI A M, TALEBI M, et al. Novel 5-fluoro-6-（4-（2-fluorophenyl）piperazin-1-yl）-2-（4-（4-methylpiperazin-1-yl）phenyl）-1h-benzo[d]imidazole derivatives as promising urease inhibitors[J].Letters in Drug Design & Discovery, 2024, 21（2）: 297-304.

[113] MOGHADAM E S, AL-SADI A M, TALEBI M, et al. 2-aryl benzimidazole derivatives act as potent urease inhibitors; synthesis, bioactivity and molecular docking study[J].Polycyclic Aromatic Compounds, 2023, 43（1）: 256-267.

[114] AHMED R K, OMARALI A B, AL-KARAWI A J M, et al. Designing of eight-coordinate manganese（Ⅱ）complexes as bio-active materials: Synthesis, X-ray crystal structures, spectroscopic, DFT, and molecular docking studies[J].Polyhedron, 2023, 244: 116606.

[115] ALI M, BUKHARI S M, ZAIDI A, et al. Inhibition profiling of urease and carbonic anhydrase Ⅱ by high-throughput screening and molecular docking studies of structurally diverse organic compounds[J].Letters in Drug Design & Discovery, 2021, 18（3）: 299-312.

[116] DUAN W L, MA C, LUAN J, et al. Fabrication of metal-organic salts with heterogeneous conformations of a ligand as dual-functional urease and nitrification inhibitors[J].Dalton Transactions, 2023, 52（40）: 14329-14337.

[117] ELATTAR K M, EL-KHATEEB A Y, HAMED S E. Insights into the recent progress in the medicinal chemistry of pyranopyrimidine analogs[J].Rsc Medicinal Chemistry, 2022, 13（5）: 522-567.

[118] CHEN X X, WANG C Y, FU J J, et al. Synthesis, inhibitory activity and inhibitory mechanism studies of Schiff base Cu（Ⅱ）complex as the fourth type urease inhibitors[J].Inorganic Chemistry Communications,

2019, 99: 70-76.

[119] SALEEM M, HANIF M, RAFIQ M, et al. Synthesis, characterization, optical properties, molecular modeling and urease inhibition analysis of organic ligands and their metal complexes[J].Journal of Fluorescence, 2023, 33（1）: 113-124.

[120] SHAH S R, SHAH Z, KHIAT M, et al. Complexes of N- and O-donor ligands as potential urease inhibitors[J].Acs Omega, 2020, 5（17）: 10200-10206.

[121] SHAMIM S, GUL S, KHAN A, et al. Antimicrobial, antifungal and enzymatic profiling of newly synthesized heavy metal complexes of gemifloxacin[J].Pharmaceutical Chemistry Journal, 2022, 55（10）: 1033-1039.

[122] WANG Q Y, HE B H, ZHANG X Q, et al. Copper, zinc, and nickel complexes derived from 3-methyl-2（（pyridin-2-ylmethylene）amino）phenol: Syntheses, characterization, crystal structures, and urease inhibitory activity[J].Journal of Coordination Chemistry, 2023, 76（13-15）: 1604-1619.

[123] SAID M, KHAN H, MURTAZA G, et al. Guanidine based copper（Ⅱ）complexes: Synthesis, structural elucidation, and biological evaluation[J].Inorganic and Nano-Metal Chemistry, 2022, 53（5）: 513-522.

[124] SANGEETA S, AHMAD K, NOORUSSABAH N, et al. Synthesis, crystal structures, molecular docking and urease inhibition studies of Ni（Ⅱ）and Cu（Ⅱ）Schiff base complexes[J].Journal of Molecular Structure, 2018, 1156: 1-11.

[125] AKKAS T, ZAKHARYUTA A, TARALP A, et al.Cross-linked enzyme lyophilisates（CLELS）of urease: A new method to immobilize

ureases[J].Enzyme and Microbial Technology, 2020, 132：109390.

[126] ALIYEVA-SCHNORR L, SCHUSTER C, DEISING H B. Natural urease inhibitors reduce the severity of disease symptoms, dependent on the lifestyle of the pathogens[J].Journal of Fungi, 2023, 9（7）：708.

[127] AYIPO Y O, OSUNNIRAN W A, BABAMALE H F, et al. Metalloenzyme mimicry and modulation strategies to conquer antimicrobial resistance：Metal-ligand coordination perspectives[J].Coordination Chemistry Reviews, 2022, 453：214317.

[128] EL-MEKABATY A, ETMAN H A, MOSBAH A, et al. Reactivity of barbituric, thiobarbituric acids and their related analogues：Synthesis of substituted and heterocycles-based pyrimidines[J].Current Organic Chemistry, 2020, 24（14）：1610-1642.

[129] KHAN I, KHAN A, HALIM S A, et al. Exploring biological efficacy of coumarin clubbed thiazolo[3, 2-b] [1, 2, 4]triazoles as efficient inhibitors of urease：A biochemical and in silico approach[J].International Journal of Biological Macromolecules, 2020, 142：345-354.

[130] KHURSHID U, AHMAD S, SALEEM H, et al. Multifaced assessment of antioxidant power, phytochemical metabolomics, in-vitro biological potential and in-silico studies of neurada procumbens L.：An important medicinal plant[J].Molecules, 2022, 27（18）：5849.

[131] KAFARSKI P, TALMA M. Recent advances in design of new urease inhibitors：A review[J].Journal of Advanced Research, 2018, 13：101-112.

[132] LU Q, ZHANG Z S, XU Y F, et al. Sanguinarine, a major alkaloid from zanthoxylum nitidum（roxb.）dc inhibits urease of helicobacter pylori and jack bean：Susceptibility and mechanism[J].Journal of Ethnopharmacology, 2022, 295：115388.

[133] CIECHANOVER A, HERSHKO A, ROSE I. The Nobel prize in chemistry 2004[J].Angewandte Chemie International Edition, 2004, 43（43）：5722.

[134] ROY P K, BISWAS A, DEEPAK K, et al. An insight into the ubiquitin–proteasomal axis and related therapeutic approaches towards central nervous system malignancies[J].Biochimica Et Biophysica Acta–Reviews on Cancer, 2022, 1877（3）：188734.

[135] JIN Q S, ZHAO T T, LIN L Y, et al. PIAS1 impedes vascular endothelial injury and atherosclerotic plaque formation in diabetes by blocking the RUNX3/TSP–1 axis[J].Human Cell, 2023, 36（6）：1915–1927.

[136] MA K, HAN X X, YANG X M, et al. Proteolysis targeting chimera technology：A novel strategy for treating diseases of the central nervous system[J].Neural Regeneration Research, 2021, 16（10）：1944–1949.

[137] SUN Z Q, DENG B L, YANG Z C, et al. Discovery of pomalidomide–based PROTACs for selective degradation of histone deacetylase 8[J]. European Journal of Medicinal Chemistry, 2022, 239：114544.

[138] TENG L D, ZHANG X Q, WANG R F, et al. MiRNA transcriptome reveals key miRNAs and their targets contributing to the difference in Cd tolerance of two contrasting maize genotypes[J].Ecotoxicology and Environmental Safety, 2023, 256：114881.

[139] BETANCOURT D, LAWAL T, TOMKO R J. Wiggle and shake：Managing and exploiting conformational dynamics during proteasome biogenesis[J].Biomolecules, 2023, 13（8）：1223.

[140] CHOI W H, YUN Y J, BYUN I, et al. ECPAS/Ecm29–mediated 26S proteasome disassembly is an adaptive response to glucose starvation[J]. Cell Reports, 2023, 42（7）：112701.

[141] LEE H, KIM S, LEE D. The versatility of the proteasome in gene

expression and silencing: Unraveling proteolytic and non–proteolytic functions[J].Biochimica Et Biophysica Acta–Gene Regulatory Mechanisms, 2023, 1866（4）: 194978.

[142] LIU Z M, YU C D, CHEN Z B, et al. PMSB2 knockdown suppressed proteasome activity and cell proliferation, promoted apoptosis, and blocked NRF1 activation in gastric cancer cells[J].Cytotechnology, 2022, 74（4）: 491–502.

[143] SAHU I, MALI S M, SULKSHANE P, et al. The 20S as a stand–alone proteasome in cells can degrade the ubiquitin tag[J].Nature Communications, 2021, 12（1）: 6173.

[144] SUN C, DESCH K, NASSIM–ASSIR B, et al. An abundance of free regulatory（19S）proteasome particles regulates neuronal synapses[J]. Science, 2023, 380（6647）: 811.

[145] WANG F, LI S, HOUERBI N, et al. Temporal proteomics reveal specific cell cycle oncoprotein downregulation by p97/VCP inhibition[J].Cell Chemical Biology, 2022, 29（3）: 517–529.

[146] GOZDZ A. Proteasome inhibitors against glioblastoma–overview of molecular mechanisms of cytotoxicity, progress in clinical trials, and perspective for use in personalized medicine[J].Current Oncology, 2023, 30（11）: 9676–9688.

[147] YING K, WANG C, LIU S P, et al. Diverse ras–related GTPase DIRAS2, downregulated by PSMD2 in a proteasome–mediated way, inhibits colorectal cancer proliferation by blocking NF–κB signaling[J]. International Journal of Biological Sciences, 2022, 18（3）: 1039–1050.

[148] SINGH U, BINDRA D, SAMAIYA A, et al. Overexpressed Nup88 stabilized through interaction with Nup62 promotes NF–κB dependent pathways in cancer[J].Frontiers in Oncology, 2023, 13: 1095046.

[149] EL YAAGOUBI O M, OULARBI L, BOUYAHYA A, et al. The role of the ubiquitin–proteasome pathway in skin cancer development: 26S proteasome–activated NF–κB signal transduction[J].Cancer Biology & Therapy, 2021, 22（10–12）: 479–492.

[150] TARJÁNYI O, HAERER J, VECSERNYÉS M, et al. Prolonged treatment with the proteasome inhibitor MG–132 induces apoptosis in PC12 rat pheochromocytoma cells[J].Scientific Reports, 2022, 12（1）: 5808.

[151] BI J L, ZHANG Y P, MALMROSE P K, et al. Blocking autophagy overcomes resistance to dual histone deacetylase and proteasome inhibition in gynecologic cancer[J].Cell Death & Disease, 2022, 13（1）: 59.

[152] VALMORI D, GILEADI U, SERVIS C, et al. Modulation of proteasomal activity required for the generation of a cytotoxic T lymphocyte–defined peptide derived from the tumor antigen MAGE–3[J].Journal of Experimental Medicine, 1999, 189（6）: 895–906.

[153] WATANABE T, MOMOSE I. Boronic acid as a promising class of chemical entity for development of clinical medicine for targeted therapy of cancer[J].Yakugaku Zasshi–Journal of The Pharmaceutical Society of Japan, 2022, 142（2）: 145–153.

[154] FIDOR A, CEKALA K, WIECZERZAK E, et al. Nostocyclopeptides as new inhibitors of 20S proteasome[J].Biomolecules, 2021, 11（10）: 1483.

[155] VIEIRA B D, NIERO H, DE FELICIO R, et al. Production of epoxyketone peptide–based proteasome inhibitors by streptomyces sp. Bra–346: Regulation and biosynthesis[J].Frontiers in Microbiology, 2022, 13: 786008.

[156] GÖTZ M G, GODWIN K, PRICE R, et al. Macrocyclic oxindole peptide epoxyketones–a comparative study of macrocyclic inhibitors of the 20S

proteasome[J].Acs Medicinal Chemistry Letters, 2024, 15（4）：533–539.

[157] KILLU A M, WITT C M, SUGRUE A M, et al. Sinus rhythm heart rate increase after atrial fibrillation ablation is associated with lower risk of arrhythmia recurrence[J].Pace–Pacing and Clinical Electrophysiology, 2021, 44（4）：651–656.

[158] ZAREI S, REZA J Z, JALIANI H Z, et al. Effects of carfilzomib alone and in combination with cisplatin on the cell death in cisplatin–sensitive and cisplatin–resistant ovarian carcinoma cell lines[J].Bratislava Medical Journal–Bratislavske Lekarske Listy, 2019, 120（6）：468–475.

[159] KIM Y M, KIM H J. Proteasome inhibitor MG132 is toxic and inhibits the proliferation of rat neural stem cells but increases BDNF expression to protect neurons[J].Biomolecules, 2020, 10（11）：1507.

[160] BENNETT M K, LI M J, TEA M N, et al. Resensitising proteasome inhibitor–resistant myeloma with sphingosine kinase 2 inhibition[J].Neoplasia, 2022, 24（1）：1–11.

[161] HU L, PAN X, HU J Y, et al. Proteasome inhibitors decrease paclitaxel–induced cell death in nasopharyngeal carcinoma with the accumulation of CDK1/cyclin B1[J].International Journal of Molecular Medicine, 2021, 48（4）：1–11.

[162] CHEN X, DOU Q P, LIU J B, et al. Targeting ubiquitin–proteasome system with copper complexes for cancer therapy[J].Frontiers in Molecular Biosciences, 2021, 8：649151.

[163] LI C, ZHOU S, CHEN C C, et al. DDTC–Cu（ⅰ）based metal–organic framework（MOF）for targeted melanoma therapy by inducing SLC7A11/GPX4–mediated ferroptosis[J].Colloids and Surfaces B–Biointerfaces, 2023, 225：113253.

[164] ADOKOH C K. Therapeutic potential of dithiocarbamate supported gold compounds[J].Rsc Advances, 2020, 10（5）：2975-2988.

[165] CIRRI D, SCHIRMEISTER T, SEO E J, et al. Antiproliferative properties of a few auranofin-related gold（Ⅰ）and silver（Ⅰ）complexes in leukemia cells and their interferences with the ubiquitin proteasome system[J].Molecules, 2020, 25（19）：4454.

[166] HAN Y F, XIE N L, ZHOU W H. Copper coordination-based nanomedicine for tumor theranostics[J].Advanced Therapeutics, 2024, 7（2）：2300305.

[167] HU H, XU Q, MO Z M, et al. New anti-cancer explorations based on metal ions[J].Journal of Nanobiotechnology, 2022, 20（1）：457.

[168] KIM E, LEE D M, SEO M J, et al. Intracellular Ca^{2+} imbalance critically contributes to paraptosis[J].Frontiers in Cell and Developmental Biology, 2021, 8：607844.

[169] NJENGA L W, MBUGUA S N, ODHIAMBO R A, et al. Addressing the gaps in homeostatic mechanisms of copper and copper dithiocarbamate complexes in cancer therapy：A shift from classical platinum-drug mechanisms[J].Dalton Transactions, 2023, 52（18）：5823-5847.

[170] SHAGUFTA, AHMAD I. Transition metal complexes as proteasome inhibitors for cancer treatment[J].Inorganica Chimica Acta, 2020, 506：119521.

[171] ZHOU X F. Insights of metal 8-hydroxylquinolinol complexes as the potential anticancer drugs[J].Journal of Inorganic Biochemistry, 2023, 238：112051.

[172] OTTIS S, LONG D, KAREN N R M, et al. The ionophore thiomaltol induces rapid lysosomal accumulation of copper and apoptosis in melanoma[J].Metallomics, 2022, 14（1）：mfab074.

[173] TUNCER H, ERK Ç. Synthesis and fluorescence spectroscopy of bis (ortho- and para-carbonyl) phenyl glycols[J].Dyes and Pigments, 2000, 44 (2): 81-86.

[174] BANERJEE S, ADHIKARY C, RIZZOLI C, et al. Single end to end azido bridged adduct of a tridentate schiff base copper (Ⅱ) complex: Synthesis, structure, magnetism and catalytic studies[J].Inorganica Chimica Acta, 2014, 409: 202-207.

[175] WANG S Y, JIN W T, CHEN H B, et al. Comparison of hydroxycarboxylato imidazole molybdenum (Ⅳ) complexes and nitrogenase protein structures: indirect evidence for the protonation of homocitrato FeMo-cofactors[J].Dalton Transactions, 2018, 47 (22): 7412-7421.

[176] GEARY W J. The use of conductivity measurements in organic solvents for the characterisation of coordination compounds[J].Coordination Chemistry Reviews, 1971, 7 (1): 81-122.

[177] JI L D, WANG J T, LI Z Y, et al. Chiral star-shaped [Co Ⅲ 3Ln Ⅲ] clusters with enantiopure Schiff bases: Synthesis, structure, and magnetism[J]. Molecules, 2024, 29 (14): 3304.

[178] YIN Z, HUANG R, YU Y N, et al. Multicomponent 3D-metal nanoparticles in amorphous carbon sponge for electrocatalysis water splitting[J].Acs Applied Nano Materials, 2023, 6 (5): 3537-3548.

[179] SHELDRICK G M.SHELXL-97, Program for crystal structure analysis[M].University of Göttingen, Germany, 1997.

[180] WANG B L, SEO C S G, ZHANG C J, et al. A borane lewis acid in the secondary coordination sphere of a Ni (Ⅱ) imido imparts distinct C-H activation selectivity[J].Journal of the American Chemical Society, 2022, 144 (34): 15793-15802.

[181] ALSILAYKHEE A H S, AL-YASARI A, ALESARY H F. Substantial second-order nonlinear optical properties of novel hexamolybdate-julolidine hybrids: A density functional theory（DFT）study[J]. International Journal of Quantum Chemistry, 2023, 123（9）: 27086.

[182] SANTOS V S, MOURA B R, METZKER G, et al. Increase of fluorescence of humic-like substances in interaction with Cd（Ⅱ）: A photoinduced charge transfer approach[J].Journal of Fluorescence, 2022, 32（5）: 1761-1767.

[183] HAY P J, WADT W R. Ab initio effective core potentials for molecular calculations. Potentials for K to Au including the outermost core orbitals[J].The Journal of Chemical Physics, 1985, 82（1）: 299-310.

[184] BECKE A D. Density-functional thermochemistry. Ⅲ. The role of exact exchange[J].Journal of Chemical Physics, 1993, 98（7）: 5648-5653.

[185] LEE C, YANG W, PARR R G. Development of the colle-salvetti correlation-energy formula into a functional of the electron density[J]. Physical Review B: Condensed Matter and Materials Physics, 1988, 37（2）: 785-789.

[186] SEMINARIO J M.Advances in quantum chemistry, density functional theory[M].Academic press, New York, 1998.

[187] ZHAO L, LI T T, XU H Y, et al. Molecular electrostatic potential and volume-aided drug design based on the isoindolinone-containing cyclopeptide S-PK6[J].New Journal of Chemistry, 2023, 47（20）: 9806-9818.

[188] MURRAY J S, SEYBOLD P G, POLITZER P. The many faces of fluorine: Some noncovalent interactions of fluorine compounds[J].Journal of Chemical Thermodynamics, 2021, 156: 106382.

[189] LI Z J, RUIZ V G, KANDUC M, et al. Ion-specific adsorption on bare

gold（Au）nanoparticles in aqueous solutions：Double-layer structure and surface potentials[J].Langmuir, 2020, 36（45）：13457-13468.

[190] TARIKA J D D, DEXLIN X D D, KUMAR A A, et al. Insights into weak and covalent interactions, reactivity sites and pharmacokinetic studies of 4-dimethylaminopyridinium salicylate monohydrate using quantum chemical computation method[J].Computational and Theoretical Chemistry, 2021, 1206：113483.

[191] ZHOU X X, LING M, LIN Q D, et al. Effectiveness analysis of multiple initial states simulated annealing algorithm, a case study on the molecular docking tool autodock vina[J].Ieee-Acm Transactions on Computational Biology and Bioinformatics, 2023, 20（6）：3830-3841.

[192] ABEDIN M M, PAL T K, UDDIN M N, et al. Synthesis, quantum chemical calculations, in silico and in vitro bioactivity of a sulfonamide-Schiff base derivative[J].Heliyon, 2024, 10（14）：34556.

[193] AI L, LIU B Z, FANG L, et al. Comparison of mycoplasma pneumoniae infection in children admitted with community acquired pneumonia before and during the covid-19 pandemic：A retrospective study at a tertiary hospital of southwest china[J].European Journal of Clinical Microbiology & Infectious Diseases, 2024, 43（6）：1213-1220.

[194] MENDOZA-REYES D F, GÓMEZ-GAVIRIA M, MORA-MONTES H M. candida lusitaniae：biology, pathogenicity, virulence factors, and treatment[J].Infection and Drug Resistance, 2022, 15：5121-5135.

[195] MEYERS M, SALMON M, LIBERT I, et al. A meta-analysis on the risk of infection associated with intravenous iron therapy in cancer-associated anaemia：A double-edged sword?[J].Current Opinion In Oncology, 2024, 36（4）：223-232.

[196] ORTIZ-RAMÍREZ J A, CUÉLLAR-CRUZ M, LÓPEZ-ROMERO E.

Cell compensatory responses of fungi to damage of the cell wall induced by calcofluor white and congo red with emphasis on sporothrix schenck Ⅱ and sporothrix globosa. A review[J].Frontiers in Cellular and Infection Microbiology, 2022, 12：976924.

[197] STEFANIAK J, NOWAK M G, WOJCIECHOWSKI M, et al. Inhibitors of glucosamine-6-phosphate synthase as potential antimicrobials or antidiabetics – synthesis and properties[J].Journal of Enzyme Inhibition and Medicinal Chemistry, 2022, 37（1）：1928-1956.

[198] AFIFI T H, RIYADH S M, DEAWALY A A, et al. Novel chromenes and benzochromenes bearing arylazo moiety：molecular docking, in-silico admet, in-vitro antimicrobial and anticancer screening[J].Medicinal Chemistry Research, 2019, 28（9）：1471-1487.